수권의 방사능 오염

- 후쿠시마(福島)의 수산업 부흥을 지향하며 -

쿠로쿠라 히사시黒倉寿 편
김성수 · 김영일 · 조현서 공역

아카데미서적

水圏の放射能汚染
-福島の水産業復興をめざして-

Suikenno Houshanou Osen -Fukushimano Suisangyoufukkouo Mezashite-
by Hisashi Kurokura

Original Japanese edition published by Kouseisha Kouseikaku Co., Ltd.

This Korean edition published by arrangement with Kouseisha Kouseikaku Co., Ltd., Toko, through HonnoKizuna, Inc., Tokyo, and Shinwon Agency Co.

서문에 대신하여(집필의뢰장)

집필자 여러분께

근계謹啓, 갑자기 집필의뢰를 드리는 실례를 용서하시기 바랍니다. 과학논문 · 저서 · 인터넷 정보 등을 통하여 지진재해 부흥과 별도로, 원자력발전소 사고에 의한 영향과 그 후의 복구에 관련하신 선생님들의 조사연구 · 홍보활동을 접할 때 마다 농학 연구자로서 또는 일본 국민으로서 존경과 더불어 감사를 드리고 있습니다.

이번에 기획하는 것은 수권水圈, 특히 해양의 방사능 오염과 후쿠시마의 수산업 부흥에 관한 정보 제공을 목적으로 하는 일반적인 대상의 해설서입니다. 선생님께 이 중에서 꼭 하나의 장(chapter)의 집필을 담당해 주셨으면 하는 생각으로 이 의뢰장을 드립니다.

이 기획은 전 도쿄東京대학 대학원 농학생명과학연구과 · 연구과장 · 아이다 카츠미会田勝美 선생의 발의 제안에 의한 것으로 코세이샤 코세이카구恒星社厚生閣의 협력에 의해서 편집출판 작업이 진행됩니다. 아이다会田 선생의 추천으로 저가 본 기획의 편집을 하게 되었습니다. 방사능 전문가 또는 환경오염 전문가도 해양학 · 생태학 전문가도 아닌 저가 편집을 받아 들이는 것에 대해 적임이 아니라는 비판을 받을 것은 충분히 잘 알고 있습니다. 또한 그러한 비판은 정곡을 찌른 것으로 자각하고 있습니다. 그러한 상황에서 이 중책을 맡은 것에 대해서는 개인적인 배경이 있습니다. 사사로운 부분도 있습니다만 편집방침과도 관련한 것이므로 설명드리겠습니다.

2011년 동일본 대지진 재해 발생 당시 저는 일본수산학회 정책위원회 위원장을 배명받고 있었습니다. 지진재해 이전부터 사회에 대한 「학문」의 공헌이 문제가 되는 작금의 정세에서 다양한 학회에서 관련된 사회문제에 대한 적극적인 발언의 필요가 주창되고 있었지만 실제로는 학회의 움직임에 대한 사회의 관심은 결코 높다고는 할 수 없었습니다. 저와 같은 천학비재(浅学非才, 학식이 한천하고 재능이 없음)에게도 큰 문제가 발생하지 않으면 무사히 임기를 마치는 것도 가능할 것이라는 얕은 생각으로 이 임무를 맡고 있었지만 2011년 3월 11일에 발생한 동일본 대지진재해는 정말 예상조차 하지못한 사건이었습니다. 쓰나미 및 원자력발전소 사고의 피해 지역 대부분은 연안 어업도시, 어촌이었습니다. 「수산학」은 이 때 현실에서 일어난 미증유의 대참사에 대하여 「학문」은 무엇을 할 수 있는가 라는 질문에 답을 해야만 했습니다. 자신들의 존재 의의를 묻는 이 시점에서 정말로 소인이 일본 수산학회의 정책위원장이었다는 것은 「수산학」의 불운이라고 할 수 있겠습니다. 그러한 상황에서도 많은 수산연구자가 자신들의 전문성을 살려서 지진재해에 의한 영향을 평가하고, 부흥에 공헌하는 길을 모색하였습니다. 나가사키長崎대학의 하기와라 아츠시사萩原篤士씨는 지진재해 직후 방사성물질의 강하량도 확실하지 않은 속에서 실습선 나가사키마루長崎丸 승선을 마치고, 쓰레기가 떠도는 바다를 오나가와女川, 미야코宮古에 구원물질을 수송하고, 직접 눈으로 본 현지의 상황을 전국의 수산연구자에게 전달하였다. 가고시마鹿児島대학의 코야마지로小山次郞씨는 지진재해로 바다로 흘러 들어간 각종 오염물질에 의한 오염상황을 조사하고, 큐슈九州 대학의 오오시마 유우지大島雄二씨는 해안의 생물을 이용하여 연안대의 방사성물질에 의한 오염상황을 조사하고, 도쿄東京대학의 카네코 토요지金子豊二씨는 어류의 세슘 대사를 조사하고, 요시나가 토모요시良永知義씨는 피해지역으로의 양식 종묘를 외부로부터 도입이 초래하는 질병 확대의 위험성을 경고하고, 도호쿠東北대학의 사토 미노르佐藤実씨는 도호쿠東北대학에 설치된 수산학회의 지원 거점을 운영하면서 현지에서 조사활동·부흥지원활동을 지원하고, 기타자토北里 대학에서는 거의 전 교원이 어떠한 형태로 산리쿠三陸 연안의 쓰나미의 영향조사나 부흥을 위한 기술 제공을 하였고, 홋카이도北海道대학은 수산해양학회 회장인 사쿠라이 야스노리桜井泰憲씨를 중심으로 도호쿠東北의 수산관계자를 지원하는 것과 함께 공동으로 조사·연구활동을 수행하였습니다. 특히 도쿄東京 해양대학의 칸타 죠타神田穣太, 이시마루 타카시石丸隆 두 사람은 해수·해양생물의 방사성물질의 오염 조사를 원자력발전소 사고 직후부터 지금에 이르기

까지 자신들의 연구를 내던지고 거의 그 일에만 종사하고 있습니다. 또한 수산종합연구센터에서는 모리타 타카미森田貴己씨가 수산물 · 해양의 방사성물질 오염 조사를 매우 높은 밀도로 지속적으로 수행해 왔습니다. 저는 이러한 선배 · 동료 수산연구자들의 노력을 존경하며, 같은 수산연구자로서 자랑스럽게 여김과 동시에 국민의 한 사람으로서 깊이 감사하고 있습니다. 그러나 수산학 전체로서 피해지역의 부흥에 무엇을 할 수 있을 것인가라고 추궁하면 격화소양(隔靴搔痒, 어떤 일을 애써 하기는 하나 요긴한 곳에 미치지 못하는 감질나는 마음)을 느끼며, 수산학은 무엇을 하고 있는 가?라는 꾸중의 목소리도 들립니다. 저는 이러한 비판을 받아야만 하는 입장에 있는 사람 중 한 사람이라고 자각하고 있습니다.

지진 재해 시점에서 수산학회의 정책위원회 위원장이었던 저는 일본농학회가 조직한 지진재해 대책 · 방사능 오염대책의 작업반(working group)의 구성원으로 참가하게 되었습니다. 2011년 4월에 조직된 이 작업반은 2011년 가을에 제염방법을 포함한 방사능 오염문제에 대한 제언을 발표하였지만 이 중에는 해양오염이나 수산물에 대한 항목은 포함되지 않았습니다. 작업반을 지휘하고 있었던 미와 에이타로三輪睿太郎 선생으로부터 해양의 방사능 오염 문제에 대해 제언안을 제출하도록 여러번 독촉이 있었음에도 불구하고 제가 거기에 대처하지 못했기 때문입니다. 해양과 수산물의 방사능 오염에 대해서는 그 시점에도 이미 많은 측정 자료가 공표되어 있었습니다. 또한 평균적으로는 해수와 수산물의 오염도 감소해 가는 양상이 보였습니다. 그러나 돌발적으로 높은 방사성세슘 농도를 가진 수산생물의 측정 사례도 보고되었고, 그 원인도 명확하지 않았습니다. 바다는 다양한 오염물질이 유입되는 장소이고, 그 유입을 바다 쪽에서는 막을 수가 없습니다. 해수는 유동하고 있고, 광대한 바다의 물을 제염하는 것 등은 불가능합니다. 즉 육상으로부터 돌발적으로 언제 어떠한 형태로 오염이 유입되는지를 알지 못한 채 수산업 및 수산학은 극히 수동적인 입장에 서게 되었습니다. 물론 유동과 확산 모델을 사용하여 바다로 유입된 오염물질이 어떠한 거동을 하는지를 시뮬레이션(simulation)하는 것은 가능했을 것이지만 모니터링의 계속 이외에 시간적인 전망을 포함한 유효한 대응책을 제언하는 것 등은 할 수 없습니다. 어민들은 이번 오염 사고에서는 피해자입니다. 국민 전체가 피해자라는 것을 부정할 생각은 없지만 안전율을 과잉으로 고려하여 전망을 말하면 피해자인 어민들의 발목을 잡는 것이 될 수도 있습니다. 유효하면서도 타당한 제언 등을 할 수 없었다고 하는 것이 당시의 심경이었습니다. 이러는 동안에 서서히 시간이 경과하여 농학회로부터의 제언에는 수산관계가 포함되지 않았다는 결과를 낳게 되었습니다.

그로부터 2년이 지나고, 수산물의 방사능 오염에는 명확한 감소가 보입니다. 후쿠시마 제1원자력발전소 주변으로부터의 오염수 유입은 있지만 육상에 떨어진 방사성물질이 돌발적으로 대량으로 바다에 유입되는 일은 없을 것 같습니다. 이러한 중에서 NHK books로부터 나카니시 토모코中西友子 선생의 저서「토양오염, 후쿠시마의 방사성 물질의 행방」이 출판되었습니다. 그러나 제목에서 알 수 있듯이「수권오염」은 제외되어 있었습니다. 이 책에는 도쿄東京대학 대학원 농학생물과학연구과의 연구자를 중심으로 한 후쿠시마의 원자력발전소 사고 이후에 수행된 많은 연구자에 의한 현상 파악을 위한 조사 · 제염을 위한 연구가 소개되어 있습니다. 이 책은 명저名著라고 저는 느꼈습니다. 특히 연구의 진전 · 현상을 설명하면서 또한 모르는 것은 모르겠다고 소개하고 있는 점에 용기를 얻었습니다. 평이하고 알기 쉬운 언어로 쓰여 있지만 전체로서 알기 쉬운 결론으로는 되어있지 않습니다. 이 점을 저는 높게 평가하고 있습니다. 원자력발전소 사고 직후부터 현재에 이르기 까지 매스컴을 중심으로 사회는 알기 쉬운「과학적」인 해설을 요구해 온 것처럼 생각됩니다. 과학의 기반이 되는 것은 경험입니다. 저정도 규모의 원자력발전소 사고는 일본이 처음으로 경험한 것입니다. 화학적으로도 생물학적으로도 생태학적으로도 처음으로 경험하는 모르는 것을 많이 포함하고 있었습니다. 알지 못하는 것을 알기 쉽게 설명할 수가 없습니다. 우리들은 많은 불확실성 · 알지 못하는 것을 전제로 판단할 것을 강요당했다고 할 수 있습니다. 물론 지금도 알지 못하는 것이 많고, 불확실성이 없어진 것은 아닙니다. 그 한편에서 우리들은 리스크(risk)를 포함한 불확실성 속에서 판단하는 습관을 몸에 익혀가고 있는 것처럼 생각됩니다. 지진재해 직후의 작업반으로서의 작업 중에서 수산학으로서의 정보를 모아서 정리하여 그것을 요약하여 제언하는 작업을 제가 망설이게 된 것은 과학자에게 알기 쉽게 과학적인 정보를 정리해 주기를 바라는 사회의 요망 때문이었습니다. 그것도 있었지만 불안에 떨면서도 내린 판단에 「과학」이라고 하는 부적을 붙여서 안심하고 싶다는 생각처럼 저에게는 느껴졌습니다. 그와 같은 사회심리상태 속에서는 불확실성 자료는 자의적으로 해석되어 알기 쉬운 「결론」으로 단순화되어 버립니다. 그러한 단순화를 피하기 위해서 시공간적인 자료의 변동을 기술하거나, 확률적인 표현을 이용하면 「이해하기 어려운 해설」로서 사회뿐만 아니라 매스컴이 거부해 버립니다. 결국 「결론」이 자신들이 원하는 것을 지지하는지 아닌지로 자료를 제공하고 있는 과학자를 자신들이 원하는 것에 비추어서 긍정적 또는 부정적으로 평가합니다. 그러한 상태에서 정보를 제공하더라도 그 정보는 유효하게 사용되지 않고, 때로는 악용되는 경우도 있을 수 있습니다. 그와 같은 일이 일어나면 정보를 제공한 과학자에게도 민폐가 될 수 밖에 없습니다. 저의 망설임은 거기에 있었습니다.

니카니시中西선생의 저서는 「이미 사람들은 불확실성 속에 살고 있다는 실감을 충분히 가지고 있다. 지금이라면 알고 있는 것, 알지 못하는 것을 포함하여 정보를 제공하면 사회는 그것을 제대로 받아들여 유효한 역할을 하게 해 줄 것이다」라고 말하고 있는 것처럼 됩니다. 생각해보면 우리들은 불확실성을 전제로 많은 판단을 하면서 일상생활을 보내고 있습니다. 통근하는데도 쇼핑을 하는데도 가정에서 쉬고 있을 때에도 확률적으로 0이 아닌 많은 리스크를 짊어지고 뭔가를 하고 있습니다. 확실히 방사성물질에 의한 오염은 그 유해성이 눈에 보이게 나타나면 보다 광범위하게 큰 피해를 끼칩니다. 그러나 개인의 삶의 방식, 판단 수준에서는 불확실성을 전제로 해서 판단한다는 구조는 같습니다. 시간적으로도 공간적으로도 영향의 범위는 비교할 대상이 없이 크고 심각하여 중대한 판단을 하지 않으면 안되지만 과학이라고 하는 부적을 붙이는 것 대신에 정보를 받아들이고 그것을 스스로의 판단에 활용하는 그러한 연습을 쌓아올린 것처럼 생각됩니다.

개인으로서도 사회로서도 불확실성 속에서 판단해야 하는 것은 수많이 있습니다. 수산관계에서는 후쿠시마 어업을 어떠한 순서로 부활시켜 갈 것인가, 그것을 다른 지역의 어민과 유통 관계자, 소비자는 어떻게 받아들여 갈 것인가, 그와 같은 과정을 단계적으로 진행하게 되겠지만 그때마다 사회는 판단을 독촉하며, 합의를 형성해 가지 않으면 안됩니다. 그것에는 역시 과학적 정보가 필요합니다. 100% 안전한지 그렇지 않은지는 논쟁이 아닙니다. 무엇이 올바른가라는 이데올로기 논쟁도 아닙니다. 원하는 것을 표명하는 것도 아닙니다. 후쿠시마 어민이 생활과 생업을 회복하기 위해서는 구체적으로 어떠한 수순·수속이 필요한가를 자료를 근거로 과학적이면서도 구체적으로 생각하지 않으면 안될 것입니다.

저는 2년 전에 할 수 없었던 것을 지금 해야만 한다고 생각하고 있습니다. 그것이 이책(수권의 방사능 오염, 후쿠시마의 수산업 부흥을 지향하며)의 출판입니다. 구체적인 내용으로는 방사능이란 무엇인가, 해양에서 방사성물질의 거동, 수산동물의 방사성물질의 대사, 해양 및 수산물의 오염상황(시공간적 변동), 해양에서 방사성물질의 확산 시뮬레이션, 지진재해 전후의 후쿠시마의 어업 실태, 후쿠시마의 어업 재개를 위해 필요한 합의 형성과 그것을 위해 필요한 구체적인 수속, 불확실성을 전제로 한 판단과 합의 형성의 이상적인 자세에 대해서 해설해 주시길 바랍니다. 알고계신대로 집필을 부탁드리겠습니다.「알기 쉽게」집필해 주실 필요는 없습니다. 모르는 것은 모르겠다고 그대로 집필해 주셔도 됩니다. 그러한 불확실성을 포함하면서 판단하고 합의해 가기 위해서 어떠한 문제가 있는지를 이해하기 위해 과학적인 정보 제공입니다. 꼭 협력해 주시길 부탁드립니다. 출판의 취지를 이해하고 집필을 맡아주시면 감사드리겠습니다.

경구敬具
2014년 8월
쿠로쿠라 히사시(黒倉寿)

편저자 · 집필자 일람(오십음순)

편 저 자

쿠로쿠라 히사시 1950년생, 도쿄東京대학 대학원 (농학박사) 수료
黒倉寿 현재 도쿄東京대학 대학원 농학생명과학연구과 교수

집필자

카지 케이스케 1990년생
梶圭佑 현재 요코하마横浜국립대학 대학원 환경정보학부 석사 과정 재학중

카네코 토요지 1956년생, 도쿄東京대학 대학원 (농학박사) 수료
金子豊二 현재 도쿄東京대학 대학원농학생명과학연구과 교수

칸다 죠타 1959년생, 도쿄東京대학 대학원 (이학박사) 수료
神田穣太 현재 동경 해양대학 대학원 해양과학기술연구과 교수

타노이 케이타로 1976년생, 도쿄東京대학 대학원(농학박사) 중퇴
田野井慶太郎 현재 도쿄東京대학 대학원 농학생명과학연구과 준准교수

츠무네 다이스케 1967년생, 토호쿠東北대학 대학원 (공학박사) 수료
津旨大輔 현재 일반재단법인 전력중앙연구소 환경과학연구소 수석연구원

마츠다 히로유키 1957년생, 쿄토京都대학대학 대학원 (이학박사) 수료
松田裕之 현재 요코하마横浜국립대학 대학원 교수

모리타 타카미 1969년생, 쿄토京都대학 농학부(수산학과) 졸업
森田貴己 현재 (독)수산총합연구센터 중앙수산연구소 해양 · 생태계 연구센터 방사능조사 팀장

야기 노부유키 1962년생, 펜실바니아 대학 대학원(경영학석사) 수료
八木信行 현재 도쿄東京대학 대학원 농학생명과학연구과 주准교수

와타나베 소우이치 1980년생, 도쿄東京대학 대학원 (농학박사) 수료
渡邊壮一 현재 도쿄東京대학 대학원 농학생명과학연구과 조교

역자 서문

2011년 3월 11일 전 세계를 충격에 휩싸이게 한 지구규모의 대재앙이 일어난 것을 모두가 기억할 것입니다. 일본 동북부 지역에서 발생한 규모 9의 지진으로 거대한 지진해일(쯔나미)이 덮쳐 수많은 사람들과 자동차, 집들이 휩쓸려 떠내려가고, 건물이 붕괴되는 등 막대한 피해가 발생하였습니다. 그리고 이 지진해일은 일본의 동경전력이 운영하고 있는 후쿠시마 다이이치 원자력발전소(제1원자력 발전소)를 덮쳐 원자력발전소를 가동하기 위하여 사용되는 전력의 공급이 중단되어 원자로의 냉각장치가 멈추면서 원자로 내부의 노심[1]이 녹아내리고(용융) 수소폭발이 일어났습니다. 이로 인하여 폭발과 더불어 원자로 내부에 잔존하고 있었던 많은 양의 방사성 물질이 대기로 방출되었고 바람에 의해 전 세계로 퍼져나갔으며, 빗물과 대기분진에 의해 다시 육상과 해양으로 강하하였습니다. 그리고 과열된 원자로를 냉각하기 위하여 해수를 뿌렸고, 이때 원자로에 있던 방사성 물질이 해수에 씻겨 바다로 흘러들어 갔습니다.

이 후쿠시마 원자력발전소의 방사능 유출사고는 26년 전 체르노빌 원자력 발전소 사고 이후 최대 규모의 사고로써 우리나라뿐만 아니라 전 세계적으로 방사능에 대해서 두려움과 혼란에 휩싸이게 되고, 각 종 언론매체를 통해 연일 정제되지 않은 정보들까지 쏟아져 나오면서 우리 국민들은 더 불안에 떨어야 했었습니다. 이렇게 대부분의 사람들이 방사능이란 단어만으로도 두려움과 혼란을 일으키는 이유는 왜일까요?

물론 방사성물질은 방사성에너지를 가지고 있기 때문에 많은 양에 노출되면 생명의 위협까지 초래하는 위험한 물질임에는 틀림이 없습니다.

---

1) 노심 : 원자로 안에 핵연료를 담고 있는 원자로 부품의 하나로, 핵반응이 일어나는 곳이다. 노심 안에는 핵연료와 중성자를 감속시키는 제어봉이 있다. 노심은 많은 열이 발생되기 때문에 노심을 냉각시키는 시스템이 함께 구성되어 있다. 만약 이 냉각 시스템이 고장나서 멈추는 사고가 발생하는 경우에는 노심에 핵분열로 생긴 열이 과도하게 쌓여 노심이 녹아내리는 **노심용해**라는 심각한 사태가 발생한다

그러나 대부분의 일반 사람들은 방사능이라는 것이 어떤 것인지를 잘 알지 못한채 막연히 "방사능=핵(폭탄)"이라는 인식이 너무 강하기 때문이거나 잘못된 정보에 의해 두려움을 가지는 것으로 생각됩니다.

방사능(정확하게 말하면 방사성물질)이란 빅뱅에 의해 우주가 생성되면서 여러 가지 물질(원소)이 만들어질 때 함께 만들어져 우주와 지구의 긴 역사속에서 항상 물, 공기, 암석, 토양 등과 같은 주변 환경에 늘 존재해 온 것들로 자연방사능 또는 천연방사능으로 불리는 것들이 그 대부분입니다. 이러한 방사능은 지구내부의 열원(열의 공급원)이 되기도 하고, 생물진화(돌연변이→환경적응→번성)에도 관여하여 현재와 같이 다양한 지구상의 생명체를 만드는데도 역할을 해왔습니다. 그 밖에 과학문명이 발달하면서 핵무기 개발과 관련 산업에 의해 인공적으로 만들어진 방사성물질들도 생겨났습니다. 특히 1960년대에 강대국을 중심으로 행해진 대기 핵실험 등에 의해 전지구로 퍼져나가 현재 주변 환경에 존재하고 있는 인공방사능으로 불리우는 것들도 있지만 자연방사능에 비하면 1% 미만으로 매우 작은 양이 존재하고 있을 뿐입니다.

한편, 오염이란 단어의 본래 한자 뜻은 "더럽게 물들어간다"라는 의미입니다. 그러나 이 오염이라는 개념을 현대사회에서는 보다 폭넓은 의미로 광범위하게 사용하고 있습니다. 즉 어떠한 성질, 위치, 상태, 양 등을 원하지 않는 상태로 변화시키는 모든 존재 및 변화된 상태 그리고 변화하는 과정까지도 오염의 의미에 포함시키기도 합니다. 이에 비해 환경분야에서 오염의 의미는 보다 명확합니다. 대기, 해양, 토양 등 주변 환경에 유해하거나, 유쾌하지 않은 물질의 존재에 의해 야기되는 상태 그리고 이런 물질과 접촉에 의해 망가지는 것을 환경오염이라고 합니다.

"오염이다 아니다"라는 오염의 경계(또는 오염여부의 판단)는 환경에 위해한 물질의 양과 위해한 정도에 따라 정해집니다. 따라서 오염의 경계는 과학적 근거에 의해 사회적 합의도 포함되어 명확하게 규정되어야 하지만 관념적으로 막연하게 각자 개인이 가진 정보를 바탕으로 오염의 여부를 판단하여 갈등을 초래하는 경우가 현실에서는 많이 볼 수 있습니다. 예를 들어 앞서 말한 것과 같이 일본 후쿠시마 원자력 발전소의 방사능 유출 사고를 받아 들이는 과정에서 일어난 사회적 혼란이 그러한 것들을 잘 보여주고 있습니다. 즉, 자연상태에 존재하는 방사능은 그 존재량의 많고 적음에 상관없이 대부분 오염이라고 인식하지 않지만(또는 자연상태의 방사능 존재 자체를 모르고 있는 경우도 많음) 어떠한 사고에 의해 방사성 물질이 유출되고, 그 사실이 언론에 의해 보도가 되면 유출된 방사능 양의 많고 적음에 관계없이 방사능오염으로 인식하고, 사회적으로 대혼란을 가져온 것입니다. 이는 방사능이라는 것에 대한 정확한 지식의 결핍으로 인한 자극적인 언론보도와 이러한 부족한 정보를 받아들인 국민들의 이해 부족이 초래한 결과일 것입니다.

환경을 연구하는 현장에 있는 역자들은 우리 사회가 후쿠시마 원자력발전소 방사능 유출사고를 받아 들이는 과정에서 정확한 정보와 잘못된 정보, 괴담, 소문 등이 걸러지지 않은 채 서로 뒤엉켜서 국민들의 혼란을 야기하는 과정들을 바라보며 안타까운 마음을 금할 수 없었습니다.

이 책은 후쿠시마 원전사고를 수습하는 과정에서 관련 연구자들이 수집한 자료와 유출된 방사능이 환경에 미친 영향 규모, 그리고 그 영향규모를 평가하는 방법과 과정 등을 상세히 기술하고 있습니다. 그리고 책 전반부에는 방사능에 대한 일반적인 지식들도 설명하고 있기 때문에 국내 방사능 관련 업무에 종사하는 공무원, 연구원뿐만 아니라 일반인들도 이해할 수 있는 수준의 책이라고 판단하여 저희 역자들이 번역을 하게 되었습니다.

있어서는 안 될 사고였지만 그 사고를 계기로 현재의 상황을 다시 한번 살펴보고, 사고 후의 처리과정들을 타산지석으로 삼아서 우리나라 원자력 관련 산업의 정책입안/결정자, 연구자뿐만 아니라 일반 국민들에게도 방사능이라는 것이 어떤 것인지 이 번역서가 조금이라도 정확한 정보 제공에 도움이 되길 바랍니다.

끝으로 이 번역서의 출판에 애써주신 아카데미 출판사에게도 감사드립니다.

2016년 10월
역자 일동

목 차

제1장 방사능이란 무엇인가?

타노이 케이타로 (田野井慶太朗)

이 장에서는 2011년 3월의 동일본 대지진 재해에 동반된 동경전력 후쿠시마 제1원자력발전소 사고에 의해 해양으로 방출된 방사성물질을 염두에 두고, 방사선에 관한 기본 정보에 대해서 설명하고자 한다. 구체적으로는 방사성물질, 방사성핵종, 방사선의 종류 및 방사선 피폭 등의 용어 설명이나 개념에 대해 기술한다.

「방사능」이란 말을 흔히 사용하고 있다. 「방사능 누출」「높은 방사능」「방사능이 있는 물질」이라는 다양한 표현방법이 있다. 이것들이 의미하는 것은 모호하지만 주로 두 가지 의미로 사용되고 있다. 「방사선을 발생시키는 능력」과 「방사선을 발생시키는 능력의 세기」 두 가지이다. 첫 번째 의미에서의 사용법은 「이 물질에는 방사능이 있다」라는 상태를 말하며, 능력 그 자체를 언급하는 경우에 사용된다. 두 번째 의미인 「능력의 세기」는 인체에 대한 영향이 크고 작음, 즉 피폭이 많고 적음을 염두에 두었다는 생각이 든다. 예를들면, 「이 근처는 피폭량이 많아지는 상황이다」라는 것을 가리키는 말일 것이다. 이 의미로 사용되는 경우에는 발생되는 방사선 에너지의 세기와 단위시간 당 방사선의 방출수를 정리하여 나타내고 있다. 이와같이 방사능이라는 용어에는 다양한 개념이 포함되어 있지만 베크렐(Bq), 그레이(Gy), 시버트(Sv) 등의 용어를 이해함으로써 방사능이 나타내는 막연함을 명확하게 구분하여 생각하는 것이 가능해진다. 이 장에서는 방사성물질과 방사선에 관하여 관련용어의 해설과 함께 논하고자 한다.

1.1 방사성물질

방사성물질이란 방사선을 방출하는 물질 전반을 가리키는 용어이다.

방사성물질에 대해서 설명하기 위해서 여기에서는 양성자와 중성자, 궤도전자라는 입자와 동위원소, 핵종(인공핵종, 천연핵종), 붕괴, 핵분열, 임계, 반감기라는 용어에 대해서 해설하겠다.

1) 원자

원자는 화학적인 반응을 고려한 물질의 최소단위이다. 원자는 (+)전하를 가지는 원자핵과 (-)전하를 가지는 전자로 구성되어 있다. 우리들이 살고 있는 환경에서는 원자가 단독으로 존재하는 일은 거의 없다. 보통은 복수의 원자가 화학적으로 결합된 분자 또는 결정으로서 존재한다. 원자가 단독으로 존재하는 몇 안되는 예로서는 불활성 기체를 들 수 있다. 불활성기체는 원소주기율표[2)]의 가장 우측에 위치하는 헬륨(He), 네온(Ne), 아르곤(Ar), 크립톤(Kr), 제논(Xe), 라돈(Rn)이라는 원소를 가리킨다. 이들 원소는 대단히 안정적이기 때문에 다른 분자 등과 화학적인 반응을 하지 않으며, 단독으로 존재할 수 있다. 방사성물질인 제논-133(^{133}Xe: 반감기 약 5일)은 원자력 관련에서 주목된다. 제논-133(^{133}Xe)은 원자로 사고나 핵실험시 가장 먼저 검출되는 핵종으로 후쿠시마福島 제1원자력발전소 사고는 물론 지하핵실험 등에서도 대기 중에서 검출 가능한 가스이기 때문이다. 라돈(Rn)에 대해서는 라돈온천이라는 말을 들은 적이 있는 사람도 많은 것으로 생각한다. 라돈(Rn)은 천연에 존재하는 방사성물질로 대기 중의 라돈-222(^{222}Rn)는 쉽게 호흡기를 통해 체내에 유입되어 폐에 도달한다. 라돈-222(^{222}Rn)는 알파선을 방출하기 때문에 폐세포의 영향도 비교적 많고, 인체가 자연으로부터 받는 피폭량의 약 1/4을 차지한다. 또한 라돈에는 그 외에도 동위원소[3)]가 있지만 라돈은 모두 방사성이다.

2) 원자핵, 궤도전자, 핵종

원자에는 원자핵이 중심에 존재하고, 그 주위를 궤도전자가 돌아다닌

2) 원소주기율표 : 원소를 전자배열의 순번에 따라 물리적 · 화학적 성질이 비슷한 것을 나란히 배열한 표.

3) 동위원소 : 다음 항목 참조.

다. 원자핵과 궤도전자의 크기에 대해 쉽게 이해 할 수 있는 개념이 있다. 원자를 야구장에 비유하면 원자핵은 2루 베이스에 놓여 있는 파칭코구슬에 해당할 것이다. 얼마나 원자핵이 작은지를 이해할 수 있을 것이라 생각된다. 원자핵은 양성자와 중성자로 되어 있다. 양성자와 중성자의 무게는 거의 같다. 원자의 화학적 성질은 플러스(+)로 전하되어 있는 양성자수로 결정된다. 예를들면, 양성자를 6개 가진 원자핵으로 이루어진 원자는 탄소라는 원소이다. 마찬가지로 원자핵에 존재하는 중성자는 그 이름처럼 전기적으로 중성이다. 또한 중성자의 수는 그 원자의 화학적 성질에는 영향을 미치지 않는다. 따라서 중성자의 수가 몇 개 있어도 양성자를 6개 가지는 것은 모두 탄소라는 원소이다. 이때 이들을 서로 동위원소라고 한다. 이 동위원소 사이에는 화학적인 성질은 거의 같지만 중성자의 수가 달라서 무게가 다르다. 즉 같은 탄소라도 중성자가 6개인 것과 8개인 것에는 중성자 2개 만큼 무게의 차이가 있다는 것이다. 이와 같이 원소 중에서도 원자핵의 차이를 구분하여 생각할 필요가 있을 경우에 핵종이라는 용어를 사용하고, 중성자와 양성자를 더한 중량(질량수)을 원소기호의 왼쪽 위에 기재한다. 예를 들어 탄소 동위원소를 생각해 보자. 대표적인 탄소(^{12}C) 동위원소에는 탄소-11(^{11}C), 탄소-12(^{12}C), 탄소-13(^{13}C), 탄소-14(^{14}C)가 있다. 이들 동위원소의 중성자수는 순서대로 5, 6, 7, 8개 이다(양성자의 수는 탄소이므로 6개이다). 이들 탄소 동위원소 중에서 탄소-12(^{12}C), 탄소-13(^{13}C)은 안정하며, 미래에도 영원히 ^{12}C, ^{13}C 그대로일 것이다. 이때 이들을 안정 동위원소라고 한다. 한편으로 탄소-11(^{11}C), 탄소-14(^{14}C)는 불안정하므로 붕괴하여 보다 안정한 핵종이 된다. 이러한 원자핵의 현상을 방사붕괴라고 하며, 붕괴할 때 방사선을 방출한다. 이런 점에서 탄소-11(^{11}C), 탄소-14(^{14}C)라는 핵종을 방사성 동위원소라고 한다. 탄소-11(^{11}C)은 양전자(positron)라는 방사선을 방출하므로 양전자 방출핵종, 탄소-14(^{14}C)는 베타선이라는 종류의 방사선을 방출하므로 베타핵종이라고 부른다.

화학적인 반응만을 생각할 때에는 원자(원소) 단위이지만 방사성물질의 성질을 고려할 때에는 핵종 단위로 생각할 필요가 있다.

3) 방사붕괴와 베크렐

방사붕괴란 불안정한 원자핵이 방사선을 방출하여 안정한 원자핵으로 변화하거나 다른 원자핵으로 변화하는 것을 말한다. 어떤 핵종이 알파(α)선 또는 베타(β)선을 방출하면 원자핵의 무게와 전하에 변화가 생긴다. 즉 다른 핵종으로 변화하게 된다. 이것을 각각 알파(α) 붕괴, 베타(β) 붕괴라고 한다.

알파붕괴에서는 중성자 2개, 양성자 2개로 된 알파입자가 방출된다. 따라서 원자핵의 무게질량수는 4 감소하고 원자핵의 전하원자번호 또는 양성자수는 2 감소한다.

베타붕괴는 무게는 변하지 않지만 원자핵에서 마이너스로 하전荷電된 전자를 1개 방출한다. 따라서 원자핵은 1전하 만큼 더해지게 된다. 구체적으로는 원자핵내에서 전기적으로 중성인 중성자가 플러스 전하를 가진 양성자와 마이너스의 전하를 가진 전자로 나뉘어지고, 이 전자가 방출된다. 이때 반중성미자(antineutrino)라는 소립자도 방출된다. 또한 β^+ 붕괴는 β붕괴와 역의 현상이 발생하고 있다. 즉 1개의 양성자가 중성자로 변화할 때 양전자(e^+: positron)와 함께 중성미자(neutrino)를 방출한다.

마찬가지로 전자 교환에 의한 붕괴로서 전자포획(EC: Electron Capture)라는 붕괴가 있다. 이 붕괴는 원자핵으로 궤도전자가 흡수된다. 이 전자는 원자핵 안으로 들어가서 양성자와 반응한다. 양성자는 플러스로 하전되고, 전자는 마이너스로 하전되어 있으므로 양성자와 전자가 반응하여 전기적으로 중성이 된다. 즉 양성자는 중성자로 변화한다. 이 반응에서 중성미자(neutrino)가 방출된다. 이들 3개의 방사붕괴를 식으로 나타내면 아래와 같다.

β붕괴(전자를 방출)
중성자 →양성자(플러스로 하전) + 전자(마이너스로 하전) + 반중성미자(antineutrino)

β^+붕괴(양전자를 방출)
양성자(플러스로 하전) → 중성자 + 양전자(플러스로 하전) + 중성미자(neutrino)

EC붕괴(전자를 방출하지 않음)
양성자(플러스로 하전) + 전자(마이너스로 하전) → 중성자 + 중성미자(neutrino)

위의 식을 보면 β^+붕괴와 EC붕괴는 양전자를 방출하거나 전자를 포획한다는 차이만 있는 것을 알 수 있다. 참고로 나트륨-22(^{22}Na)라는 핵종을 소개하겠다. 이 핵종은 대략 90%의 확률로 β^+붕괴를, 대략 10%의 확률로 EC붕괴를 한다. 이 2개의 붕괴에서는 원자핵의 상태 변화가 매우 비슷하다.

한편 전자파인 감마(γ)선을 방출하는 경우에는 원자핵의 무게와 전하에 변화는 생기지 않는다. 따라서 감마붕괴에서는 원자핵이 보다 안전한 원자핵으로 변화할 뿐이다.

알파붕괴와 베타붕괴에서는 알파선과 베타선을 방출하는 것으로 원자핵이 변화하지만 붕괴 직후의 원자핵은 불안정한 상태가 된다. 원자핵의 불안정이란 원자핵에 여분의 에너지가 존재하는 상태를 나타낸다. 이때 감마선을 방출하여 안정한 상태로 된다. 이 현상을 전문용어로 설명하면 「붕괴 직후의 들뜬상태(여기상태)의 원자핵은 감마선을 방출하여 바닥상태(기저상태)로 전이한다」로 된다. 이렇게 안정한 상태로 되려고 하는 과정에서 여분의 에너지를 감마선으로서 방출하는 대신에 여분의 에너지가 궤도전자에 부딪히게 되는 경우가 있고, 이때 전자가 방출된다. 이 전자를 내부전환전자라고 한다. 원자핵의 여분 에너지를 받게되는 궤도[4]전자로서는 원자핵의 근처를 회전하는 K각의 전자가 그 대상이 되기 쉽다. K각의 전자가 방출되면 그 외각(L각 등)에서 K각으로 전자가 공급된다. 이때 외각과 K각에서 에너지에 차이가 나타나므로 그 에너지를 가진 전자파를 방출한다. 이것을 특성 X선(characteristic X-ray, 고유X선)이라고 한다. 그리고 이 특성 X선은 원소마다 또는 각 마다 정해진다. 그런데 특성 X선을 내는 것으로 기저상태로 떨어진다고 설명했

4) 원자핵의 주변을 운동하는 전자의 궤도는 확률적으로 나타내지만 그 궤도에 수용 가능한 전자의 수와 확률적으로 나타내어지는 궤도의 반경은 정해진다. 그러한 궤도를 전자각이라 하고, 전자각은 원자핵에 가까운 쪽부터 K각, L각, M각, N각이라고 한다.

지만 특성 X선을 내는 대신 전자를 방출하는 것으로 안정하게 되려고 하는 경우가 있다. 이때 방출되는 전자를 오제(Auger)전자라고 한다. 특성 X선의 에너지와 오제전자의 에너지는 거의 같다. 실제로는 오제전자의 에너지 쪽이 조금 낮다. 이것은 전자가 마이너스로 원자핵은 플러스로 하전되어 있기 때문에 날아가려고 하는 오제전자에는 원자핵과 서로 끌어당기는 힘도 발생한다(Coulomb의 법칙). 이른바 뒷머리를 잡아 당기는 듯한 힘이 존재하므로 이 에너지만큼 Auger전자의 에너지는 작아지게 된다.

붕괴 직후의 원자핵은 들뜬상태(여기상태)인 것을 설명했다. 핵종에 따라서는 들뜬상태의 원자핵이 불안정한 채로 곧바로 안정하게 되지 않는 경우가 있다. 이 상태의 핵종을 핵이성체(nuclear isomer)라고 하며, m을 붙여서 본래의 핵종과 구별한다(그림 1-1). 핵이성체는 결국 여분의 에너지를 감마선으로서 방출하여 기저상태로 떨어지며, m이 붙어있지 않는 핵종표기로 된다. 이와같이 붕괴 후에 들뜬상태가 잠시 이어져서 핵종이 바닥상태(기저상태)로 변화하는 붕괴를 핵이성체 전이라고 한다. 핵이성체 전이는 언뜻 보기에 감마붕괴와 비슷하지만 들뜬상태의 핵이성체로부터 붕괴한다는 점이 감마붕괴와는 차이가 있다.

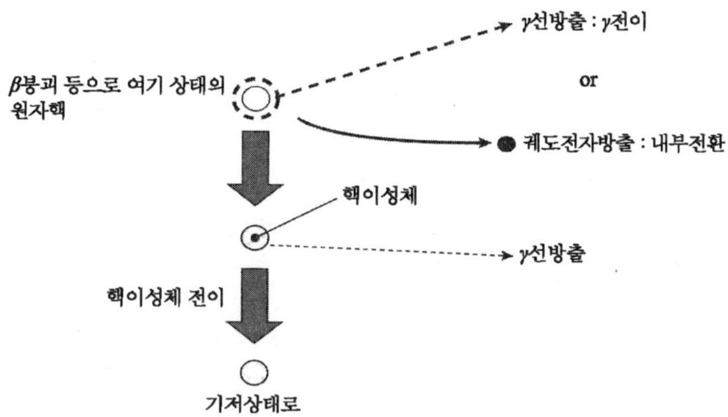

그림 1-1. 핵이성체 전이

이와같이 약간 복잡한 붕괴방식을 설명하고 있지만 이것들은 세슘-137(^{137}Cs) 등의 핵종이 방사선을 낼 때 실제로 일어나는 현상이다. 핵종은 붕괴할 때 방사선을 낸다. 즉 어떤 핵종은 한번 붕괴하면 다른 핵종으로 되며, 두 번 다시 동일한 붕괴는 하지 않는다. 더욱이 한번의 붕괴로 발생된 방사선은 통상 하나가 아니며, 종류도 한 종류로 한정되지 않는다. 베크렐(Bq)은 방사능의 량을 나타내는 단위로서 1Bq은 1초 동안에 1개의 핵종이 붕괴하여 다른 핵종으로 되는 것을 말한다. 1Bq 이라고 해서 한 개의 방사선이 날아오는 것은 아니니다. 한편 어떤 핵종의 갯수가 절반으로 되는 시간을 반감기라고 한다. 핵종이 절반이 된다는 것은 Bq도 절반이 된다는 것이다. 따라서 반감기란 방사능(Bq)이 절반이 되는 시간이기도 하다.

4) 핵분열반응 · 임계臨界

방사붕괴와 같이 핵분열도 원자핵에서의 이벤트이다. 불안정한 무거운 원자핵이 분열하여 가벼운 원자핵으로 나누어지는 반응을 핵분열반응이라고 한다. 예를들면, 우라늄-235(^{235}U)는 핵분열을 일으키기 쉬운 핵종으로 원자핵에 중성자 1개가 충돌하면 핵분열한다. 그 때에 막대한 에너지를 발생함과 동시에 2~3개의 중성자를 방출한다. 이 중성자가 다른 우라늄-235(^{235}U)에 충돌하면 핵분열반응이 일어난다. 이와같이 핵분열반응이 차례로 일어나는 것을 핵분열 연쇄반응이라고 하고, 일정한 비율로 반응이 유지되는 상황을 임계상태라고 한다. 이 핵분열 연쇄반응을 조절하여 임계상태를 유지할 목적으로 원자로가 있다. 원자력발전소는 핵분열시 발생된 에너지를 열로서 회수하여 전기를 생산하고 있다. 이 연쇄반응이 가속적으로 진행되어 제어불능 상태로 되면 원자로는 폭주하여 임계사고가 일어날 수 있는 상황이 된다.

1.2 다양한 방사선

여기서는 방사붕괴 등에 의해 핵종으로부터 방출된 방사선의 종류나 성질에 대해서 상세하게 설명하겠다.

1) 전리방사선

사실은「방사선」이란 생략된 용어이다. 전리방사선이 정식적인 명칭이다. 이 용어에서 알 수 있는 것처럼 전리방사선이란 입자가 고속으로 운동하고 있는 것으로, 그 운동에 의해 주위의 물질이 전리될 정도로 에너지가 높은 것을 가리킨다. 전리란 전하의 균형이 맞추어져 있는 물질을 플라스 또는 마이너스의 전하를 가지는 상태로 만드는 작용을 말한다. 예를들면 형광등의 빛은 광자의 운동이지만 에너지가 그다지 높지 않으므로 전리작용은 없다. 따라서 형광등의 빛은 방사선은 아니다. 한편 동일한 광자의 운동에서도 뢴트겐사진을 촬영할 때 사용되는 X선은 전리작용이 있다. 따라서 X선은 방사선이다.

물에 방사선이 닫으면 물은 전리된다. 즉,

$H_2O \rightarrow \cdot H_2O^+ + e^-$

로 되듯이 방사선이 물분자에서 전자(e^-, 마이너스로 하전)를 두드려 방출시키면서 물분자는 플라스의 전하를 띠는 상황이 된다. 이 때 물분자로부터 나온 전자는 원래 분자궤도상에서는 2개가 짝이 되어 수납되어 있던 것이다. 전리됨으로써 이 짝으로 되어 있던 전자 중 1개가 미아와 같은 상황이 된다. 이 전자를 부대전자(unpaired electron, 홀전자)라고 한다. 부대전자를 가진 분자를 라디칼(radical)이라한다. 물의 전리에서는 물이 라디칼이 된다. 이렇게 라디칼이 된 물분자는 매우 불안정하므로 이 상태를 한순간이라도 유지하는 것은 곤란하다. 따라서

$\cdot H_2O^+ \rightarrow H^+ + \cdot OH$

라는 반응을 주로하고, ·OH라는 라디칼을 만들어낸다. ·OH는 Hydroxy radical이라고 불린다. 이와 같이 물질을 전리하는 것이 가능한「입자의 흐름」을 전리방사선, 생략하여 방사선이라고 부른다.

2) 방사선의 종류

방사선에는 몇가지 종류가 있지만 여기에서는 주요한 5가지 방사선에 대해 설명하겠다. 알파선(α선), 베타선(β^-선), positron선(β^+선), 감마선

(γ선), 엑스선(X선)이다. 모두 어떠한 입자가 전리작용을 가질수록 강한 에너지로 운동한다. 그러므로 이 경우의 에너지라고 하는 것은 운동에너지를 가리킨다. α선, β^-선, β^+선, γ선은 방사성물질로부터 나오는 방사선이다. 정확하게는 원자핵으로부터 방출되는 것을 말한다. 한편으로 X선은 궤도전자에서 발생하는 방사선이다.

(1) 알파선(α선)

α선은 방사성물질의 원자핵으로부터 방출되는 방사선의 일종이다. α 입자는 양성자 2개와 중성자 2개가 합체한 것으로 헬륨 원자핵에 해당된다. 물론 이 α입자는 우리들의 생활환경으로 생각하면 충분히 작은 입자이지만 방사선의 세계에서는 큰 입자이다. 그 크기 때문에 지나가는 경로에 물질이 있으면 바로 부딪혀서 멈추어 버린다. 일반적으로는 공기중을 수 밀리미터(mm)도 날아가지 못한다. 어떤 물질내에서 방사선이 진행하는 거리를 비정이라고 한다. 즉, α선의 공기 중 비정은 수 밀리미터(mm)라고 표현할 수 있다. α입자는 그 크기 때문에 물질과 부딪히면 큰 에너지를 전달하기 때문에 만일 생체물질에 들어가면 큰 생물 영향을 미친다. 한편 몸의 외부에서 오는 α선은 옷에서 차단되어 몸까지 도달하지 않으므로 인체 영향에는 문제가 없다.

α선을 방출하는 주된 핵종으로서는 우라늄-238(^{238}U), 우라늄-235(^{235}U), 라듐-226(^{226}Ra)이나 플루토늄-238, 239, 240, 242($^{238,239,240,242}Pu$) 등을 들 수 있다.

(2) 베타선(β선 또는 β^-선)

β선도 방사성물질의 원자핵으로부터 방출되는 방사선이고, 그 실체는 전자이다. 전자는 양성자나 중성자의 약 1/1,800의 무게이므로 α입자가 상대적으로 얼마나 거대한지 또는 전자가 얼마나 작은지 알 수 있을 것이라 생각된다. 전자는 마이너스로 하전荷電되어 있기 때문에 β선을 방출한 방사성물질의 원자핵은 마이너스를 하나 방출하여 하나 플러스의 상태로 된다. 원자핵 내에서는 전하는 가지지 않는 중성자가 플러스의 전하를 가진 양성자로 변화하는 것으로 전자를 방출한다.

β선을 방출하는 핵종은 실제로 많이 존재한다. 원자력발전소 사고 관련으로는 요오드-131(^{131}I)이나 세슘-137(^{137}Cs), 세슘-134(^{134}Cs), 스트론튬-89(^{89}Sr), 스트론튬-90(^{90}Sr) 등이 β선을 방출한다. 또한 연대측정에서 자주 이용되는 탄소-14(^{14}C), 연구에도 자주 이용되는 수소-3(^{3}H), 인-32(^{32}P), 황-35(^{35}S) 등도 β선을 방출한다. 이들 핵종으로부터 방출된 β선은 핵종 마다 최대 도달할 수 있는 에너지는 정해져 있지만, 각각 다른 에너지를 가지고 있다. 즉, β선의 에너지는 일정하지 않다. 이것은 많은 핵종이 혼재된 상태로부터 나오는 β선을 측정해도 어느 핵종이 어떠한 비율로 존재하는 가를 아는 것을 곤란하게 한다. 더구나 β선은 아크릴판 등으로 간단히 차단되므로 β선을 검출하는 기기는 검출부까지 장해물이 가급적 없도록 궁리되어 있다.

(3) Positron선(β^+선)

β선으로 날아가는 입자는 전자라는 것을 소개하였다. 한편 이 β^+선으로 날아가는 입자는 양전자(positron)이다. 양전자는 플러스로 하전荷電되어 있다. 전자의 반反물질이다. 반물질이란 질량 등이 모두 같지만 전하 등이 모두 역의 성질을 가진 물질을 말한다. 양전자는 전자와 마주치면 소멸한다. 이 때 소멸한 전자 2개 만큼의 질량에 해당하는 에너지가 발생한다. 이 에너지는 2개의 γ선(다음 항목 참조)으로서 서로 약 180도의 방향으로, 즉, 서로 반대방향으로 방출된다. 이 γ선을 소멸 γ선이라고 한다. 이와 같은 특이한 성질을 가지는 positron은 주로 암진단에 이용되는 PET(Positron Emission Tomography : Positron 단층법)에서 활약하고 있다. 우선 암세포에 잘 모이는 화합물의 일부에 positron을 방출하는 핵종(positron 방출 핵종)을 주입해 놓는다. 그 화합물을 체내에 넣어 잠깐 대기한 후 그 사람을 PET로 촬영한다. PET는 아주 많은 검출기가 사람을 둘러싸는 것처럼 배치되어 있다. 사람에서 나온 소멸 γ선은 서로 반대방향의 검출기에서 거의 동시에 검출된다. 이 정보로부터 그 2개의 검출기를 연결한 어딘가의 지점에 그 화합물이 있으며 즉, 암이 있는지를 알 수 있다.

Positron선도 β선과 마찬가지로 아크릴판으로 간단히 차단된다. Positron선을 그대로 계측하는 경우는 거의 없다. Positron선이 전자와 충돌하여 소멸할 때의 소멸 γ선은 계측하기 쉽고, 또한 소멸 γ선의 에너지는 정해져 있기(0.511 MeV) 때문에 positron 방출 핵종을 특정하여 정량하는 것이 가능하다.

(4) 감마선(γ선)

γ선이란 빛과 같은 전자파이다. 입자로서는 광자(photon)가 날아간다. 광자는 질량이 (0)zero로 알려져 있다. γ선은 물질 상호작용이 약하기 때문에 물질을 통과하기 쉬운 방사선이다. 또한 다양한 핵종에서 방출된다. 예를들면, 세슘-137(^{137}Cs)과 세슘-134(^{134}Cs), 요오드-131(^{131}I) 등 원자력발전소 사고로 문제가 되는 핵종도 γ선을 방출한다. 어떤 핵종으로부터 나오는 γ선은 그 핵종 특유의 에너지를 가지고 있으므로 γ선 에너지를 조사하면 어떤 핵종이 존재하는지를 알 수 있다. 이러한 이유로 β선과 γ선 모두를 방출하는 핵종을 측정할 때에는 γ선을 측정하여 핵종을 동정하여 정량하게 된다. 앞서 말한 세슘-137(^{137}Cs), 세슘-134(^{134}Cs), 요오드-131(^{131}I)는 β선도 방출하지만 γ선을 측정하여 정량한다. 한편 원자력발전소 사고에서 동일하게 문제가 되는 스트론튬-89(^{89}Sr)과 스트론튬-90(^{90}Sr)은 β선은 방출하지만 γ선을 방출하지 않는다. 따라서 정량하기 위해서는 β선을 측정하지만 β선의 에너지가 서로 달라서 핵종을 특정할 수 없기 때문에 각각의 핵종을 다양한 작업을 거쳐서 분리할 필요가 있다. 스트론튬(Sr)의 경우 이 분리작업이 복잡하여 시간이 걸린다. 그것이 방사성스트론튬(Sr)의 자료가 방사성세슘(Cs)에 비해 적은 이유이다.

(5) 엑스선(X선)

X선이란 궤도전자로부터 방출된 방사선이다. 본질적으로는 γ선과 같이 광자가 날아가는 전자파이다. γ선과의 차이는 그 유래가 γ선은 원자핵으로부터, X선은 궤도전자로부터 방출된다. X선이라고 하면 뢴트겐 박사(Wilhelm Conard Rontgen)가 발견하고, 이 공헌에 의해 제1회 노

벨물리학상을 수상한 것으로 유명하다. 건강검진 때에 X선 발생장치를 이용한 뢴트겐 촬영이 친근하다. 이 X선은 방사성물질로부터도 약간 방출되는 경우가 있다. 뒤에 다시 설명하겠다.

1.3 방사선 피폭과 인체로의 영향

방사선을 뒤집어쓰는 것을 피폭[5)]이라고 한다. 폭탄의 충격을 받은 것도 피폭이라고 하지만 한자인 "폭曝"자의 의미가 다르다. 방사선의 피폭이란 방사선에 폭로(노출)되었다는 의미로「曝」자를 사용한다. 한편, 폭격을 받은 피폭이란 폭격을 당하는 의미로 「爆」자를 사용한다. 방사선 피폭에서 "폭"자를 히라카나로 표현하는 것은 "폭"이라는 한자가 상용한자가 아닌 것이 그 이유이다, 그러나 후쿠시마 제1원자력발전소 사고를 계기로 피폭이라는 용어가 자주 사용되어 온 것 등 피폭이라는 한자를 보는 기회도 늘어났다. 이 절에서는 방사선 피폭에 대한 개념과 용어의 해설을 한 후에 방사선 피폭이 주는 인체영향에 대해서 설명하겠다.

1) 그레이Gray, 시버트Sievert

방사선이 어떤 물체에 충돌하면 거기서 에너지를 소비하여 방사선이 멈춘다. 이 때 이 물체에 주목하면 방사선으로부터 에너지(단위는 줄(J))를 받게 된다. 그레이(Gy)란 물체 1kg당 받아들이는 에너지를 J로 나타낸 것으로 1Gy = 1 J/kg이다. 더구나 1 J란 무게를 나타내는 g과 거리를 나타내는 m, 시간을 나타내는 초라는 단위와 같은 체계이며, 국제단위계(SI)의 하나이다. J는 「1 뉴톤의 힘이 그 힘의 방향으로 물체를 1m 움직일 때의 일」이라고 정의 된다. 보다 친근한 단위로 표현하면 1 J은 약 0.24 칼로리이다. 또한 1칼로리는 1g의 물의 온도를 1℃ 상승하는데 필요한 열량이다.

---

4) 역자 주, 일본어에서 한자를 표기할 때 동일한 한자라도 내포되어 있는 의미가 서로 조금씩 다른 경우와 현대 일본어에서 상용한자가 아닌 경우에는 한자를 그대로 사용하지 않고 히라카나로 표기하는 경우가 있다. 여기서 피폭의 "폭"이라는 한자는 우리나라에서는 대부분 동일한 의미로 사용하고 있고, 폭탄에 의한 피폭이라는 표현은 우리나라에서는 잘 사용하지 않는 표현이다.

인체가 방사선으로부터 에너지를 받을 때 그레이로 표현하면 인체로의 영향을 생각하는 데는 큰 문제가 있었다. 한 가지는 같은 그레이의 방사선을 받아도 알파선을 받는 쪽이 β선과 γ선을 받는 것 보다도 훨씬 인체 영향은 커진다. 게다가 예를들어 같은 β선을 같은 그레이만큼 받아도 피부가 받는 것인지? 골수가 받는 것인지에 따라 인체 영향은 크게 차이가 난다. 이와 같이 그레이로 표현되는 열량의 단위로는 인체의 방사선 영향을 수치화 할 수 없다. 그래서 시버트(Sv)라는 단위를 이용하여 인체 영향의 정도를 수치화하였다. 따라서 시버트는 물리량은 아니다. 리스크(risk)를 나타내는 수치라고 할 수 있다.

2) 등가선량과 실효선량

복잡하게도 시버트에는 복수의 의미가 있어서 때로는 혼란을 초래한다. 여기서는 특히 중요한 등가선량과 실효선량에 대해서 설명하겠다. 등가선량은 인체의 각 장기의 피폭량을, 실효선량은 전신의 피폭량을 고려한 위험 정도를 수치화 한 것이다.

그레이의 설명 중에 말했지만 어떤 장기가 같은 에너지의 피폭을 받아도 그 방사선이 α선인지, β선인지의 차이에 의해 그 장기가 받는 영향은 크게 다르다. 그래서 방사선의 종류에 관계없이 그 장기의 피폭량을 말할 수 있도록 그레이에 방사선의 종류에 따른 계수를 곱하여 그 값을 등가선량(단위는 시버트, Sv)이라고 하였다. 이 때 방사선의 종류별 계수를 「방사선 하중계수」라고 하며, γ선과 X선 등 광자는 1, β선 등 전자는 1, 양성자는 2, α입자는 20, 그리고 중성자는 그 에너지에 따라서 연속계수로 나타낸다(日本アイソトープ協会, 2009).

등가선량이 같아도 장기에 따라서 방사선 영향이 나오기 쉬운 것, 나오기 어려운 것이 있다. 예를들어 골수와 뇌를 비교하면 세포분열이 왕성한 골수 쪽이 그다지 세포분열이 없는 뇌보다도 방사선에 의한 암발생 등의 영향이 나오기 쉽다는 것을 상상할 수 있으리라 생각된다. 게다가 장기에 따라서 암이 발생한 후에 치료되는 정도는 다르다. 즉, 방사선에 의해 암이 발생하기 쉽고, 일단 암으로 되면 생명을 잃을 확률이

높은 장기는 방사선 영향이 크다고 말한다. 이와 같은 장기마다의 생물 영향을 고려한 계수를 「조직하중계수」라고 한다. 다음과 같이 조직하중 계수를 나열하면 적색골수, 결장, 폐, 위, 유방은 각각 0.12, 생식선은 0.08, 방광, 간, 식도, 갑상선은 각각 0.04, 피부, 뼈의 표면, 뇌, 타액선은 각각 0.01, 그 밖에 나머지 조직과 장기를 모두 합하여 0.12로 하고 있다(日本アイソトープ協会, 2009). 조직하중계수는 모두 더하면 1이 된다. 각 조직의 등가선량에 이들 조직하중계수를 곱한 후 모든 수치를 더하면 실효선량이 된다. 예를들면, 피부만 국소적으로 1Sv의 등가선량을 피폭했다고 하자. 이 때 피부의 조직하중계수는 0.01이므로 실효선량은 0.01Sv가 된다. 호흡에 의해 폐 등가선량 1Sv의 피폭을 하면 실효선량은 0.12Sv로 된다.

정작 지금까지 논의 했던 등가선량, 실효선량은 방사선의 방호를 위하여 생각된 개념적인 것이고, 어떠한 방법으로도 측정할 수 없다. 방호를 고려한 수치이기 때문에 등가선량과 실효선량은 모두 「방호량」이라고 불리워진다. 실제로 측정할 수 있는 값으로서 「실용량」이 있다. 이것은 다음에 논의하겠다.

3) 외부피폭

방사선의 피폭을 받는 상황에서 방사선 피폭은 외부피폭과 내부피폭 2가지로 분류할 수 있다. 이 중 외부피폭이란 몸의 외부에 있는 방사성물질과 방사선원으로부터의 방사선에 피폭되는 것을 말한다. 예를들면 건강검진시에 흉부 뢴트겐 촬영을 하는 경우가 있고, 이때의 피폭은 외부피폭이다.

외부피폭을 가능한 적게 하기 위해서는 「거리」, 「차폐」, 「시간」 3가지에 주의가 필요하다. 어떤 방사선원이 점으로서 존재하는 경우 어떤 사람이 노출되는 방사선량은 그 방사선원과 거리의 제곱에 반비례한다. 예를들면, 어떤 방사선원으로부터 10cm의 거리와 1m의 거리에서는 피폭량이 100배 정도 다르다.

차폐란 방사선원과 인체와의 사이에 그 방사선의 침입을 막는 물체를 놓아 두는 것이다. 뢴트겐 촬영을 할 때에 촬영 대상이 아닌 곳을 납으로 둘러싸는 경우가 있다. 이 차폐를 실시할 때에는 방사선의 성질을 잘 이해하고, 정확한 차폐소재를 사용하는 것이 중요하다. X선이나 γ선과 같은 광자는 물질 속을 투과하기 쉬우므로 전자밀도가 높은 소재로 차폐가 필요하다. 일반적으로는 중금속인 납 시트나 텅스텐이 혼합된 시트 등이 채택된다. 한편 β선에서는 전자가 날아온다. 전자와 같이 전하를 가진 입자가 납과 같은 무거운 원소에 침입하면 그곳에서 급속하게 정지되지만 그 때에 「제동방사선」이 발생한다. 그러면 힘들게 차폐했다고 한 것이 발생한 제동방사선에 의해 피폭되어 버리는 것이다. 따라서 β선의 차폐에는 아크릴 등 제동방사가 발생하지 않는 가벼운 원소를 사용하는 것이 중요하다. 모든 방사선 차폐에 납을 사용하면 좋은 것이 아니다. 게다가 α선은 차폐가 필요 없다. 공기 중에서 간단하게 멈추어 버리는 α선은 충분한 「거리」를 확보하는 것이 용이하기 때문이다.

마지막으로 「시간」 조절에 있어서는 방사선원 가까이에 있는 시간을 줄이는 것이 피폭량을 줄이는 것이 된다. 당연하지만 2배 긴 시간 체류하면 2배의 피폭량이 된다.

4) 실용량으로서 시버트 - 장소의 모니터링, 개인의 모니터링

외부피폭에 대해서 설명했지만 실제로는 어떻게 측정할 것인가? 실효선량, 등가선량은 측정할 수 없다. 그래서 외부피폭을 관리하기 위해서 그 사람이 있는 장소의 모니터링과 개인 모니터링 2가지가 있다.

장소의 모니터링이란 공간선량률(1시간 당 시버트)로 나타낸다. 원자력발전소 사고 이후 방사능 오염 지역에서는 정기적으로 방사능 준위가 공표되지만 그 대부분은 공간선량률[6]이다. 예를들면, 공간선량률이 1시간 당 0.1 마이크로시버트(0.1 μSv/hr라고 기재한다)의 지역에서 10시간 머무르면 1 마이크로시버트의 피폭이 계산된다. 더구나 공간선량률에 기여하는 방사선은 주로 광자이다. β선으로부터 방출된 전자는 인체에 도달하기 전에 대부분 차폐되기 때문이다. 방사선은 인체에 들어가

---

6) 어떤 공간에 사람이 머물러 있는 경우에 피폭된다. 단위시간 당의 방사선량.

면 체내에서 에너지를 소비하고, 그 때에 인체영향을 미치지만 광자 즉 γ선과 X선은 물질을 투과하기 쉽기 때문에 인체 속에서 바로 물질과 충돌한다고 한정할 수 없다. 그 정도를 조사하기 위하여 국제방사선 단위측정 위원회(International Commission on Radiation Units and Measurements, ICRU)가 정한 ICRU구(ICRU sphere)라는 인체를 구성하는 원소와 밀도를 재현한 모형이 있다. 이 모형을 이용하여 광자가 에너지를 잃는 깊이를 조사하면 표면으로부터 1cm 깊이에서 가장 에너지를 소비하는 것, 즉 모형이 가장 많은 에너지를 받아들인다는 것을 알았다. 이것으로부터 공간선량률로 나타낸 1시간 당 시버트는 인간과 같은 조성을 가진 구의 1cm(10mm) 깊이에서 측정한 경우를 나타내는 것으로 하고, 주변선량당량 H(10)으로 표현되고, 1cm 선량당량이라 한다. 이 값은 방사선 방호에 있어서 실용량 즉, 측정할 수 있는 값으로서 사용되고 있다. 이 선량률을 측정하는 기기로서는 NaI 섬광 서베이미터(scintillation survey meter)나 전리상자식 서베이미터가 있다. NaI 섬광 서베이미터는 매우 낮은 선량까지 측정할 수 있다. 또한 대부분의 기기는 검출된 방사선의 에너지 보정이 되어 있고, 측정기에 들어온 방사선의 에너지에 따라서 시버트로 환산된다. 한편 전리상자식 서베이미터는 선량률이 높은 장소에서의 측정을 전문으로 한다. 이번 원자력발전소 사고와 같이 대단히 심각한 상황에서는 NaI 섬광 서베이미터로는 측정할 수 없는 고선량률의 장소가 많았었기 때문에 전리상자식 서베이미터가 중요하게 여겨졌다고 생각된다.

개인의 모니터링으로서 유리뱃지(glass badge[7]) 등 개인의 선량을 측정하는 장치가 있다. 이 유리뱃지가 측정하고 있는 것은 공간선량과 동일하게 1cm 선량당량으로 표현되지만 내용이 다르다. 앞에서 소개한 공간선량으로서 1cm 선량당량은 주변의 선량률이 대상이기 때문에 특별히 방사선이 날아가는 방향은 정하지 않고, 장소로서의 선량률을 가리킨다. 한편 개인의 모니터링에서 1cm 선량당량이란 어떤 방향에서

7) Glass badge : 적산피폭선량계. 몸의 일부에 부착하여 일정기간의 피폭량을 측정하는 도구.

방사선이 날아오는 것을 상정하고 있다. 이 경우 날아온 방향에 가까운 신체 부위에 유리뱃지를 붙인다. 남성은 가슴, 여성은 복부에 착용하는 것이 일반적이다. 이 1cm 선량당량은 날아온 광자의 에너지에 관계없이 또는 날아온 방향에 상관없이 언제든지 실효선량 보다 항상 큰 값을 나타내는 것으로 알려져 있다. 즉, 안전 측면의 데이터가 얻어지게 된 것이다. 이와 같이 방사능에 노출될 위험성이 있는 경우에는 개인의 모니터링 측정값을 통하여 피폭의 관리를 한다.

5) 내부피폭

내부피폭은 체내에 침입한 방사성물질로부터 방출되는 방사선에 의해 피폭되는 것이다. 내부피폭이 일어나는 경로는 주로 2가지 있다. 경구섭취와 흡입섭취이다.

경구섭취란 음식물을 통하여 체내에 방사성물질이 들어가는 경로를 말한다. 이 책의 주제인 해양 오염에 있어서 가장 주의할 것은 이 경구섭취에 의한 내부피폭일 것이다. 경구섭취에 의한 내부피폭을 막기 위해서는 식품의 방사성물질 모니터링을 빼놓을 수 없다. 특히 방사성요오드(I), 방사성세슘(Cs) 그리고 방사성스트론튬(Sr) 등 이번 원자력발전소 사고에서 대량으로 누출된 방사성물질이 식품에 혼입되어 있는 정도를 조사하는 것은 매우 중요하다. 한편, 천연에 존재하는 방사성칼륨(K)에 의해서도 내부피폭이 되지만 애당초 칼륨(K)은 인간에게 있어서 필요불가결한 미네랄이므로 방사성칼륨에 의한 내부피폭을 막는 것은 불가능하다. 또한 해산물에 비교적 많이 함유되어 있는 폴로늄(Po)도 내부피폭을 일으킨다. 천연에 존재하고 있기 때문에 막을 수 있는 방법은 그 해산물을 먹지 않는 것 이외에는 없지만 고대로부터 일본인은 해산물을 많이 섭취하고 있으므로 그다지 과민하게 대처할 필요가 없었을 것이다. 식품 모니터링과 천연에 존재하는 방사성물질에 대해서는 뒤에 설명하겠다.

흡입섭취란 호흡에 의해 방사성물질이 체내로 들어가는 것을 말한다. 예를들면, 천연에 존재하는 라돈-222(^{222}Rn)는 라돈(라듐) 온천뿐만 아니라 지구상 어디에도 존재한다. 라돈(Rn)은 불활성기체이므로 공기중을 떠돌아 다니기 때문에 호흡에 의해 폐로 침입하여 피폭을 일으킨다. 라돈(Rn)에 의한 피폭은 천연방사선으로부터의 피폭량의 약 1/4 정도를 차지한다.

인체에 흡수된 방사성물질은 그 생물학적 · 화학적 성질에 의해 인체내의 분포는 서로 다르다. 삼중수소(^{3}H) 물과 칼륨(K), 세슘(Cs) 등은 인체에 일정하게 넓게 분포하고 있다. 한편, 스트론튬(Sr)과 플루토늄(Pu) 등은 뼈에 축적되는 것으로 알려져 있다. 요오드(I)는 갑상선에 집적된다. 이러한 것들은 내부피폭을 산정하는데 중요한 정보가 된다. 또한 일단 흡수된 방사성물질이 어느 정도 인체에 계속 존재하는가라고 하는 정보도 내부피폭을 산정하는데 중요하다. 방사성물질은 반감기에 따라 감소하지만, 배설 등으로도 감소한다. 이 배설 등 사람의 생명을 영위하는 것에 의해 체내의 방사성물질이 절반으로 감소하는 시간을 「생물학적 반감기」라고 한다. 그리고 생물학적 반감기라고 명확하게 의미를 나누는 목적은 보통의 반감기를 「물리학적 반감기」라고 부르는 경우도 있기 때문이다. 세슘-137(^{137}Cs)을 예를들면 물리학적 반감기는 약 30년이지만 생물학적 반감기는 약 144일이다. 따라서 144일 정도에서 체내의 세슘-137(^{137}Cs)은 대략 절반으로 된다. 이와같은 인체내의 분포와 생물학적 반감기 및 물리학적 반감기의 정보에 추가하여 그 방사성물질이 방출하는 방사선의 성질(α, β입자, 광자 등)과 그 에너지를 종합하여 내부 피폭량을 산정한다.

일단 체내에 흡수된 방사성물질은 존재하는 동안은 항상 피폭이 계속 이루어진다. 예를들면 오늘 실수로 방사성물질을 체내에 흡수했다면 흡수한 순간부터 완전히 체내로부터 배출될때까지 연속적으로 피폭되는 것이다. 그러나 내부 피폭량을 항상 추적하는 것은 피폭량 관리의 면에서 좋은 방법이라고 할 수 없다. 그래서 방사성물질을 체내에 흡수한 순간에 평생분의 피폭을 한 것으로 생각하여 내부 피폭량을 산출하고, 선량관리를 하는 방법이 채택되고 있다. 이 선량을 예탁실효선량이라고 한다. 성인은 50년간, 어린이와 유아는 70세까지 시간 동안 피폭되는 양을 추정한다. 실제로는 이 예탁실효선량, 즉 내부피폭량은 체내에 들어온 핵종과 베크렐로부터 간단히 환산할 수 있다. 이 환산을 위한 계수를 「실효선량계수」라고 하며, 단위는 mSv/Bq로 나타낸다. 예를들면, 경구섭취에 의한 세슘-137(^{137}Cs)의 경우는 1.3×10^{-5}(mSv/Bq)이다. 즉, 1,000 Bq의 세슘-137(^{137}Cs)을 섭취한 경우 1,000Bq × 1.3×10^{-5}(mSv/Bq) = 1.3×10^{2}mSv의 내부피폭을 받는다. 이것은 섭취하여 받는 내부피폭선량은 아니며, 그 사람이 일생을 통하여 받는 내부피폭량의 합계치이다. 이 「실효선량계수」는 2000년 과학기술청 고시 제5호(방사선을 방출하는 동위원소의 수량 등)의 별표 제2에 수록하여 나타내고 있다(http:www.mext.go.jp/component/a_menu/science/anzenkakuho/micro_detail_icsFiles/afieldfile/2012/04/02/1261331_15_1.pdf).

6) 자연방사선에 의한 피폭

인공적인 방사선과는 별도로 자연계에 존재하는 방사선을 자연방사선이라고 한다. 주로 우주를 날아다니는 우주선宇宙線 유래와 천연에 존재하는 방사성물질 유래의 방사선 2가지가 존재한다.

우주를 날아 돌아다니는 우주선은 때로 강한 에너지를 가지는 것이 있다. 이 우주선이 지구에 들어오게 되면 대기와 충돌하여 방사성물질을 생성하기도 하고, 방사선이 발생하기도 한다. 생성된 방사성물질로부터 피폭은 거의 없지만 방사선은 감쇠하면서도 지상까지 도달하여 사람의 외부 피폭의 요인이 되고, 1년에 약 0.30mSv로 알려져 있다. 더구나 비행기로 고도 만미터 등 높은 곳에 가면 자연방사선에 의한 피폭이 증가한다. 게다가 우주공간에서는 1일에 1mSv 정도의 피폭을 받는다. 이와같이 우주선 유래의 방사선은 대기에 의해서 지상으로 도달할 때까지 꽤 많이 차폐되는 것을 알 수 있다.

천연에 존재하는 핵종에는 칼륨-40(^{40}K)과 같이 독립된 핵종과 우라늄(U) · 토륨(Th)을 기본으로 하는 일련의 계열을 구성하는 핵종으로 2종류가 있다. 칼륨-40(^{40}K)은 지구가 탄생할 때 우연히 주변에 어느 정도 양이 있어서 그것이 현재까지 존재하고 있다. 사람은 식품의 칼륨

-40(^{40}K)으로부터 0.18mSv가 1년 동안 내부피폭 된다. 우라늄(U)·토륨(Th)을 기본으로 하는 핵종이라는 것은 우라늄·토륨계열이라고도 하며, 우라늄-238(^{238}U)으로 부터는 라듐-226(^{226}Ra), 라돈-222(^{222}Rn) 등이 생성되어 자연계에 존재한다. 이와같은 핵종으로부터 방사선을 대지大地방사선이라 하며, 외부피폭으로서 0.33mSv가 1년 동안 피폭된다. 또한 식품의 우라늄·토륨계열 핵종의 혼입으로 0.80mSv가 1년 동안 내부피폭 된다. 그 외로 자연방사선에 의한 피폭도 합하여 사람은 일본의 평균으로서 2.1mSv가 1년 동안 피폭된다(내부·외부 피폭합계). 더욱이 일본의 경우 대략 동일본보다도 서일본쪽이 자연방사선이 높은 지역이 있지만 이것은 그 지역을 형성하는 토양과 암석의 성질에 의한 것이다.

1.4 후쿠시마 제1원자력발전소 사고에 의해 해양으로 방출된 방사성물질과 식품기준

여기에서는 2011년 3월에 발생한 동일본 대지진 재해에 동반되어 일어난 후쿠시마 제1원자력발전소 사고에 의해 방출된 핵종을 중심으로 설명하겠다. 또한 수산물을 포함한 식품의 검사 방법과 모니터링에 대해서도 소개하겠다.

1) 방사성요오드

요오드-131(^{131}I)는 핵분열반응에 의해 생성된다. 우라늄(U)과 플루토늄(Pu)이 핵분열하면 약 140 부근과 90 부근의 원자량을 가진 핵종으로 나누어지기 쉬운 것으로 알려져 있고, 요오드-131(^{131}I)은 핵분열 후의 원자량이 큰 쪽의 핵종으로서 생성된다. 요오드의 비등점(boiling point)은 약 184℃로 비교적 낮으므로 원자력발전소 사고에서는 기화하여 방출되기 쉬운 원소이다. 원자력발전소 사고에서 방출된 방사성요오드의 대부분은 요오드-131(^{131}I)이다. 사고 당시 동일본의 대부분에서 환경방사선량이 상승한 주요인은 요오드-131(^{131}I)로부터 방출된 γ선이었다. 요오드는 갑상선에 모이므로 만약 요오드-131(^{131}I)을 섭취하면 갑상선암을 유발하는 것이 염려된다. 원자력발전소 사고 직후에 요오드제 배포에 대한 시비가 논의되었지만 요오드를 섭취하는 것은 요오드-131(^{131}I)이 갑상선에 모이는 것을 억제하기 때문이다. 체내에 요오드가 적으면 섭취한 요오드-131(^{131}I)은 높은 효율로 갑상선에 모이지만 체내에 요오드가 많은 상황에서는 섭취한 요오드-131(^{131}I)은 체내에 이미 존재하고 있는 요오드(I)에 의해 희석되며, 갑상선에 모이는 요오드-131(^{131}I)의 양은 상대적으로 감소한다. 요오드-131(^{131}I)이 갑상선에 악영향을 미치는 전례는 체르노빌 원자력발전소 사고에서 있었다. 체르노빌 원자력발전소 사고에서는 많은 어린이들이 요오드-131(^{131}I)에 의한 갑상선암이 발병되었다. 이때의 요오드-131(^{131}I)은 우유를 매개로 섭취하였다. 이번의 원자력발전소 사고에서는 우유 등 식품과 물로부터 요오드-131(^{131}I)의 섭취는 제한적이었다. 그래도 호흡으로부터 요오드-131(^{131}I)의 흡입은 방지가 불가능하여 사고 직후에 갑상선의 방사능 측정과 정기적인 건강검진시의 갑상선암 검사 등이 수행되고 있다. 한편, 반감기는 약 8일로 짧으므로 환경의 요오드-131(^{131}I)은 장기적인 영향을 유발시키지 않는다. 즉 사고로부터 수년이 경과한 후인 현재에 있어서 요오드-131(^{131}I)에 오염된 수산물은 없다.

2) 방사성세슘(그림 1-2)

후쿠시마 제1원자력발전소 사고로부터 수년이 경과한 지금 육상에서 가장 많이 잔존하고 있는 것이 방사성세슘(Cs)이다. 방사성세슘으로서는 세슘-134(^{134}Cs), 세슘-136(^{136}Cs), 세슘-137(^{137}Cs)이란 핵종이 있었지만 현재는 반감기 약 2년인 세슘-134(^{134}Cs)와 반감기 약 30년인 세슘-137(^{137}Cs)이 환경에 남아 있다. 후쿠시마 제1원자력발전소 사고에서는 세슘-134(^{134}Cs)와 세슘-137(^{137}Cs)의 베크렐 수는 거의 동일하다는 것이 알려져 있다. 그와같은 말을 들으면 핵분열에서 생성되는 세슘-134(^{134}Cs)와 세슘-137(^{137}Cs)의 베크렐 수는 항상 동일한 것이 아닌지? 라는 추측을 가진 사람도 있을지도 모르지만 실제로는 이번 2개의 방사성세슘이 동일한 베크렐인 것은 우연이다. 세슘-134(^{134}Cs)와 세슘-137(^{137}Cs)의 생성과정은 크게 다르다. 세슘-137(^{137}Cs)은 핵분열 반응에 의해 생성된다. 한편,

세슘-134(^{134}Cs)은 핵분열 반응에 의해 생성되어 축적된 세슘-133(^{133}Cs)으로부터 생성된다. 세슘-133(^{133}Cs)은 안정 핵종이므로 핵분열 반응이 진행되면 될수록 축적된다. 이 세슘-133(^{133}Cs)이 중성자를 포획하면 세슘-134(^{134}Cs)로 된다. 세슘-134(^{134}Cs)는 세슘-133(^{133}Cs)의 양과 정의 상관관계가 있기 때문에 세슘-134(^{134}Cs)의 양은 연료봉 사용기간을 나타낸다고 말할 수 있다. 핵폭탄과 같이 한순간 핵분열 반응이 종료되는 경우와 새로운 연료봉의 원자력발전소 사고에서는 세슘-134(^{134}Cs)는 거의 생성되지 않는다. 따라서 이번 세슘-134(^{134}Cs)가 세슘-137(^{137}Cs)과 같은 베크렐이었다는 것은 우연이었다. 그런데 세슘-134(^{134}Cs)와 세슘-137(^{137}Cs)의 비는 원자로의 성질을 나타내는 지표의 하나이다. 이 비를 조사하는 것으로 어떤 종류의 원자로에 사고가 일어났는지 알 수 있다. 이번 후쿠시마 원자력발전소 사고에서는 거의 모든 지점에서 비가 1:1로 같았다. 따라서 거의 한 종류의 연료군으로 이루어진 원자로가 사고를 일으켰다고 말할 수 있다.

세슘(Cs)은 나트륨(Na)과 칼륨(K) 같은 알칼리금속이다. 물 속에서는 1가의 양이온으로 존재한다. 인체 등 생물의 대부분은 물로 구성되어 있기 때문에 생체내에서도 양이온으로 존재한다. 생물은 칼륨과 나트륨이 없으면 살아갈 수 없으므로 체내에 칼륨과 나트륨을 적절한 세포에 적절한 농도로 분배하는 기능이 있다. 미량으로 체내에 흡수된 세슘은 이들의 기능에 의해서 운반되는 것으로 생각되며, 그 결과 대략 칼륨과 같은 분포를 하는 것으로 알려져 있다. 한편, 생체내에서는 칼륨과 나트륨의 거동이 차이가 있듯이 세슘과 칼륨의 움직임에서도 약간의 차이가 관찰된다. 어떻게 세슘이 운반되는가? 이 메카니즘을 알기에는 아직 연구가 부족한 상황이다.

세슘(Cs)과 칼륨(K)은 생체내에서 거의 같은 거동을 하는 한편, 토양에서는 다른 동태를 나타낸다. 어떠한 종의 점토광물을 함유하고 있는 토양에서는 그 점토광물에 세슘이온이 견고하게 고정되기 때문에 세슘이온은 수용성의 이온 형태로는 존재하지 않는다. 동일본의 토양은 이 점토광물을 포함한 경우가 많고, 그 결과 많은 지역에서 토양에서 식물로 세슘의 이동은 극히 작았다. 한편, 해수는 점토광물은 거의 존재하지 않으므로 세슘은 1가 양이온으로 존재하는 것으로 알려져 있다.

방사성세슘(Cs)의 갯수에 대해서 생각해 보겠다. 예를들면, 1Bq의 세슘-137(^{137}Cs)은 약 3×10^{-13}g에 해당한다. 해수에 방사성이 아닌 안정한 세슘[세슘-133(^{133}Cs)]은 1리터에 약 3×10^{-7}g 존재한다. 따라서 해수 1리터 당 세슘-137(^{137}Cs)이 1베크렐 포함된 해수에서는 1,000,000개(백만개)의 세슘 중 1개가 세슘-137(^{137}Cs)이며, 나머지가 세슘-133(^{133}Cs)이라는 안정핵종으로 되어 있는 것이다.

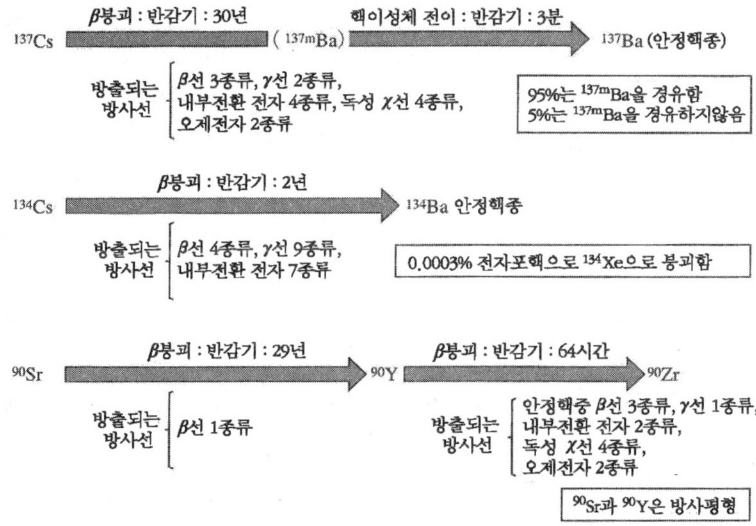

그림 1-2. 주요핵종의 방사붕괴. 붕괴시에 방출되는 방사선과 종류를 기재하였다. 1회 붕괴로 이들 모든 방사선이 나오지는 않는다. 다음을 참고하였다 : International Network of Nuclear Structure and Decay Data Evaluators (http://www-nds.iaea.org/nsdd.html)

3) 방사성스트론튬(그림 1-2)

방사성스트론튬(Sr)은 원자로의 연료인 우라늄-235(^{235}U) 등이 핵분열하여 생성된다. 주로 2개의 핵종이 있고, 스트론튬-90(^{90}Sr : 반감기 약

30년)과 스트론튬-89(^{89}Sr : 반감기 약 51일)은 후쿠시마 제1원자력발전소 사고에서도 누출이 확인되었다. 원자력발전소 사고가 시작된 2011년 3월 11일 시점에서는 스트론튬-89(^{89}Sr)는 스트론튬-90(^{90}Sr) 보다도 약 11.8배 높은 농도였지만 사고로부터 수년이 경과한 현재에는 반감기가 짧은 스트론튬-89(^{89}Sr)는 점차 감소하여 반감기가 긴 스트론튬-90(^{90}Sr)이 남아 있다.

스트론튬-89(^{89}Sr)와 스트론튬-90(^{90}Sr)을 측정하는 것은 대단히 많은 노력과 시간이 걸린다. 그 이유는 스트론튬-89(^{89}Sr)는 스트론튬-90(^{90}Sr)과 함께 β선 방출핵종이며, γ선을 내지 않기 때문이다. 예를들면 방사성세슘인 세슘-137(^{137}Cs), 세슘-134(^{134}Cs)는 β선을 방출하는 β붕괴 핵종이지만 더하여 γ선을 방출한다. 이 γ선은 세슘-137(^{137}Cs)과 세슘-134(^{134}Cs) 각각의 특유의 에너지를 가지고 있으므로 γ선의 에너지와 수를 측정하면 정량하는 것이 가능하다. 한편 β선은 핵종 마다 정해진 에너지를 내는 것은 아니다. 최대의 에너지는 핵종 마다 정해져 있지만, 예를들면 날아온 β선의 에너지가 측정되어도 그 β선이 스트론튬-89(^{89}Sr)인지, 스트론튬-90(^{90}Sr)인지, 천연 칼륨(^{40}K : β붕괴핵종)인지, 그렇지 않으면 전혀 별개의 핵종인지 판단할 수 없다. 게다가 β선은 물체에 충돌하여 멈추기 쉽고, 즉 물질과의 상호작용이 강하기 때문에 시료로부터 방출된 β선 중에는 그 시료로부터 벗어날 수 없는 것이 있다. 그 비율은 시료의 밀도와 형상, 크기에 따라 서로 다르기 때문에 예를들면 어류의 외부로부터 뼈에 집적된 방사성스트론튬을 정량하는 것은 불가능한 것이다.

그러면 어떻게 측정할 수 있을까. 스트론튬-89(^{89}Sr), 스트론튬-90(^{90}Sr)는 β선 밖에 방출하지 않으므로 β선을 어떻게든지 측정하지 않으면 안된다. 그렇게 하기 위해서는 핵종을 분리하여 단독으로 존재하는 상태로 만들 필요가 있다. 분리시키는데는 화학적인 처리를 해야 하지만 그렇게 하기 위해서는 시료를 용액화 할 필요가 있다. 즉 예를들면 어류와 토양과 같은 시료는 고열에서 탄소를 연소시키거나 산분해를 하여 유기물을 녹이거나 다양한 방법으로 물에 용해된 상태로 만든다. 이렇게 어떻게든 수용액으로 만든 후 그 수용액중의 스트론튬(Sr)을 다른 원소(칼륨과 납 등)와 분리할 필요가 있다. 많은 절차를 거쳐 어떻게든 스트론튬(Sr)을 분리한 후 겨우 방사성 스트론튬으로부터 나오는 β선을 측정한다. 그러나 아무리 화학분리를 거듭해도 같은 스트론튬인 스트론튬-89(^{89}Sr), 스트론튬-90(^{90}Sr)은 분리할 수 없다. 그래서 스트론튬-89(^{89}Sr)와 스트론튬-90(^{90}Sr)이 혼합된 시료의 베크렐과 스트론튬-90(^{90}Sr) 단독의 베크렐을 측정하여 뺄셈에 의해 스트론튬-89(^{89}Sr)를 산출한다. 그러면 스트론튬-89(^{89}Sr)와 스트론튬-90(^{90}Sr)이 혼합된 시료로부터 어떻게 스트론튬-90(^{90}Sr)을 측정하는 것인가? 실제로는 스트론튬-90(^{90}Sr)을 측정하지 않고, 스트론튬-90(^{90}Sr)이 방사붕괴하여 생성된 이트륨-90(^{90}Y)이라는 핵종을 측정하여 스트론튬-90(^{90}Sr)의 베크렐을 산출한다. 이것을 이해하기 위해서는 방사평형에 대해서 설명하지 않으면 안된다.

어떤 방사성핵종(어미핵종)이 방사붕괴에 의해 별도의 핵종(딸핵종)으로 되었을 때에 그 딸핵종이 방사성이고, 또한 어미핵종 보다도 반감기가 충분히 짧을 때 이 어미핵종과 딸핵종은 언젠가는 같은 방사능(Bq)이 된다. 이것을 방사평형이라고 한다. 스트론튬-90(^{90}Sr)을 예를들면 반감기 30년의 스트론튬-90(^{90}Sr)의 딸핵종인 이트륨-90(^{90}Y)의 반감기는 64시간이다. 따라서 분리한 스트론튬-90(^{90}Sr)은 2주간 정도 지나면 ^{90}Sr-^{90}Y의 방사평형이 된다. 이 상태에서 이트륨-90(^{90}Y)을 스트론튬(^{89}Sr, ^{90}Sr)으로부터 분리하여 측정한다. 이트륨-90(^{90}Y)의 베크렐은 스트론튬-90(^{90}Sr)과 같으므로 스트론튬-90(^{90}Sr)의 베크렐 값이 얻어진다. 이와같이 방사성스트론튬(Sr)의 측정에는 기술 · 시간이 필요하므로 간단히 측정할 수 있는 γ선 방출핵종에 비하면 자료량은 압도적으로 적은 상황이다. 원자력발전소 사고 이후 이 방사성스트론튬 측정을 가능한 간단하고 빠르게 하기 위한 기술적인 개선을 목표로 하는 연구도 많이 수행되고 있지만 종래의 방법 보다는 빠르게는 되었지만 노력이 많이 들어가는 상황은 변하지 않았다고 생각된다.

스트론튬(Sr)은 칼슘(Ca)처럼 뼈에 축적되는 성질이 있다. 뼈의 대사는 느리기 때문에 생물학적 반감기는 비교적 긴 원소이다. 따라서 방사성스트론튬(Sr)의 내부피폭은 뼈에 분포하여 조혈세포로 영향을 미치는 리스크를 생각할 필요가 있다. 한편 이 뼈에 모이는 성질을 이용하여 뼈로 전이된 암에 의한 통증을 완화할 목적으로 스트론튬-90(^{90}Sr)을 약으로 투여하는 것이 있다. 이것을 내부 방사선 치료라고 한다. 주사에 의해 투여된 스트론튬-90(^{90}Sr)은 뼈로 집적되어 뼈에 존재하는 암세포에 방사선을 조사하여 통증 완화효과를 발휘한다.

해수 중의 스트론튬(Sr) 양에 대해서 여기에서는 몰[8]이라는 원자의 수를 나타내는 단위로 설명하겠다. 우선 방사성이 아닌 안정스트론튬에 대해서 생각해 보겠다. 스트론튬은 해수 1 리터 당 약 9×10^{-5} 몰 존재한다. 생물에 필수인 칼슘(Ca)은 1리터 당 약 10×10^{-3} 몰 존재하므로 스트론튬(Sr)은 칼슘(Ca)보다 약 1/100 농도로 존재한다. 스트론튬은 생명에 필수 원소는 아니지만 그 비율로서는 해수에 함유되어 있는 양은 적지 않다. 계속해서 방사성스트론튬(Sr)에 대해서 생각해보자. 예를들면, 1 베크렐의 스트론튬-90(^{90}Sr)은 약 2×10^{-15} 몰에 해당한다. 따라서 해수 1리터 당 1베크렐의 스트론튬-90(^{90}Sr)이 존재하는 경우 약 50,000,000,000개(5백억개)의 스트론튬 중 1개가 스트론튬-90(^{90}Sr)이고, 나머지가 안정스트론튬이다. 게다가 천연의 안정스트론튬에는 스트론튬-84, 86, 87, 88(^{84}Sr, ^{86}Sr, ^{87}Sr, ^{88}Sr)의 4개의 핵종이 있고, 스트론튬-88(^{88}Sr)이 가장 많은 약 83%를 차지하고 있다.

4) 그 밖의 핵종

후쿠시마 제1원자력발전소 사고에 의해 방출된 핵종으로서는 그다지 양은 많지 않았지만 은-110m(^{110m}Ag)도 해양에서 검출되고 있다. 이 핵종은 핵분열반응에서 생성된 것은 아니다. 은-109(^{109}Ag)로부터 중성자 포획반응에서 생성된 것이라고 추측된다. 더구나 m은 핵이성체를 나타낸다[3) 참조]. 은-110m(^{110m}Ag)은 반감기 약 250일의 핵종이며, 주로 β붕괴하여 안정 핵종인 카드뮴-110(^{110}Cd)으로 된다. 약 1%의 확률로 은-110m(^{110m}Ag)으로부터 핵이성체 전이로 안정 핵종인 은-100(^{110}Ag)으로 된다. 경구 섭취에 의한 실효선량 계수는 2.8×10^{-9}(mSv/Bq)이므로 세슘

8) 몰 : 아보가드로수(6×10^{23}개)의 분자와 원자의 수를 1 단위로 하는 분자 수의 단위

-137(^{137}Cs)의 1.3×10^{-5}(mSv/Bq)와 비교하면 1/500 정도의 값이다. 즉 은-110m(^{110m}Ag)을 섭취한 경우의 리스크는 세슘-137(^{137}Cs)과 비교하면 대단히 작은 것을 알 수 있다. 은은 일부 생물에서 높은 생물농축이 일어난다. 헤모시아닌은 포유류가 가지는 헤모글로빈[9]과 같은 기능을 가지는 색소로서 이 색소의 구리가 은으로 치환되는 것으로 은이 농축된다. 헤모시아닌을 가지는 생물은 오징어와 거미 같은 연체동물이나 절지동물이다. 혈액이 붉은 생물, 즉 헤모글로빈을 가지는 생물에는 이처럼 은이 높은 생물농축은 보이지 않는다.

텔루륨-129(^{129}Te)도 해수에서 검출되고 있다. 반감기가 34일로 짧고, 방사성세슘과 비교하면 방출량은 작았다. 지금 현재 식품으로 혼입이 염려되는 핵종은 아니다.

5) 식품의 기준치와 출하제한, 모니터링 체제

동일본 대지진 재해에서는 큰 지진이 2011년 3월 11일에 일어났다. 그로부터 얼마있지 않아 6일 후인 3월 17일에는 식품의 방사성요오드와 방사성세슘 등의 잠정규제치가 결정되었다(그림 1-3). 이 때의 잠정규제치의 결정 방법은 식품에 의한 추가 피폭을 1년간 5mSv까지 허용하고, 각 중요 품목에 1mSv 씩 나누어서 배정한 결과 500Bq/kg이라는 값이 되었다. 원래 칼륨-40(^{40}K) 등으로 피폭되고 있는 것은 제외하고, 원자력발전소 사고 유래의 핵종에 의한 내부피폭을 추가 피폭이라고 한다. 사고로부터 약 1년이 경과한 2012년 4월 1일부터는 잠정규제치가 아닌 새로운 기준치로 식품이 관리되게 되었다. 새로운 기준치는 식품에 의한 추가 피폭을 1년간 1mSv로 억제하기 위해 정해졌다. 우선 물에 0.1mSv를 배정하고, 나머지 0.9mSv를 식품에 배정했다. 각 성별, 연령을 고려하여 식품 중 핵종에 의한 피폭을 가장 많이 받는 사람도 0.9mSv에 도달하지 않도록 기준치를 계산했다. 그 결과 일반 식품은 100Bq/kg이 기준치로 되었다.

---

9) 헤모글로빈 : 척추동물 등의 적혈구 중의 색소 단백질. 철을 함유하여 산소와 결합하여 몸 안에 산소를 운반하는 기능을 가지고 있다.

모니터링은 정기적으로 수행되고 있다. 수산물은 주에 한번 후쿠시마현과 인근 현의 주요한 어항에서 실시되었다. 모니터링 결과 새로운 기준치를 초과한 경우는 그 품목이 출하제한 된다. 또한 해산물 중 광역회유성 어종이 새로운 기준치를 넘는 경우는 국가로부터 어업자체의 조업 자숙 요청을 내린다. 출하제한이 되는 지역은 농산물이라면 시읍면 또는 리, 해산물이라면 해역이다. 이러한 조치에 따른 손실은 보상대상이 된다. 출하제한 해제 또는 어업 재개가 되는 조건으로서는 그 후 세 번의 모니터링 기회에서 모두 새로운 기준치 이내로 되는 것이다(수산청 : http://www.jfa.maff.go.jp/j/press/sigen/ 110506.html).

방사성세슘의 잠정규제치	
음료수	200
우유·유제품	200
채소류	500
곡류	500
육류·계란·생선·기타	500

⇒

방사성세슘의 새로운 기준치	
음료수	10
우유	50
일반식품	100
젖먹이 유아식품	50

그림 1-3 방사성세슘의 잠정규제치(2011년 3월 17일~)와 새로운 기준치(2012년 4월 1일~) 단위: Bq/kg

현재 모니터링은 방사성세슘인 세슘-134(^{134}Cs)와 세슘-137(^{137}Cs)을 대상으로 하여 실시되고 있다. 후쿠시마현의 모니터링에서 검출한계는 약 8 Bq/kg이다(http://www.jfa.maff.go.jp/j/kakou/kensa/ index.html). 이 경우 검출한계란 어떤 핵종의 검출 가능 하한의 농도를 나타낸다. 검출한계는 모든 경우 순계수율 오차의 표준편차(σ로 나타낸다)의 3배로 설정한다. 계수율이란 단위 시간당 측정기가 계수한 방사선의 수이고, 순계수율이란 어떤 핵종으로부터의 방사선을 대상으로 할 때 그 핵종 이외로부터의 방사선, 즉 배경농도(background)를 뺐을 때의 계수율을 말한다. σ는 계수율의 분산을 나타낸다. 검출한계의 설정이 3σ이다라는 의미는 어떤 계수율이 3σ를 초과한 경우에 검출된 것으로 정한다는 것이지만, 이것의 정확한 확률은 99.7%이다. 즉 3σ의 계수율이 있어도 0.3%의 확률로 위장성이 있는 것이다. 게다가 2σ의 경우는 95.5%, 1σ에서는 68.3%이다. 위장성을 줄이거나, 검출한계의 값을 낮추거나 하려면 계수율을 상승시키는 것이 대표적인 해결책이다. 이것은 시료 중 방사성물질을 증가시키는 것, 즉 시료량을 늘여서 측정하는 것이 유효하다는 것을 나타내고 있다. 또한 σ를 낮추는 것으로도 검출한계의 값을 낮출 수 있다. 이것은 시료량을 늘이는 것에 더하여 측정시간을 길게 하는 것으로도 해결된다. 그러나 시료량과 측정시간을 증가시키면 측정할 수 있는 시료의 수가 감소한다. 현재 후쿠시마현의 모니터링에서는 100mL의 용량의 용기(U8이라는 규격)에 넣은 시료를 게르마늄반도체 검출기로 2,000초 측정하는 것이 일반적인 조건이며, 검출한계는 세슘-137(^{137}Cs), 세슘-134(^{134}Cs) 모두 8 Bq/kg 정도가 된다.

1.5 마무리

방사선에도 다양한 종류가 있고, 각각 인체에 미치는 영향 정도가 다른 것 등을 설명했다. 후쿠시마 제1원자력발전소 사고에 따른 방사능 영향을 생각할 때 방사성세슘인 세슘-137(^{137}Cs), 세슘-134(^{134}Cs)의 두가지 핵종의 성질을 아는 것은 섭취에 의한 내부피폭의 정도를 고려하는 것에 일조하는 것이 되지 않을까 생각한다.

사사

이 장은 동경대학 대학원 농학생명과학연구과 방사성동위원소시설의 고바야시 나미치코小林 奈通子 박사, 히로세 유타카広瀬 農 박사께서 퇴고시에 정독하여 논의해 주셨습니다. 감사의 말씀 드립니다.

참고문헌

日本アイソトープ協会 (2009)：ICRP Publ.103 国際放射線防護委員会の2007年 勧告, 日本アイソトープ協会.

제2장 해양으로 방사성물질의 침착·유출, 이동, 축적

칸다 죠타(神田穰太)

동경전력 후쿠시마 제1원자력발전소 사고에서는 발전소가 해안에 입지하고 있었고, 방사성물질로 오염된 물이 직접 해양으로 유출된 것이 더해져서 대규모적인 해양오염에 이르렀다. 대량의 방사성물질을 해양으로 직접 유출한 것은 과거 원자력발전소 사고에서는 그 예가 없었다. 일본의 연안역으로서도 처음이라고 해도 좋을 만큼 심각한 해양오염이 되었다. 이 장에서는 해양환경에서 방사성물질의 이동에 대하여 지금까지의 지식을 설명하고, 후쿠시마 제1원자력발전소 사고에 의한 해양오염에 대해 검토하겠다.

2.1 해양환경에 존제재하는 방사성물질과 과거의 해양오염

해수와 해저퇴적물 등도 포함하여 자연계에는 원래 다양한 종류의 방사성물질이 존재한다. 방사성핵종(원소와 동위원소의 종류)은 방사선을 방출하여 다른 핵종으로 변화한다(방사붕괴). 토륨-232(^{232}Th)와 우라늄-238(^{238}U) 등을 출발점으로하여 순차적으로 방사붕괴가 지속되는 일련의 핵종(붕괴계열)과 칼륨-40(^{40}K), 루비듐-87(^{87}Rb) 등은 지구생성시에 존재하였던 방사성핵종 중 반감기가 긴 것이 아직 남아 있는 것(또는 반감기가 긴 핵종에서 태어난 것)으로 원시방사성핵종이라고 불린다. 또한 삼중수소(^{3}H), 탄소-14(^{14}C) 등 지구상에서 우주선과 원자와의 반응으로 계속적으로 생성되는 핵종도 있다. 해수에 존재하고 있는 천연의 방사성핵종으로 방사능이 가장 높은 것은 칼륨-40(^{40}K)으로 해수 1 리터당 약 12베크렐(12Bq/L) 함유되어 있다. 해양생물에서도 칼륨-40(^{40}K) 이외에 폴로늄-210(^{210}Po), 납-210(^{210}Pb) 등이 검출된다.

이것에 더해서 인위적 기원의 방사성핵종이 해양으로 유입되게 되었다. 그 대부분은 핵무기나 원자력발전에서 유래하는 핵종이다. 1945년 히로시마, 나가사키에 원자폭탄이 투하되기 얼마 전부터 대기권내에서 다수의 핵실험이 실시되었다. 대기권내의 핵실험은 1980년 중국에서 했던 것이 마지막이었고, 그 대신 행해진 지하핵실험에서는 환경으로 방사성물질 방출은 대폭 감소했다. 이러한 대기권내의 핵폭발에 의해 지구 전체로 대량의 방사성물질이 방출되었다. 그 시대부터 이미 상당한 시간이 경과하였지만 반감기가 긴 핵종은 현재에도 해양에서 검출되고 있으며, 인위적 기원인 삼중수소(^{3}H), 세슘-137(^{137}Cs), 스트론튬-90(^{90}Sr), 탄소-14(^{14}C) 등이 해양환경에 잔존하고 있다. 이러한 핵종의 해양내 분포는 해양순환의 귀중한 추적자[10](tracer)로서 이용할 수 있기 때문에 해양의 인위적 기원 방사성핵종은 기초적인 해양학의 중요한 연구대상으로서도 자리잡아 왔다. 대기권내 핵폭발 이외에 해양으로의 방사성물질의 이동양이 많은 것은 체르노빌과 후쿠시마 등 원자력발전소 사고와 사용한 핵연료의 재처리공장 등에서의 배출, 운전중인 원자력발전소로부터의 배출, 저준위 폐기물의 해양투기, 원자력잠수함 등의 침몰, 수송중인 핵무기의 소실, 의료 · 연구 등에서 이용된 인공방사성물질의 유출 등이다.

후쿠시마 사고의 해양오염에서 가장 큰 문제가 된 세슘-137(^{137}Cs)에 대해 지금까지 인위적 기원의 방출량을 방사능(단위: Bq=베크렐)으로 비교하여 보았다(이하의 숫자에 대한 문헌은 神田(2014a) 참조). 대기권내 핵폭발에서는 합계 948PBq(페다베크렐 = 10^{15} 베크렐)이 방출되었고, 해양으로 이동한 부분은 603PBq로 알려져 있다. 이 중 히로시마에 투하된 원자폭탄에 의한 세슘-137(^{137}Cs)의 방출량은 0.089PBq 이다. 영국의 셀라필드(Sellafield) 원자력시설로부터의 배출수에서는 1952~1992년의 유출총량은 41PBq, 최대 연간 배출량은 1975년의 5.2PBq로 추정되어 있다. 1986년 체르노빌 원자력발전소 사고에서는 85PBq의 세슘-137(^{137}Cs)이 방출되었고, 해양으로 이동한 부분은 15~20PBq로 추정된

---

10) 추적자(tracer): 물질의 이동을 추적하기 위해 이용된다. 미량의 물질과 성질.

다. 세슘-137(^{137}Cs)은 천연에는 존재하지 않는 핵종이지만 핵실험 등의 영향으로 지금도 전세계 해양에서 검출되고 있다. 대기권내 핵실험의 결과에 의한 세슘-137(^{137}Cs)의 농도는 서서히 낮아지고 있다. 후쿠시마현 연안의 해수 중 세슘-137(^{137}Cs) 농도는 1970년대 중반경에는 0.005~0.007Bq/L이었지만 후쿠시마 원자력발전소 사고 직전에는 약 0.0015Bq/L까지 낮아져 있었다. 1986년 체르노빌 사고로 일본 근해의 해수 중 세슘-137(^{137}Cs)의 농도는 일시적으로 0.002Bq/L 정도 상승했었지만 다음 해에는 원래의 감소 경향으로 되돌아왔다(IAEA, 2005).

2.2 후쿠시마 제1원자력발전소 사고에 의한 해양으로의 방사성 물질 이동

1) 사고 발생과 대기로의 방사성물질 방출

핵실험과 원자력발전소 사고에서는 방사성물질이 대기로 방출되는 경우가 많이 있다. 후쿠시마 제1원자력발전소 사고에서도 사고 초기 단계에서 방사성물질은 대기로 방출되었다.

2011년 3월 11일 동북지방 태평양 근해의 지진과 그 후의 쓰나미에 의해 후쿠시마 제1원자력발전소에서는 원자로와 핵연료 풀(pool)의 냉각 기능이 소실되었다. 원자력발전소는 핵분열의 연쇄반응을 제어하는 형식으로 연속하여 발생한 열을 이용하여 발전을 한다. 핵분열반응은 지진 후 즉시 정지되었다. 그러나 사용중인 핵연료봉에는 핵분열과 그 외 다양한 핵반응에 의해 생성된 방사성핵종이 존재하며, 그들의 방사붕괴에 의해 열이 계속해서 발생한다. 따라서 운전을 정지한 원자로와 사용한 핵연료 pool 등도 계속적으로 냉각할 필요가 있다. 이 냉각 기능을 잃어버린 것에 의해 후쿠시마 제1원자력발전소의 1호기, 2호기, 3호기의 핵연료봉은 고온이 되어 융해되고, 녹아 떨어진 핵연료가 반응용기와 격납용기를 손상시키게 되었다(meltdown). 또한, 핵연료봉이 고온으로 가열된 것에 의해서 물과 반응하여 발생한 수소가스가 로炉 밖으로 누출되어 건물내에서 폭발이 일어났다. 1호기, 3호기, 4호기(운전 정지

중에 연료봉은 모두 사용한 핵연료 pool에 있었다)의 건물이 수소폭발로 파괴되었고, 다양한 배관과 용기 등의 손상이 일어난 것으로 생각된다. 이러한 용기와 배관의 손상과 로爐내의 압력을 저하시키기 위해 이루어진 벨브개방弁開放, vent 조작 등에 의해 고온의 원자로내에서 휘발성이 높은 방사성핵종이 대기로 방출되었다.

대기로의 방출은 지진·쓰나미 다음날인 3월 12일부터 시작하여 대부분은 2011년 3월 중에 일어났다고 생각된다. 비교적 방출량이 많았던 것은 3월 12~24일, 28~31일경이다. 방출량이 많은 핵종으로는 제논-133(^{133}Xe; 반감기 5.2일), 요오드-131(^{131}I; 반감기 8.0일), 요오드-133(^{133}I; 반감기 20.8일), 텔루륨-132(^{132}Te; 반감기 3.2일), 크립톤-85(^{85}Kr; 반감기 10.8일), 세슘-134(^{134}Cs; 반감기 2.06년), 세슘-137(^{137}Cs; 반감기 30.2년) 등이 있다(Povince et al., 2013). 요오드-131(^{131}I)은 방출량이 많았고, 사고 당시에는 다양한 환경시료로부터 높은 방사능이 검출되었지만 현재는 거의 검출되지 않는다. 그 외 반감기가 짧은 핵종도 현재는 거의 검출되지 않으며, 불활성기체인 제논-133(^{133}Xe)과 크립톤-85(^{85}Kr)은 환경과 인체로의 축적성이 거의 없다. 큰 문제가 된 세슘-134(^{134}Cs)와 세슘-137(^{137}Cs) 2개의 핵종은 방사능(Bq 단위)으로 보면 거의 1:1로 방출되어 현재는 반감기가 짧은 만큼 ^{134}Cs이 상대적으로 작아지고 있다. 스트론튬-89(^{89}Sr; 반감기 50.5일), 스트론튬-90(^{90}Sr; 반감기 28.7년)에 대해서는 후쿠시마 사고에서의 방출은 체르노빌 사고 등에 비해 많지 않았다. 스트론튬-90(^{90}Sr)의 대기로의 방출량은 세슘-137(^{137}Cs)의 1/100 정도이다. 스트론튬-89(^{89}Sr)는 세슘-137(^{137}Cs)의 1/10 정도 방출되었지만 반감기가 짧기 때문에 현재의 환경시료에서는 거의 검출되지 않는다(Povince et al., 2013). 대기로의 세슘-137(^{137}Cs)의 추정 방출량은 10~15PBq라고 하는 것이 대부분이지만 높은 것으로는 약 50PBq라는 추정 예도 있다(Yoshida and Kanda, 2012).

2) 대기에서의 확산과 해양으로의 침착沈着

대기의 방사성핵종 중 불활성기체 핵종과 휘발성 화합물에 함유되어 있는 핵종은 기체로서 존재하고, 그 이외의 핵종은 공기 중을 부유하는 입자(에어로졸)의 표면과 내부에 존재한다고 생각된다. 기체도 에어로졸도 공기와 더불어 비교적 빠르게 이동하여 존재 영역을 넓혀간다. 확산하는 방향과 속도는 풍향과 풍속에 따라서 변하며, 또한 이것들은 시간과 더불어 크게 변화하므로 확산양상은 일반적으로 매우 복잡하다. 일반적으로 오염물질은 존재 영역이 넓어지면 농도가 낮아진다. 다음에 설명하는 해수에서 방사성물질의 확산 양상과 비교하면 대기에서의 확산양상은 훨씬 빠르며, 비교적 짧은 시간에 보다 넓게 희석되어 분산하게 된다.

대기 중의 방사성물질, 특히 에어로졸과 함께 거동하는 핵종은 얼마 후에 침착(입자와 강수 등으로 강하) 과정을 거쳐 해면과 지면에 도달한다. 침착에는 강수와 안개가 관여하는 습식침착과 그 이외의 건식침착이 있다. 침착에 의해서 대기로부터 제거되는 속도와 효율은 핵종에 따라서 다르지만 일반적으로는 강수 등이 있으면 습식침착이 현저하게 촉진된다. 따라서 침착하는 방사성물질의 분포는 대기에서 확산 양상의 불균일성뿐만 아니라 침착의 불균일성에도 크게 좌우된다.

후쿠시마 사고에서 세슘-137(^{137}Cs)과 세슘-134(^{134}Cs)의 육상지역에서 침착량 분포는 항공기 관측과 현지조사에 의해서 매우 정확하게 알려져 있다. 한편, 해면에 침착된 방사성물질은 침착 직후에 해수와 더불어 이동하고, 희석되기 때문에 관측에 의해서 침착량 분포를 밝히는 것은 쉽지 않다. 이 때문에 대부분의 경우는 모델을 이용한 시뮬레이션에 의한 추정에 의지할 수밖에 없다. 단 시뮬레이션은 이용하는 모델과 기상 자료의 차이에 따라 크게 결과가 다른 경우가 있으며, 후쿠시마 사고 후 대기에 의한 방사성물질의 수송에 대해서도 다양한 시뮬레이션으로 재현된 결과는 반드시 맞는 것은 아니다. 많은 시뮬레이션에서는 발전소를 중심으로, 전체로서 주요부분이 동쪽의 태평양 상공으로 향하여 확산하는 복잡한 패턴으로 되어있다. 시뮬레이션 등에 기반을 둔 추정의 대부분은 대기로 방출된 세슘-137(^{137}Cs) 및 세슘-134(^{134}Cs) 중 20~30% 정도가 일본의 육상지역에 침착하고, 나머지 70~80% 정도가 해양으로 침착한 것으로 되어 있다.

3) 오염수의 직접방류

한편, 사고 직후부터 1~3호기의 원자로와 4호기 등의 사용한 핵연료 pool을 냉각하기 위해 다양한 수단으로 물의 주입이 이루어졌다. 용기와 배관이 손상된 것도 있고, 주입된 물이 원자로로부터 어떤 경로로 유출됐는지는 정확히는 알지 못하지만, 멜트다운한 로炉 내에서 오염되었다고 생각할 수밖에 없는 고농도의 요오드-131(^{131}I), 세슘-137(^{137}Cs), 세슘-134(^{134}Cs), 스트론튬-90(^{90}Sr) 등을 포함한 물이 인접한 터빈건물의 지하 등에 체류하고 있는 것이 2011년 3월 24일에서야 확인되기에 이르렀다. 이 오염수는 지하의 케이블홀과 냉각수 도입을 위한 트렌치 등에도 유입되어 그 일부가 해양에도 누출되었다. 4월 2일 2호기 취수구 부근의 1개소에서 발전소 전용항만의 취수구 개거開渠, 위를 덮지 않은 수로)라는 부분으로 고농도 오염수의 유출이 확인되었다. 유출이 시작되었다고 생각되는 4월 1일부터 물유리(water glass, 알칼리-규산계 유리의 진한 수용액) 등의 주입에 의해 봉인되어 유출이 멈춘 4월 6일까지, 그 동안 520톤(학교 pool 1개 정도)의 오염수가 유출한 것으로 되어 있고, 이 기간 세슘-137(^{137}Cs)의 유출량은 0.94PBq로 알려져 있다(原子力災害対策本部, 2011). 한편 발전소 바로 근처의 해수 중 방사성물질 농도는 3월 26일경부터 급격한 상승이 시작되었다(그림 2-1). 이것으로부터 4월 1~6일의 2호기 앞의 유출 전에 다른 유출이 있었을 가능성이 높다고 생각된다. 이외에 3호기 앞에서 5월 10~11일에 소규모의 오염수 유출이 확인되었다. 또한 고농도 오염수의 유출과는 별도로 4월 5~10일에는 저준위 오염수의 의도적 배수排水도 이루어졌다. 이것은 항만의 밖에 직접 배수되었다.

오염수에 의한 세슘-137(^{137}Cs)의 직접 유출량은 해양의 방사능 데이터로부터도 추정할 수 있다. 예를들면, 해양에서의 오염수 확산 시뮬레이션 결과와 실제 해수 중의 방사능 관측 결과를 대비시켜서 시뮬레이션과 관측이 일치하도록 하여 유출량을 역추정할 수 있다. 이러한 추정값의 대부분은 3.5~10PBq의 범위에 있지만 가장 큰 추정치로는 27 PBq

라는 것도 있다(Yoshida and Kanda, 2012). 2.6절에서 상세하게 설명하겠지만 필자는 동경전력의 공표 자료를 이용하여 발전소 전용 항만 중앙부의 해수교환율을 추정했다(Kanda, 2013). 이 교환율을 사용하면 항만 중앙부로부터 세슘-137(^{137}Cs)의 유출량을 추정할 수 있다. 항만 중앙부의 세슘-137(^{137}Cs) 측정이 가능하게 되었던 4월 3일부터 5월말까지 세슘-137(^{137}Cs)의 유출량은 2.25PBq로 추정되었다. 이 추정값에는 4월 2일 이전의 유출은 포함되지 않는다. 또한 항만 중앙부를 경유하지 않은 유출도 포함되지 않는다. 4월과 5월에 확인된 오염수 유출은 모두 전용항만의 1~4호기 취수구 개거라고 하는 부분에서 일어났다. 취수구 개거와 항만 중앙부는 물의 유통이 가능하지만, 오염수 유출 시점에서는 지진 · 쓰나미에 의해서 취수구 개거와 외해를 가로지르는 재방이 손상되어 외해와도 물 교환이 가능했을 것으로 생각된다. 이 취수구 개거로부터 외해로의 직접 유출과 경우에 따라서는 취수구 개거를 경유하지 않는 유출이 있었을 가능성도 생각되므로 항만 중앙부 경유의 유출은 외해로 유출된 오염수의 일부에 지나지 않는다고 생각된다. 따라서 시뮬레이션에 의한 역추정 등에서 추정된 3.5~5PBq 정도의 값과 필자가 산출한 2.25PBq는 매우 잘 일치하고 있다고 할 수 있다. 어쨌든 이들의 추정값은 동경전력이 확인하고 있는 유출(배출) 사고 마다 추정 누출량의 합계값(4월 1~6일 2호기 앞의 누출이 대부분을 차지하여 약 0.95 PBq) 보다 크다. 이것으로부터도 앞에서 서술한 3월 중의 유출을 포함하여, 경로와 양이 명확하지 않은 오염수의 유출이 있었다는 것은 거의 확실하다고 생각된다. 또한 이 시기의 스트론튬-90(^{90}Sr)과 삼중수소(^{3}H)의 유출량은 정확히는 모르지만 체류수 등의 분석에서는 스트론튬-90(^{90}Sr)은 세슘-137(^{137}Cs)의 1/100 정도이고, 삼중수소(^{3}H)는 세슘-137(^{137}Cs)의 1/10부터 1/100 정도였던 것 같다(Povince et al., 2013).

대기로부터 침착 보다 약간 늦게 방사성물질이 오염수로서 해양에 직접 유출한 것이 이번 사고의 해양오염의 큰 특징이다. 더욱이 지금까지 해양의 방사성물질 사례와 비교하는 경우 방출이 1개월 이내의 기간에 집중되고 있는 것에 유의할 필요가 있다. 앞에서 서술한 영국의 셀라필드(Sellafield) 재처리시설로 부터는 1975년에 가장 많은 5.2PBq의 세슘-137(^{137}Cs)이 유출되었지만 후쿠시마에서는 이 1년분에 필적하는 양이 3월말부터 4월 상순에 걸쳐서 유출하게 된 것이다. 특정 장소에 단기간에 대량의 방사성핵종이 방출된 사례로서는 과거에 유례가 없다.

2.3 해수 중 방사성물질의 추이

해수 중 방사성물질은 원소에 따라서 다양한 존재형태를 가진다. 이번 사고에서 문제가 된 세슘, 스트론튬, 요오드는 각각 세슘이온(Cs^+), 스트론튬이온(Sr^{2+}), 요오드산이온(IO_3^-)으로서 해수에 녹아 있다고 볼 수 있다. 또한 수소동위원소인 삼중수소(^3H)는 물분자(H_2O)를 구성하는 수소원자에 포함되어 있다. 더구나 해수에는 방사성이 아닌 안정한 세슘(^{133}Cs)이 약 2.2nmol/L, 스트론튬(주로 ^{88}Sr)이 약 87μmol/L, 요오드(^{127}I)가 약 0.44μmol/L 함유되어 있다. 이번 사고에서 해수로 이동한 방사성핵종은 과거의 오염 사례에 비해서도 결코 소량은 아니지만 적어도 요오드, 세슘, 스트론튬에 대해서는 해수에 원래 존재하고 있는 각 원소(안정한 동위원소)의 농도에 비해서 거의 무시할 정도의 농도이다. 예를 들면, 세슘-137이 1,000Bq/L 함유되어도 물질량으로서는 0.0023nmol/L에 불과하며, 원래 해수에 있는 안정세슘 농도는 거의 변하지 않는다. 물질량으로서는 무시할 수 있는 정도의 소량이지만 방사성이라는 성질이 있기 때문에 문제가 된다.

해수에 녹아 있는 방사성물질은 해수의 이동과 혼합 등에 의해 확산되면서 수송된다. 난류상태의 유체라는 점에서는 대기도 해양도 같으며, 그 확산과 이동은 매우 유사한 프로세스로 진행되고, 존재 영역이 넓어질수록 농도는 저하한다. 다만 대기와 해양에서는 이동 속도가 크게 다르고, 해수에 의한 수송은 대기보다도 훨씬 느리다. 일반적으로 쿠로시오黒潮 등과 같이 해수가 상시 한 방향으로 흐르고 있는 장소는 해양에서는 그렇게 많지 않다. 보통은 조석, 바람, 와류 등의 영향을 받아서 유향과 유속이 시시각각 변화하면서 평균적으로 어떤 특정의 방향으로 이동하는 움직임이 된다. 이번 오염수의 직접 유출로는 극히 고농도의 오염수가 물의 양으로서는 조금씩 유출되었다. 이러한 경우에는 해수 중에서의 확산에 특별히 시간을 필요로 한다. 또한 충분히 희석되어 확산될 때까지의 사이에는 비교적 농도가 높은 영역과 낮은 영역이 혼재하는 복잡한 분포패턴을 나타낸다. 이러한 분포상황은 수면에 떨어뜨린 먹물이나 커피에 떨어뜨린 크림이 만든 모양에 비유된다. 이와같은 농도가 서로 다른 영역이 이동하면서 넓어져서 주위의 해수와 혼합되어 방사성물질이 옅어지게 된다.

사고가 일어나서 정부에 의해 해수의 모니터링이 시작된 것은 발전소 전용항만 바로 근처의 남쪽과 북쪽의 해안이 3월 21일, 선박에 의한 앞바다 30km의 관측점은 3월 23일 이었다. 모두 표층 해수에서 요오드-131(^{131}I), 세슘-137(^{137}Cs), 세슘-134(^{134}Cs)가 검출되었다. 세슘-137(^{137}Cs)에 대해 모니터링 직후에 얻은 값은 발전소 근처에서는 최대 약 1,500Bq/L, 발전소 앞바다 30km에서는 최대 10~20Bq/L 정도였다. 이 시기의 해수 오염은 대기로 방출된 방사성물질이 해면에 침착한 것이 주된 것이었다고 생각된다. 발전소로부터 비교적 떨어진 광범위한 해역에서 동등한 수준으로 검출된 것, 또한 대기 방출 이벤트별 ^{137}Cs(^{134}Cs)와 요오드-131(^{131}I)의 방출 비율의 변동과 요오드와 세슘의 침착과정의 차이를 반영하여 해수의 방사성세슘(^{137}Cs, ^{134}Cs)과 요오드-131(^{131}I)의 비에 큰 변동이 보인 것이 대기 경유라고 생각되는 근거가 되었다. 대기에서 비교적 단시간에 광범위하게 분산된 것과 해수면에 침착한 후에 해수의 연직혼합에 의해서 희석된 것도 있고, 이 시기의 연안 해수의 방사성물질 농도는 그 후에 일어난 직접유출에 비해 훨씬 낮았다.

앞에서 서술한 것과 같이 3월 26일 경부터 발전소 전용항만 바로 근처의 해수에서 직접유출에 의한 것이라고 생각되는 극히 높은 농도의 요오드-131(^{131}I), 세슘-137(^{137}Cs), 세슘-134(^{134}Cs)가 검출되기 시작했다. 이번 사고로 유출된 오염수는 방사성물질 농도가 극히 높은 것도 포함되어 있고, 유출된 오염수의 세슘-137(^{137}Cs)은 10억Bq/L을 넘어선 것도 있었다고 알려져 있다. 발전소 바로 근처 해수의 방사성물질 농도는 3월 말경과 4월 초순에 2개의 극대값이 있었던 것처럼 보인다. 앞에서 서술한 4월 1~6일 2호기 앞에서의 유출과 그 이전인 3월말경의 유출은 거의 같은 정도의 규모였던 것 같지만 상세한 것은 알려져있지 않다. 세슘-137(^{137}Cs)에 대해서 살펴보면 발전소 항만 외측 바로 가까운 북측에서 68,000Bq/L(4월 7일)에 달하는 등 후쿠시마현 연안에서는 직접 유출쪽이 압도적으로 큰 영향이 있었다(그림 2-1).

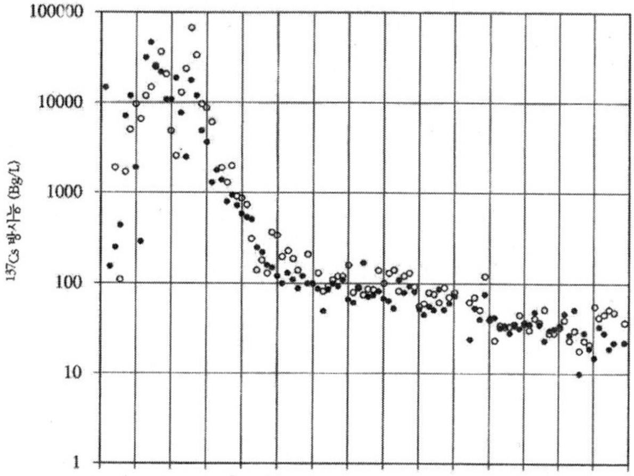

그림 2-1. 발전소 바로 근처(항만 외부 북쪽○, 항만 외부 남쪽●)
의 세슘^{137} 방사능 추이(2011년 3~6월)

한정된 관측 자료와 각종 시뮬레이션 결과에 의하면 직접유출에 의한 오염해역은 존재범위를 넓혀 가면서 대체로 남쪽으로 향하고, 얼마 후 쿠로시오속류역에 도달한 후 동쪽으로 향한 것으로 알려져 있다. 다만 앞에서 설명한 것처럼 해수의 유동은 시시각각 변화하므로 이것은 어디까지나 「평균적」인 움직임이다. 실제로 후쿠시마 제1원자력발전소의 근해에서 표류부이를 투하한 실험이 다수의 연구그룹에 의해서 수행되었다. 확실히 많은 부이가 남쪽과 동쪽으로 향하는 다양한 경로를 가지고 이동했지만 일부의 부이는 북쪽의 센다이만仙台湾 근해와 산리쿠三陸 근해로도 흘러갔다. 고농도 오염수가 북쪽에 영향을 주지 않았다고 생각하는 것은 틀렸다. 그것을 감안하여 오염이 확대된 영역 중에서도 영

향이 가장 컸었던 곳은 발전소의 남쪽 해안을 따라가는 해역인 것으로 생각되고 있다. 발전소 바로 근처에서 방사성물질이 피크(peak)를 나타낸 것은 4월 초순이었지만 발전소의 남쪽 10~16km의 해안에서는 수일에서 1주일 정도 늦게 세슘-137(^{137}Cs)이 1,000Bq/L를 초과하는 피크가 있었다. 그러나 발전소로부터 거의 같은 거리인 15km 동쪽 연안에서는 같은 시기 또는 다소 늦게 대략 200~300Bq/L 정도의 피크가 있었을 뿐이다. 한편, 발전소보다 북쪽의 미나미소마南相馬의 15km 해역에서 4월 11일에 760Bq/L, 발전소 30km 앞바다의 모니터링 정점에서 4월 15일에 186Bq/L 등 spot 형태로 높은 방사능이 검출된 예도 있다. 이것은 해수 중 방사능 분포가 매우 복잡한 것을 반영하고 있다고 생각된다. 발전소로부터 남쪽으로 40km 이상 떨어져 있는 후쿠시마현 이와키いわき시의 연안에는 2~3주 늦게 수백Bq/L에 달하는 피크가 있었던 것으로 추측된다.

이와같이 오염된 해수에 의해서 후쿠시마현 앞바다의 해수 중 방사성물질 농도는 4월 중에 급상승했다. 그러나 발전소로부터의 유출이 4월 초순에 급감한 상황에서 해수의 이동과 혼합 · 희석에 의해 연안해역의 방사성물질 농도는 그 후 급속도로 낮아졌다(그림 2-1). 이러한 해수의 방사성물질의 급증과 급감은 극히 단기간에 집중하여 개방적인 태평양으로 방사성핵종이 방출된 이번 사고의 특징을 잘 나타내고 있다고 할 수 있다. 그렇다고 하더라도 농도가 낮아지고, 또한 동쪽방향으로 이동하여 일본으로부터 멀어져도 해양에서 방사성물질이 사라지는 것은 아니다. 물리적 반감기에 의해 붕괴한 부분 이외에는 어떠한 형태로든 해양에 잔존하게 된다. 동일본 대지진에 의한 쓰나미로 유실된 쓰레기의 대부분도 동쪽으로 향하여 알래스카나 북미 서해안에 표착하였지만 동쪽으로 향한 해수에 포함된 방사성물질의 경우는 대부분이 북태평양 중부에서 깊이 수백 미터까지의 아표층~중층으로 해수와 함께 침강하여 대부분은 북미에 도달하지 않고 남쪽으로 향했다는 연구결과도 나와 있다.

2.4 해저퇴적물로의 이동

1) 해저퇴적물의 방사성세슘(^{137}Cs과 ^{134}Cs)

해수에 부유하는 입자상물질도 해수에 녹아 있는 물질도 최종적으로는 해저의 퇴적물(펄과 모래 등)로 이동한다고 생각된다. 즉 해양의 물질순환은 결국 대기와 하천으로부터 해양으로 들어간 물질이 최종적으로 해저의 퇴적물로 매몰됨으로써 해양에서 제거되는 과정으로 볼 수 있다. 거기에 필요로 하는 시간은 원소에 따라 다양하며, 이 중에는 무한대에 가까운 시간을 해양내에서 체류하는 원소도 있고, 불활성가스 등 퇴적물로 제거되지 않는 예외적인 원소도 있지만 해수 중 대부분의 원소는 해양을 통과점으로 하여 해저를 목표로 이동해가는 도중이라고 해도 좋을 것이다. 방사성핵종도 예외는 아니다.

퇴적물로 이동되는 정도는 원소에 따라서 크게 다르다는 것이 알려져 있다. 후쿠시마 사고에 관하여 퇴적물에서 얻어진 자료는 거의가 방사성세슘(^{137}Cs과 ^{134}Cs)에 대한 것이므로 이제부터는 세슘을 중심으로 설명하겠다. 해수로부터 퇴적물로의 이동 정도를 정량적으로 나타내는 지표로서 분배계수(K_d)가 이용된다. 이 계수는 해수 중의 원소 또는 핵종의 방사능(또는 물질량)에 대한 퇴적물 중 방사능(또는 물질량)의 비로 정의된다.

K_d = (퇴적물 중의 방사능[Bq/kg]/해수 중의 방사능[Bq/L])

퇴적물의 방사능은 건중량 당으로 나타내는 것이 보통이다. IAEA에 의한 세슘 Kd의 추정값은 외양(심해퇴적물)에서 2,000, 연안에서 4,000이다. 즉 퇴적물의 질량당 세슘-137(^{137}Cs)의 방사능은 해수의 수천배가 된다고 예상된다. 다만 이 값은 충분히 긴 시간 스케일에서의 소위 평형값을 말한다. 후쿠시마 사고에 의해 해수의 방사성물질 농도가 시간적으로 크게 변화한 경우는 단순히 이 계수를 적용하여 퇴적물의 방사성물질 농도를 예상하는 것은 불가능하다.

해저퇴적물에 대해서 정부, 현, 동경전력의 조사는 2011년 4월말에 시작되었고, 데이터가 본격적으로 얻어지게 된 것은 5월 이후이다. 그 결과에 의하면 높은 농도의 세슘-137(^{137}Cs)과 세슘-134(^{134}Cs)가 검출되는 것은 대부분 수심 수백 미터보다 낮은 해저이고, 일반적으로는 얕을수록(해안에 가까울수록) 방사능이 높은 경향이 있었다. 후쿠시마현 연안은 일본의 연안으로서는 드물게 200m 보다도 얕은 해저가 꽤 먼바다까지 펼쳐져 있다. 이 얕은 해저는 센다이만仙台湾에서 가장 먼바다까지 펼쳐지고, 넓고, 남쪽으로 갈수록 좁아지는 지형으로 되어 있다(그림 2-2). 해저퇴적물의 방사성세슘의 대부분은 이 미야기현宮城県에서 이바라키현茨城県까지 걸쳐진 얕은 해저에 존재하고 있다. 발전소에 가까울수록 전반적으로 높아지는 경향도 있지만 육상의 토양처럼 확연한 경향은 아니고, 오히려 상당히 넓은 범위에서 비슷한 수치가 관측되었고, 해저지형과 퇴적물의 성상에 의한 차이가 더 컸다. 퇴적물의 무게 당 방사성세슘은 퇴적물의 입도조성과 좋은 상관관계를 나타내고, 같은 장소에서도 세립질 입자가 많은 니질 퇴적물 쪽이 사질 등 조립질 퇴적물 보다도 방사성 세슘 값이 높았다. 일반적으로 입경이 작은 입자는 단위질량당 표면적이 크기 때문에 세슘의 흡착과 결합도 상대적으로 커지고, 질량당 방사성세슘의 양도 많아진다. 또한 후쿠시마현 연안은 해저에 넓게 암반이 노출되어 있는 장소가 있는 등 해저지형도 복잡하다. 동경대학 생산기술연구소 조사 등에 의하면 암반 주변 퇴적물에서 국지적으로 높은 방사성세슘이 존재하는 장소가 있는 것 같다.

해저퇴적물 표층(0~3 또는 5cm까지)의 세슘-137(^{137}Cs)을 퇴적물의 건조중량 당으로 나타낸 값에서는 연안의 높은 곳에서 수천 Bq/kg, 대부분은 수십~수백 Bq/kg이었다. 육상의 토양은 발전소로부터 동일한 정도의 거리에서 수만~수십만 Bq/kg에 달하는 곳도 있기 때문에 해저퇴적물의 ^{137}Cs은 수십~수만분의 1 정도, 평균적으로는 대략 1/100 정도밖에 되지 않는다. 이것은 해양에 도달한 방사성물질의 대부분이 해수와 더불어 이동하면서 빠르게 희석된 결과, 극히 일부만이 연안 퇴적물에 이동한 것을 반영한 것이다. 발전소로부터의 거리와 뚜렷한 상관관계가 나타나지 않는 것도 같은 이유로 생각된다. 다만 발전소의 전용항만내의 저질의 값은 높고, 2011년 7월에는 150,000Bq/kg이라는 값이 보고되어있다. 더구나 이 항만내의 값은 습중량 당으로 보고되어 앞에서 언급한 건조중량 당의 값으로 고치면 더 높아진다(후쿠시마 앞바다 퇴적물에서는 일반적으로 최대 2배 정도).

해저퇴적물에 존재하고 있는 세슘-137(^{137}Cs)에 대해서 정부, 후쿠시마현, 동경전력의 자료를 바탕으로 2012년 4~9월의 시점에서 계산해 보았다(神田,2014b). cy시銚子부터 카네하나에산金華山에 이르는 해안선의 동쪽 앞바다의 수심 200m까지 해역(그림 2-2)에 대해서 표층퇴적물의 중량당 자료(전체 299개 자료)로부터 면적 당 적분값(Bq/㎡, inventory)을 추정하여 영역 전체의 존재량을 구했다. 면적 당 적분값으로의 환산은 도쿄해양대학의 퇴적물 자료 등으로부터 얻은 상관관계를 이용하였다. 이 해역의 세슘-137(^{137}Cs)의 전체 잔존량은 93.5TBq(테라베크렐 = 10^{12} Bq)로 산출되었다. 오염수에 의한 유출량은 3.5~10PBq 정도라 하면 그중의 1~3% 정도가 퇴적물에 잔류하는 것이 된다. 더구나 같은 해역에서의 동시기의 해수에 대해서 잔존량은 정부와 동경전력의 전체 636개 데이터로부터 15.3TBq라고 산출되어있다. 이 계산으로부터도 연안의 해수에 유출된 방사성물질의 대부분은 퇴적물로 이동되기 전에 태평양으로 확산된 것을 알 수 있을 것으로 생각한다.

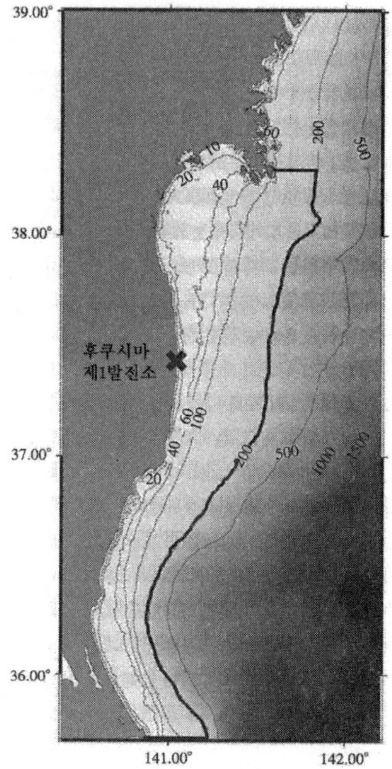

그림 2-2. 후쿠시마제1발전소 주변의 해저지형(두꺼운 선 안쪽은 카네하나에산으로부터 cy시까지 걸친 수심 200m 보다 얕은 해역)

저자의 주해) 필자는 쵸시에서 카네하나에산 앞바다 수심 200m 까지 해역(그림 2-2)의 해저퇴적물에 대해 2012년 하계의 세슘-137의 잔존량을 93.5 TBq로 추정하였지만 그 후의 해저퇴적물의 방사능 감소로부터 추정하면 2016년 현재는 그 추정값의 1/5에서 1/10 정도로 감소한 것으로 추정하고 있다.

2) 해저퇴적물로의 세슘의 이동 과정

해저퇴적물은 광물입자, 실리카질과 석회질의 생물각, 생물체와 detritus (생물의 유해와 배설물 등)의 유기물, 입자 공극의 해수 등으로 구성된 복잡한 혼합물이다. 세슘이 흡착하거나 결합하는 정도는 입자의 종류에 따라 크게 다르다고 생각된다. 세슘은 광물입자로의 흡착성이 강하고, 특히 특정 종류의 점토광물과는 강하게 결합하는 것으로 알려져 있다.

이번 사고 후에 후쿠시마 연안에서 해수의 방사성세슘이 퇴적물에 이동된 과정을 명확하게 알고 있는 것은 아니다. 앞에서 서술한 것처럼 해수 중의 세슘은 이온으로 해수에 녹아있지만 일부는 부유하는 토사와 생물계 입자에 흡착되어 플랑크톤 등의 생물에도 흡수된다. 이러한 입자가 해저로 침강하여 세슘-137(^{137}Cs)과 세슘-134(^{134}Cs)도 해저퇴적물 底泥로 이동한다. 이 process를 담당하는 침강입자는 플랑크톤 등의 유해와 배설물 등의 유기물을 중심으로 다양한 입자상물질이 응집하여 생성된 것이 주체가 된다. 플랑크톤에 흡수되거나 또는 입자에 흡착된 방사성세슘은 입자와 더불어 침강하여 퇴적물 표면에 도달하게 된다. 또한 이번 사고에서는 수심이 얕은 연안역의 해수가 비교적 높은 수준의 방사성세슘으로 오염된 것으로부터 해저퇴적물과 오염된 해수의 직접적인 접촉에 의해 퇴적물에 방사성세슘이 흡착되는 process가 중요하다는 견해도 나와 있다. 또한 지진과 쓰나미 등에 의해서 해저퇴적물 위의 해수는 꽤 장기간에 걸쳐 재현탁된 퇴적입자에 의해 현탁된 상태가 계속되었다고도 한다. 이렇게 하여 일시적으로 현탁된 퇴적물입자에 오염된 해수의 방사성세슘이 흡착되었을 가능성도 고려되고 있다.

세슘에 대해서 침강입자에 의한 수송이 중요시된 것은 1986년 체르노빌 사고시의 연구에 근거를 두고 있다. 사고가 일어난 것은 바다속에 계류하여 침강입자를 포집하는 sediment trap이라는 장치가 마침 보급된 무렵으로 이것에 의한 관측이 세계 각지에서 행해졌다. 체르노빌 사고에 의한 방사성물질은 대부분이 대기로부터의 침착에 의해 해양으로 운반되었다. 각 해역의 sediment trap 관측결과에 의하면 해수에 함유되어 있는 단위면적 당 세슘-137(^{137}Cs) 중 연간 0.2~1.5% 정도가 침강입자로서 심층으로 수송되고 있었다. 이번 후쿠시마 사고에서도 거의 같은 제거율이 얻어졌다. 이 제거속도는 예상외로 빠른 것이다. 앞에서 서술한 것처럼 해수에는 안정한 세슘(^{133}Cs)이 함유되어 있지만 이 세슘은 전 해양에 평균적으로 약 33만년 체류한다고 되어 있다. 따라서 1년간 해저로 제거되는 세슘은 전 해양의 존재량의 33만분의 1이 되어야 한다. 사고에 의해서 해양으로 운반된 세슘-137(^{137}Cs)과 세슘-134(^{134}Cs)는 세슘 전체의 농도(2.2nmol/L)를 변화시킬 만큼의 양이 아니므로 제거율에 변화가 있다고는 생각하지 않는다. 만약 침강입자로 심층에 수송된 세슘이 그대로 해양으로부터 제거된다고 하면 세슘의 체류시간 및 제거율과 모순이 일어나게 된다. 따라서 침강입자와 퇴적물로 세슘이 빠르게 이동하는 한편으로 거의 같은 양의 세슘이 침강입자와 퇴적물로부터 해수로 되돌아간다고 생각할 수밖에 없다. 게다가 세슘 농도의 수직분포는 소위 보존성분형(해면으로부터 해저까지 일정한 농도)이다. 이와같은 보존성성분형 분포는 존재량에 비해서 침강입자에 의한 표층에서 심층으로의 순수송이 충분히 작은 원소인 것을 나타내는 것이다. 방사성세슘의 침강입자로의 이동은 앞서 서술한 것처럼 빠르지만 만약 그것에 맞는 침강입자로부터 해수로의 세슘의 회귀가 심층에서 일어난다고 하면 세슘이 표층에서 심층으로 순수송된 것이 된다. 보존성성분형의 수직분포가 성립되기 위해서는 이러한 수송은 (만약에 일어나고 있다고 해도) 세슘의 용존농도에 비해서 충분히 작아야 한다.

오염된 해수가 해저의 퇴적물에 의해 직접 흡착된다고 하는 생각에 대해서도 같은 것을 지적할 수 있다. 퇴적물 중에 많이 존재하는 광물입자는 비교적 강하게 세슘을 흡착하는 것으로 알려져 원래 해수 중에 있는 안정 세슘 쪽이 방사성세슘보다 압도적으로 농도가 높으므로 해수와 해저퇴적물 중의 광물입자는 이미 흡착용량 만큼의 세슘을 흡착하고 있는 것으로 생각된다. 앞에서 서술한 것처럼 후쿠시마현 앞바다의 해저퇴적물로 이동한 방사성세슘은 직접 유출된 양의 1~3% 정도이지만 이 이동이 직접 흡착에 의해 해저로 불가역적으로 제거되었다고 한다면 역시 제거속도로서는 너무 크다. 이 경우에 세슘의 해양에서의 체류시간과 모순되지 않기 위해서는 퇴적물로부터의 탈착이 상당히 크다고 생각할 필요가 있다. 다만 33만년이라는 체류시간은 해양 전체의 평균적인 것이므로 후쿠시마 연안 해역의 순제거속도가 상당히 커도 모순은 아니라는 반론도 있다.

이와같이 아직 밝혀지지 않는 점은 많지만 해저퇴적물로의 이동과정은 방사성세슘의 퇴적물에서 존재 형태와 밀접하게 관련하고 있다고 생각된다. 광물입자에 강하게 흡착 또는 결합한 세슘은 쉽게 분리되지 않는 것으로 알려져 있다. 먹이와 함께 광물입자가 생물의 소화관에 들어가더라도 생물체로 이동한다고 할 수 없다. 침강입자에 의한 이동 이라면 유기물에도 방사성세슘이 존재하고 있을 가능성이 높다고 할 수 있다. 실제로 후쿠시마 연안 퇴적물에서는 유기물에 포함된 방사성세슘이 전체의 20% 정도를 차지하고, 질량당 방사능은 유기물 쪽이 오히려 광물입자보다 높다는 것이 알려져 있다. 따라서 해저퇴적물로의 이동에는 생물기원의 침강입자도 일정 역할을 하고 있었다는 것은 틀림없다고 생각한다. 유기물에 포함된 방사성세슘은 생물로 이동할 가능성도 있다.

3) 해저퇴적물에서의 방사성세슘 변화

연안역 퇴적물 표층부의 세슘-137(^{137}Cs)은 전체로서는 시간과 더불어 낮아지는 경향이 보인다. 그러나 그 감소속도는 해수 중 세슘-137(^{137}Cs)에 비해 훨씬 느리고, 아주 대충 말하면 1~2년에 수분의 1 정도가 되는 속도이다. 이 감소 이유도 충분히 밝혀져 있지 않다.

우선 퇴적물 내부에서 수직방향(퇴적물 하층 방향)으로 방사성물질의 확산·분산이 일어나는 것이 이유로 들 수 있다. 정부 등에 의한 모니터링에서는 표층부터 3cm(경우에 따라서는 5cm)의 퇴적물에 대해 건조중량 당 방사성세슘량만 발표되어 있다. 그러나 퇴적물 내부의 방사성세슘의 수직분포를 조사해보면 방사성세슘은 표층부터 10cm 정도, 경우에 따라서는 더욱 깊은 곳에서 검출되고 있다. 퇴적물 내부에서는 공극수(입자와 입자 사이의 해수)를 통하여 매우 느리지만 물질의 확산이 일어난다. 또한 저서생물이 퇴적물속을 이동하거나 구멍을 파거나 하는 것에 의해 퇴적물 층이 교란되는 경우도 있다(생물교란). 더욱이 퇴적물 위의 해수유동이나 지진과 쓰나미 등의 영향으로 퇴적층이 교란되는 경우도 있다. 이러한 과정을 통하여 방사성세슘이 퇴적물 내부로 이동되는 것으로 생각된다. 실제로 후쿠시마현의 연안해역에서 조사된 퇴적물의 방사성세슘의 수직분포를 보면, 사고로부터 수개월밖에 경과되지 않은 경우에서도 방사성세슘 농도가 퇴적물의 비교적 아래쪽에서 가장 많이 포함되었던 사례도 다수 있다. 연안해역에서는 해저의 생물활동도 활발하고, 퇴적물 위의 해수유동도 격렬한 경우가 많아 퇴적물 내부의 분포도 특히 복잡하게 되어 있는 것으로 생각된다. 또한 안정된 퇴적환경에서는 표층에서 가장 방사성세슘 농도가 높고, 하층으로 갈수록 낮아지는 수직분포가 될 것으로 생각된다. 실제로 비교적 수심이 깊은 해역에서는 이와 같은 분포가 나타났다. 이러한 경우에도 시간이 경과함에 따라 표층에 방사성물질을 그다지 함유하지 않은 퇴적물이 퇴적되는 것 외에 확산과 생물교란에 의해 보다 아래쪽으로 방사성물질이 이동되어 수직분포는 점차로 변할 것으로 생각된다.

퇴적물 표면에는 위쪽에서 침강한 입자가 조금씩 도달하지만 해저에 도달한 후에도 해저 표면에서 재현탁 되거나 해수의 유동에 의해 수평이동하면서 이동하는 경우도 있다. 이와같이 퇴적물의 가장 표층에 있는 유동성이 높은 입자에 방사성물질이 포함되어 있다면 이 입자와 함께 방사성물질도 해저 표면을 수평 이동할 가능성이 있다. 실제로 이와키岩城시 연안의 수심이 낮은 해역과 외해의 수심이 깊은 해역의 퇴적물 표층의 방사성세슘 추이를 보면 사고로부터 1년 정도 사이에 시간에 따라 얕은 해역에서는 방사성세슘이 낮아지는 한편 외해에서는 느리게 상승하는 경향이 나타났다. 이것은 방사성세슘의 수평 방향의 이동에 의한 가능성이 높다고 생각된다.

더욱이 퇴적물로부터 방사성세슘이 탈착할 가능성도 있다. 다만 방사성세슘을 포함한 퇴적물을 실험실로 가져와서 수행한 실험에서는 해수로의 탈착은 거의 없었다고 알려져 있다. 탈착이 방사성세슘 농도 저하의 주요한 요인인지에 대해서는 아직 의견이 나뉘어져 있다고 해도 좋을 것이다.

관측점 별로 퇴적물 표층의 방사성세슘 추이를 보면, 반년 정도 후에 현저히 증가한 경우와 복잡한 증감을 반복하는 경우 등이 있다. 수평이동 이외에 뒤에서 설명하는 것과 같이 하천으로부터 육상의 고농도 방사성물질을 함유한 토사가 유입되었을 가능성도 있다. 다만 연안에서 해저환경의 불균일성을 반영하여 해저퇴적물의 방사능이 동일지점에서 채취한 경우에도 크게 분산되는 일이 있다. 근소한 거리에도 해저에서의 방사성세슘의 축적 상황은 크게 차이가 있을 가능성이 있으므로 동일 지점에서 얻어진 시계열 자료이더라도 그 해석에는 주의가 필요할 것으로 생각된다.

2.5 해양생물로의 이동

해양환경에서 방사성핵종은 생물로도 이동한다. 이 과정에 대해서는 다음 장 이후에 상세하게 다룰 것이지만 여기에서는 해수와 해저퇴적물과의 오염 관계에 대해서 개략적으로 설명하겠다.

생물로의 방사성핵종 이동 경로에는 먹이에 포함된 방사성핵종이 체내로 들어가는 경로와 해수에 녹아 있는 방사성핵종이 아가미, 피부, 소화관을 통하여 흡수되는 경로가 있다. 생물체내에 흡수된 방사성핵종은 원소의 종류에 따라서 순차적으로 체외로 배출되는 것과 거의 배출되지 않고 체내에 축적되는 것도 있지만 세슘과 스트론튬 등 해수 중의 염류와 거동이 유사한 원소는 비교적 빠르게 배출된다. 해양생물은 일반적으로 해수의 염류가 체내로 흡수되기 쉬워 이것을 적극적으로 배출하는 기능을 가지고 있기 때문이다. 이러한 원소는 생체로 이동되면서 한편으로 생체로부터 배출되어 양자가 거의 평형 상태로 되어 있을 것으로 생각된다. 이와같은 상황에서 생체의 외부로부터 방사성물질의 유입이 멈추면 체내의 농도(방사능)는 낮아진다. 이 감소는 대체로 지수함수적으로 진행되는 것으로 알려져 있으며, 지수함수에 따라 체내의 방사성물질 함량이 1/2이 되는 시간을 생물학적 반감기라고 한다. 생물종에 따라서 다르지만 어류에 대한 세슘의 경우는 수일~수십일로 알려져 있다.

이번 사고에 의한 연안해역의 방사성물질 농도는 4월경에 급증한 후 빠르게 낮아졌다. 어류로 방사성물질이 이동하는데 시간이 걸린다면 이동 전에 해수의 방사성물질은 급속히 희석되어 어류 등으로는 그다지 이동하지 않을 것이라고도 생각되었다. 그러나 이미 2011년 4월 초순에는 까나리에서 당시의 규제값을 상회하는 방사성세슘(^{134}Cs과 ^{137}Cs)과 요오드-131(^{131}I)가 검출되고, 곧 멸치치어와 일부의 해조류와 저서생물에서도 동일하게 검출되었다. 치어는 상대적으로 성장률이 높고, 체외와의 물질교환도 빠르기 때문에 해수와 먹이가 되는 플랑크톤의 방사성물질이 비교적 빠르게 이동한 것으로 보인다. 이 시기 해양생물의 방사성물질 자료는 거의 없지만 플랑크톤 등 소형으로 수명이 짧은(따라서 성장과 물질교환이 빠른) 생물의 일부에도 해수의 방사성물질이 빠르게 이동했을 가능성이 있다. 반감기가 짧은 요오드-131(^{131}I)에 대해서는 6월 이후에는 거의 검출되지 않았다. 까나리와 멸치치어의 방사성세슘은 6월 이후에는 해수의 방사능 감소를 따라 가듯이 빠르게 낮아졌다. 한편, 연안성 어종의 대부분에서는 조금 늦게 방사성물질이 검출되고, 방사성세슘은 2011년 여름부터 겨울에 걸쳐 가장 높아지는 어종이 많이 보였다. 이들 어종들도 그 후에는 감소로 전환하였다. 대형의 성어 등에서는 체내의 세슘 교환이 느리고, 생물체내에서의 방사성세슘 축적에 시간이 걸리는 경우도 있다. 특히 먹이로부터의 이동은 먹이사슬의 각 생물에서 축적의 지연이 중첩되어 이동에 시간이 걸리는 경우도 있다.

일반적으로 어류에서는 환경의 방사능 농도(준위)가 오랫동안 유지되면, 체내의 방사성세슘은 중량당으로 해수의 대략 100배 정도로 농축되는 것으로 알려져 있다(IAEA, 2004). 이 비율은 농축계수(concentration factor)로 불리며, 퇴적물의 분배계수와 마찬가지로 정상상태를 전제로 한 것이다. 스트론튬의 경우는 뼈 등을 포함해도 농축계수는 3 정도가 권장값으로 알려져 있다. 스트론튬-90(^{90}Sr)에 대해서는 원래 해수로 유입량이 작고, 농축성이 낮기(농축계수가 작음) 때문에 어류로의 이동은 대단히 적다고 생각된다. 또한 물분자로서 존재하는 삼중수소(^{3}H)에 대해서는 농축계수가 1, 즉 주위의 해수와 생체의 질량당 방사능은 거의 같게 된다. 또한 더구나 일부 해양생물에서는 은의 동위원소인 은-110m(^{110m}Ag)이 검출되었다. 이 핵종은 유출량과 해수의 방사능(농도)이 다른 핵종에 비해 아주 작지만 생물로의 농축성이 높기 때문에 검출되는 경우가 있다고 생각된다.

그러나 문제는 저서어류를 중심으로 방사성세슘 농도의 감소가 매우 느린 종이 있다는 것이다. 일반 어류의 방사성세슘은 비교적 빠르게 감소하였지만 쥐노래미, 양볼락, 가자미류의 일부 등에서는 여전히 규제값을 초과하는 개체가 포획되고 있다. 이러한 종에서도 대부분의 개체는 규제값 미만이지만 방사능값의 편차가 크고, 일부의 개체가 드물게 규제값을 초과하는 것이 있다. 이밖에 농어, 감성돔 등 기수역에 서식하는 어종에서 드물게 높은 값이 검출되는 것도 있다.

해수의 방사성세슘값은 크게 낮아졌으므로 생물학적 반감기로부터 기대되는 배출을 전제로하면, 이것은 방사성세슘이 여전히 체외의 어딘가로부터 이동이 계속되고 있기 때문이라고 생각하지 않을 수 없다. 해수의 방사성세슘 농도를 고려하면 해수로부터의 이동은 적다고 생각되므로 가능성이 있는 것은 먹이 경유뿐이다. 그러나 먹이가 되는 생물, 예를들면 플랑크톤은 세대시간도 짧고, 세슘에 대한 생물학적 반감기도 어류보다 짧다. 해수의 방사성세슘 농도가 낮아지면 그것에 따라서 빠르게 감소할 것이다. 그렇다고 하면 먹이사슬의 어딘가에 방사능이 계속적으로 유입되는 경로가 있어야 하지만 이 점은 아직도 명확하지 않다. 저서어류에 방사성세슘 농도의 감소가 느린 종이 많으므로 퇴적물과의 관계도 의심스럽다. 해저퇴적물에는 생물의 유해와 배설물 등에 유래하는 유기물성의 입자가 포함되어 이러한 유기물 부분에 포함된 방사성세슘이 생물로 이동하더라도 이상하지 않다. 그러나 어류의 먹이가 될 수 있는 저서생물(benthos)의 방사성세슘도 해저퇴적물과 거의 같은 경향으로 감소하고 있다. 방사능 농도가 높은 것으로도 일부 저서 어류의 높은 값을 설명할 수 있을 정도의 농도가 아니기 때문에 benthos로부터의 이동으로도 설명은 곤란하다.

한편, 지금까지 일반적으로 알려져 온 생물학적 반감기가 이들 어종에서는 훨씬 긴 것은 아닌가라는 지적도 있다. 반대로 그렇다고하면, 이러한 어종에서는 체내의 세슘 교환이 대단히 느린 것이 된다. 따라서 해수로부터의 유입도 그 만큼 늦어질 것이고, 사고 당시의 일시적인 해수 방사능의 상승에 의해 체내의 방사성세슘이 빠르게 아주 높은 농도까지 상승한 것으로는 생각하기 어렵다. 이 개념을 설명하기 위해서는 일부 개체에 대해 높은 방사성세슘이 체내에 유입된 기작을 찾아야 한다. 발전소 항만내는 방사성세슘 농도가 높고, 방사능 농도가 매우 높은 어류가 발견되고 있는 것에서 사고 후 비교적 빠른 시기에 항만내에서 오염된 개체의 영향을 중시하는 견해도 있다. 그러나 방사능 농도가 높은 개체는 발전소로부터 꽤 먼 장소에서도 발견되고 있고, 발견되는 빈도와 어류의 행동양식을 고려해도 항만의 영향만으로는 설명하기 어렵다는 반론도 있다.

한편, 동경해양대학 등의 조사에서는 침강입자와 해저 바로 위를 부유하는 머린스노우(marine snow)의 일부에서 대단히 높은 방사성세슘이 검출되었다. 해안에 가까운 장소의 플랑크톤 시료로부터도 높은 방사성세슘이 검출된 적이 있다. 이번 사고에서는 단기간에 대량의 방사성핵종이 방출되었기 때문에 플랑크톤의 방사성핵종 농도가 일시적으로 매우 높아지고, 침강입자와 marine snow의 형태로 해저에 남아있을 가능성도 생각할 수 있다. 또한 이러한 생물로 이동하기 쉬운 형태의 방사성핵종이 해저의 특정 장소에 집적되어 있을 가능성도 있다. 그러나 이 입자와 어류의 사이를 연결하는 먹이가 되는 생물이 확인된 것은 아니다. 더욱이 기수성 어류에서 드물게 높은 방사능이 검출된 것으로부터 하천을 통한 육상 유래의 방사성물질의 영향도 생각할 수 있다.

후쿠시마현의 연안해역에서는 시험 조업을 제외하고 연안어업 전체가 휴업상태에 있다. 규제값을 초과하는 개체의 출현이 없어지지 않는 한 어업의 전면 재개는 곤란하다고 생각된다. 그 의미로 어류에 방사능 농도가 높은 개체가 출현하는 기작의 해명 및 관련 해양환경의 방사성세슘 거동을 해명하는 것이 매우 중요한 과제가 되어 있다.

2.6 현재 해양으로의 방사성물질 공급과 앞으로의 전망

앞에서 설명한 것처럼 후쿠시마현 연안 해수의 세슘-137(^{137}Cs)과 세슘-134(^{134}Cs)는 2011년 4월 이후 급격히 감소하였지만 5월경에는 명확하게 감소 속도가 떨어졌다(그림 2-1). 반감기가 8일인 요오드-131(^{131}I)은 방사붕괴의 효과로 검출되지 않게 되었다. 세슘-137(^{137}Cs)과 세슘-134(^{134}Cs)는 2011년 여름 이후에는 방사성물질 농도의 감소가 매우 완만해졌다. 세슘-137(^{137}Cs) 값으로 보면, 2014년 봄철, 발전소 가장 가까운 곳에서 2~3Bq/L 전후에 이르는 것이 있고, 그 밖의 후쿠시마 연안 해역에서는 사고 전 농도의 수배~수백배 정도(대부분은 0.001~0.1Bq/L의 범위)이며, 거의 변화하지 않은 상태로 유지되고 있다. 여전히 사고 전의 농도 보다는 높기 때문에 방사성물질이 어딘가에서 공급되어 지속되고 있다고 생각하지 않을 수 없다. 즉 계속적인 유출과 태평양으로의 확산이 평형상태로 되어 있을 것으로 생각된다.

1) 육지로부터의 유출

앞에서 설명한대로 세슘-137(^{137}Cs) 등의 방사성물질은 면적당으로는 해양에 비해서 압도적으로 육상쪽에 많이 잔류하고 있다. 따라서 하천 등을 경유한 해양으로의 유출을 무시할 수 없을 가능성이 높으며, 연구의 한 가지 초점이 되었다. 실제로 후쿠시마로부터 멀리 떨어진 동경만의 퇴적물에서도 아라카와강荒川 하구 등을 중심으로 비교적 높은 ^{137}Cs이 검출되었다. 이것은 주로 관동지방의 육지에 침적된 방사능이 토사 등의 입자상물질로서 하천을 경유하여 운반되어 축적되고 있기 때문이다. 물론 후쿠시마 연안 해역에서도 동일한 형태의 유출이 일어나고 있다고 생각된다.

극히 단순한 계산으로서 앞서 말한 잔류량 계산과 같은 cy시銚子에서 카네하나에산金華山에 이르는 해안선으로 흐르는 하천에 대해서 2012년 4~9월의 세슘-137(^{137}Cs) 공급량을 계산해 보았다(神田, 2014b). 앞으로 연구가 진행되면 보다 정확한 수치가 얻어지게 될 것이지만 어디까지나

잠정적인 계산이다. 하천수 유입량에 대해서는 강수량에 유역면적을 곱하고, 유출계수 0.7로서 개략적인 계산값으로 하였다. 하천수의 ^{137}Cs은 일본 환경성의 모니터링에 의하면 거의 모든 자료가 1Bq/L 이하로 보고되어 있다. 1Bq/L로서 매월 1.3TBq이 유입되는 것으로 계산되었다. 실제로는 후쿠시마현의 하천수에 대해서 고감도분석이 행해진 자료에 의하면 대부분이 0.1Bq/L 이하였고, 최대로는 1개월에 0.13TBq 또는 그 이하라고해도 좋을 것으로 생각된다. 한편, 하천으로부터의 토사(부유사 및 소류사)에 대해서는 유출토사량 플럭스를 300㎥/㎢/년으로 가정하고, 유역면적과 일본 환경성의 하천 바닥 및 하천 기슭 퇴적물의 ^{137}Cs 모니터링 자료로부터 매월 0.78TBq라고 계산하였다.

이 계산처럼 육상으로부터의 유출은 대부분은 토사 등의 입자상물질에 의한 것이기 때문에 물에 녹아 있는 세슘-137(^{137}Cs)의 영향은 적다고 생각된다. 육상에서 광물입자에 흡착된 방사성세슘은 생물로의 이동성도 작을 것으로 생각되지만 해수로 이동한 경우의 탈착 가능성 등에 대해서는 충분히 알려져 있지 않다. 또한 하천이 운반하는 입자상물질은 토사뿐만 아니라 경우에 따라서는 생물기원의 유기물 입자 등도 생각할 수 있다. 특히 일부의 기수성 어류에서 비교적 높은 방사성세슘이 검출되기 때문에 육상기원의 유기물 입자에 대해서는 충분한 연구가 필요할 것으로 생각된다. 또한 하천의 물질수송은 유역에 강수가 있었을 때의 기여가 크며, 대규모의 강우가 있으면 유출되는 물질은 양적으로도 질적으로도 크게 변한다. 육상으로부터의 유출은 앞으로도 계속될 것으로 생각되므로 해양생물로의 영향을 포함하여 미래에 걸친 추이와 그 영향에 대해 평가하는 것이 필요하다고 생각된다.

2) 발전소로부터의 계속 유출

후쿠시마 제1원자력발전소의 전용항만은 방파제로 둘러쌓인 인공항으로 3개의 부분으로 되어 있다(그림 2-3). 항만의 입구로부터 선박이 접안할 수 있는 안벽(물양장)에 이르는 면적이 가장 큰 항만의 중앙부에 인접하여 돌제[11])로 칸막이가 된 1~4호기 앞과 5~6호기 앞의 「취수구

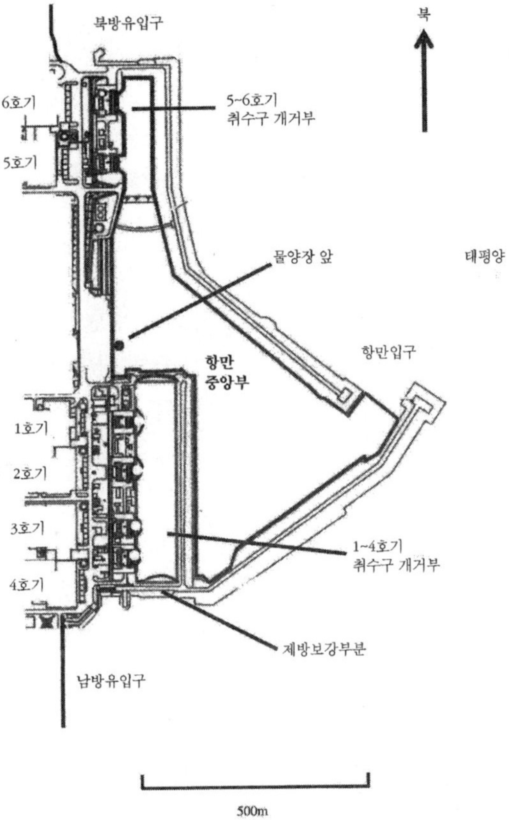

그림 2-3. 후쿠시마 제1원자력발전소의 전용항만

개거[12)]부」라고 불리는 구역이 2개소 있다. 원자력발전소의 냉각에 사용하는 해수는 이 취수구 개거로부터 도입되도록 설계되어 있다. 취수구 개거와 항만 중앙부의 사이에는 수면으로부터 일정의 깊이까지 벽을 설치한 커튼월(curtain wall)이라 불리는 구조물로 칸막이가 되어 있지만

---

11) 돌제(突堤, groin) : 해안의 표사 이동을 막을 목적으로 해안에서 직각 방향으로 시설되는 구조물, 조석류나 하구류 등 주로 유수를 규제하여 수심을 유지하도록 설치하는 구조물.

12) 개거(開渠, open channel) : 자유수면을 갖고 흐르는 수로 단면으로 뚜껑이 없는 수로.

저층부분으로는 해수가 유통된다. 2011년 4월 오염수 유출 후 대책의 일환으로 커튼월(curtain wall)부분에는 「실트 펜스(silt fence)」를 설치하여 해수의 유동을 제어하고 있지만 이것으로 해수의 유통을 완전히 막는 효과는 없다.

항만내 해수의 방사성물질 농도도 발전소 근처와 동일하게 급감하여 최근에는 거의 변하지 않는 상태이다. 그러나 1~4호기 앞의 취수구 개거부의 방사성물질 농도는 항만 중앙부 보다 높은 상태가 지속되고 있다. 더욱이 항만 중앙부의 방사성물질은 항만 외측의 해수보다 높은 상태가 계속되고 있다. 해수 유통이 가능한 항만 내에서 방사성물질 농도가 거의 변하지 않은 상태이면서 이와같이 방사성물질의 농도 차이가 지속되고 있다는 것은 취수구 개거부로 소량씩 유출이 계속되고 있다는 증거가 된다. 또한 항만내와 항만 외부의 발전소 바로 근처에서 계속 검출되고 있는 방사성세슘의 농도는 앞에서 설명한 농축계수 100을 적용 할수 있다고 생각하면 규제값(100 Bq/kg)을 초과한 어류의 출현이 계속될 가능성이 있다는 것을 시사한다. 이러한 의미에서 계속적인 유출이 환경으로의 영향을 무시할 수 없다는 것이다.

한편, 발전소의 전용항만은 입구에서 외해와 물이 자유롭게 교환된다. 더욱이 5~6호기 취수구 개거에서는 사고 직후부터 5호기와 6호기의 냉각을 계속하기 위해 가설된 수중펌프로부터 해수가 계속 취수되어 항만 북측의 방류구로부터 방류가 계속되고 있었다. 따라서 5~6호기 취수구 수로는 항만 중앙부와 비교적 해수가 잘 교환되는 상태라고 생각된다. 필자는 이 부분을 하나의 영역으로서 취급하여 방사성물질의 수지를 계산하였다. 이 영역내에서 동경전력이 계속하여 해양의 방사능을 조사하고 있었던 장소는 항만의 계선시설부근인 「물양장 앞」뿐이었다.

앞에서 설명한 것과 같이 2011년 4월 6일 이른 아침에 2호기 취수구의 오염수 유입이 차단되었다. 물양장 앞 해수의 세슘-137(^{137}Cs) 방사능은 4월 6일까지 급증하고 있었지만 이날 이후는 급감하였다. 그 감소는 지수함수에 잘 일치하고, 4월 6일부터 19일까지 감소에 대한 시간정수는 0.44/일로 계산되었다. 이와같은 지수함수적인 감소는 항만 해수가 외해와 일정한 비율로 교환을 계속하고 있다고 생각하면 잘 설명된다고 할 수 있다. 즉 위에서 설명한 이유로 항만 중앙부와 5~6호기의 취수구 개거부의 해수를 하나로 취급하면, 이 부분 해수의 44%에 상당하는 량이 매일 교환되는 것으로 된다. 동경전력의 자료에서 항만 외측 해수의 방사성물질 농도와 4월 6일 이후의 항만으로 방사능 이동은 해수교환의 추정에 크게 영향이 없다고 생각되었다.

후쿠시마 연안의 조석은 간만의 차이가 0.7m 정도로 통상 1일 2회의 밀물과 썰물이 있다. 항만의 평균수심을 7m로 생각하면 0.2/일 정도의 교환이 설명된다. 조석 이외에도 바람과 파도의 효과 등으로 해수유동이 있으므로 교환은 더욱 상승된다. 더욱이 5~6호기 앞의 취수구 개거로부터의 냉각수 취수로 0.1/일 정도가 설명된다. 이상으로부터 0.44/일이라는 교환율은 현실에 매우 가깝다고 생각된다. 이 해수교환율은 그 후에도 그다지 변하지 않았을 것으로 생각된다. 동경전력은 오염수의 확산방지를 위해 실트펜스(silt fence) 및 취수구로의 격벽 설치, 1~4호기 취수구 개거와 외해의 제방 보강, 취수구 개거 해저의 콘크리트 피복 등을 수행했지만 항만 중앙부와 외해의 해수교환에 한정해서 영향을 미치는 것으로는 생각할 수 없다.

물양장 앞의 세슘-137(^{137}Cs)은 수개월 정도의 시간 규모(time scale)로는 거의 일정하다고 볼 수 있으므로 해수교환에 의한 항만으로부터의 유출과 항만으로의 유입이 서로 평형을 이루고 있는 것이 된다. 따라서 정상상태로 가정하면 이 해수교환율을 이용하여 유입과 유출의 속도를 계산할 수 있다. 이렇게 추정한 세슘-137(^{137}Cs)의 항만으로의 유입과 외해로의 유출량은 2011년 6월부터 2012년 9월까지 합계로 17.1TBq이 되었다. 이것은 사고 당초의 세슘-137(^{137}Cs) 유출량의 1% 이하에 지나지 않는다. 하루에 유출되는 양은 점차 감소하였다. 2012년 여름철에는 1일 평균 0.0081TBq의 유출되는 것으로 계산되었다. 항만내의 세슘-137(^{137}Cs) 농도로부터 현재에도 그 1/2~1/3 정도의 유출은 계속되고 있다고 생각된다.

3) 오염수 유출 경로

방사성세슘의 유출이 계속되고 있는 것에 대해서는 2011년의 단계부터 연구자의 사이에서는 광범위하게 인식되어 있었다. 2013년 5월이 되어서 1~4호기 취수구 개거에 접한 발전소 부지내의 지하수 중 삼중수소(^{3}H)와 스트론튬-90(^{90}Sr)의 농도가 전년 12월 측정된 것에 비해 크게 상승한 것이 밝혀졌다. 이 지하수가 전용 항만으로 유출될 가능성이 지적되어 2013년 여름에는 계속 유출되는 문제가 크게 보도되었다. 발단이 지하수였기 때문에 지하수 경유의 삼중수소(^{3}H)과 스트론튬-90(^{90}Sr)의 유출이 크게 주목되었다. 그러나 해양으로의 유출 경로는 지하수만이 아니고, 다양한 유출원과 유출 경로가 있을 것으로 생각된다. 특히 세슘은 세립한 점토광물에 흡착되기 쉬운 것이 알려져 있기 때문에 토양을 침투하는 것과 같은 경로로의 유출은 대단히 적을 것이다. 동경전력의 공표 자료를 보면 항만 취수구의 세슘-137(^{137}Cs)은 3호기의 앞쪽이 가장 높았고, 지하수 경유의 유출이 우려된 삼중수소(^{3}H)와 스트론튬-90(^{90}Sr)은 1~2호기의 앞쪽이 상대적으로 높았다. 방사성세슘을 많이 함유한 오염수가 3~4호기 쪽의 지하갱도 등에 남아서 아마 배관과 틈새(crack) 등 큰 간극을 경유해서 소량씩 유출되는 것으로 생각된다. 유출원이 되는 오염수는 건물 지하, 지하갱도, 관로 등 다양한 장소에 있고, 장소에 따라 세슘-137(^{137}Cs), 삼중수소(^{3}H), 스트론튬-90(^{90}Sr)의 상대비가 달라져 있을 것으로도 생각된다. 유출원 및 유출경로도 복수로 존재하며, 그 실태는 밝혀져 있지 않았다고 봐야할 것이다.

정부와 동경전력은 지하수 등에 의한 유출을 막기 위해 바다쪽에 차수벽遮水壁 건설, 건물의 지하를 둘러싼 흙을 동결시켜 지하수 이동을 저지하는 동토벽凍土壁의 건설 등 다양한 대책을 수행하고 있다. 그러나 유출원과 유출경로의 해명을 충분히 하지 않은 가운데 우선 여러겹으로 둘러싸버리는 듯한 대책에 대해서는 비용대비 효과의 측면도 포함하여 검토의 여지가 있다고 생각된다.

4) 향후의 해양오염 가능성

2011년 5월말의 시점에서는 1~4호기 건물 지하 등에 있는 체류수의 세슘-137(^{137}Cs)은 160PBq에 이르고 있었다고 보여진다. 이 양은 체르노빌 사고에 의해 방출된 세슘-137(^{137}Cs) 전체량의 약 2배에 상당한다. 만약, 이 체류수가 해양으로 유출되고 있다면 문자 그대로의 의미로 원자력발전 사상 최악의 환경오염이 되었을 것이었다. 다행히 이 지하 체류수의 방사성세슘은 동경전력에 의해 양수揚水처리되어 대폭 감소하여 우선 대규모 유출의 위기는 피하게 되었다. 다만 건물의 지하에서는 지하수의 유입이 지속되어 양수처리를 계속해도 체류수는 일정하게 감소하지 않는 상태가 계속되고 있다.

동경전력에 의한 오염수 처리는 세슘을 제거한 상태의 처리수 일부를 역침투 처리를 통해 다른 염류도 제거하여 원자로에 주입하는 물(주수注水)로 이용하고, 나머지 물(역침투에 의해서 염류가 농축하고 있는 소위 농축염수)은 지상의 탱크에 보관하는 것이다. 즉, 양수하여 처리된 오염수에 포함된 세슘 이외의 방사성핵종은 장소를 변경해도 용존 상태로 남아있다. 체류수의 양이 감소하지 않은 상태가 계속되어 세슘 이외의 방사성물질을 함유한 탱크에 저장된 오염수의 양은 계속 증가하였다. 물을 가두는 것은 의외로 간단하지 않다. 탱크로부터 오염수 누출사고가 계속되고 있는 것이 무었보다 그 증거이다. 지상 탱크 이외에도 파손된 원자로내에 다량의 방사성핵종이 물에 녹아(또는 녹기 쉬운) 불안정한 상태로 남아있다고 하는 지적도 있다. 어떤 재해 등이 일어났을 때의 해양오염의 가능성은 부정할 수 없다고 생각된다.

탱크의 오염수에 대해서 동경전력은 세슘 이외의 다른 방사성핵종을 제거하는 장치(ALPS)의 운전을 개시하였다. 이 처리의 성공 여부는 미래의 해양오염 가능성을 고려하면 대단히 중요한 의미를 갖는다. 다만 이 처리가 성공하더라도 물분자의 수소로서 포함된 삼중수소(^{3}H)만은 제거되지 않고 남아 있기 때문에 삼중수소(^{3}H)을 함유한 물의 처리가 최종적으로 큰 과제가 된다.

한편 원자로에 주입된 물은 세슘이 제거되어 있지만 탈염처리에 의해서도 스트론튬 등은 충분히 제거되지 않는 것으로 알려져 있어 어느 정도의 스트론튬-90(^{90}Sr) 등이 함유되어 있다. 또한 삼중수소(^{3}H)은 전혀 제거되어 있지 않다. 더욱이 사고 당시처럼 고농도의 오염은 아니지만 이 주입수는 원자로내의 방사성물질에 의해 오염된다. 양수, 물주입注水, 지하수에 의한 희석이 계속된 결과 지하의 체류수에서는 방사성세슘에 비해서 상대적으로 삼중수소(^{3}H)와 스트론튬-90(^{90}Sr)의 농도가 높아진다. 이 상대비의 변화가 발전소로부터의 유출에도 반영되고 있을 가능성이 있다. 실제로 항만내 해수의 세슘-137(^{137}Cs), 삼중수소(^{3}H), 스트론튬-90(^{90}Sr)의 상대비를 살펴보면 사고 직후에 압도적으로 농도가 높았던 세슘-137(^{137}Cs)은 급감 후에도 완만한 감소 경향이 지속되는 것에 대하여 삼중수소(^{3}H)와 스트론튬-90(^{90}Sr)은 어떤 시기부터는 거의 변하지 않는 상태가 되어 현재는 방사능(Bq) 베이스에서 삼중수소(^{3}H)와 스트론튬-90(^{90}Sr) 쪽이 세슘-137(^{137}Cs) 보다 높아져 있다.

이상과 같은 상황을 생각하면 향후의 해양오염에 대해서는 스트론튬-90(^{90}Sr)과 삼중수소(^{3}H)에 대해서도 충분히 고려할 필요가 있다. 스트론튬-90(^{90}Sr)의 생물과 퇴적물로의 이동은 작은 것으로 알려져 있으며, 실제로 퇴적물과 해양생물의 자료에서도 극히 낮은 농도에 머물고 있다. 그러나 뼈로 축적될 우려도 있어 향후 계속 유출 추이에 맞추어 감시가 필요하다고 생각된다. 한편, 삼중수소(^{3}H)는 물분자인 수소로서 거동하기 때문에 생물에서의 농축은 거의 없다. 또한 내부 피폭에 의한 인간건강으로의 영향은 세슘-137(^{137}Cs) 보다 약 3 자리수 낮은 것으로 알려져 있다. 다만 최후까지 제거되지 않은 삼중수소(^{3}H)에 대해서는 해양으로 방류할 가능성도 검토되고 있으므로 앞으로 주시할 필요가 있다고 생각된다.

저자의 주해) 발전소 부지내의 탱크에 보관된 오염수는 처리가 이루어져 삼중수소 이외의 방사성물질은 대부분 제거된 상태이다. 한편 건물 옥상과 트렌치(해자垓子) 등의 오염수 처리도 진행되었고, 2015년에는 바다쪽에 차수벽도 완성되었다. 이러한 효과로 발전소 부지로부터 바다로의 방사성물질의 유출은 저감될 것으로 기대한다.

참고문헌

原子力災害対策本部(2011): 原子力安全に関するIAEA閣僚会議に対する日本国政府の報告書, http:// www.kantei.go.jp/jp/topics/2011/ iaea_houkokusho.html.

IAEA(2004) Sediment Distribution Coefficients and Concentration Factors for Biota in the Marine Environment, Technical Report Series No. 422, IAEA, 95pp.

IAEA(2005) Worldwide Marine Radioactivitiy Studies(WOMARS), IAEA-TEDOC-1429, IAEA, 187pp.

Kanda, J.(2013) Continuing ^{137}Cs release to the sea from the Fukushima Dai-ichi Nuclear Power Plant through 2012, *Biogeosciences*, 10, 6107-6113.

神田穣太(2014a): 放射性核種の海洋環境への影響, エネルギー・資源, 35, 105-109.

神田穣太(2014b): 福島沿岸海域におけるセシウム-137収支と生態系移行, 原子力誌, 56, 240-244.

Povince, P.P., K. Hirose, and M. Aoyama(2013) Fukushima Accident-Radioactivity Impact on the Environment, Elsevier, 382pp.

Yoshida, N. and J. Kanda (2012) Tracking the Fukushima radionuclides, *Science,* 336, 1115-1116.

제3장 수생동물에서 방사성물질의 유입과 배출

와타나베 · 소우이치 (渡邊壯一 · 金子豊二)

동일본 대지진 재해에 따른 동경전력 후쿠시마 제1원자력발전소의 사고에 의해 방사성물질, 특히 방사성세슘(Cs)이 육상 및 해양으로 확산되었다. 또한 앞으로의 처리 여하에 따라서는 방사성스트론튬(Sr)이 해양으로의 확산도 일어날 수 있는 것이 염려되고 있다. 이와 같은 방사성동위원소가 어떻게 수중에 서식하는 생물의 체내에 흡수되고, 그래서 축적 또는 배출되는가를 해명하는 것은 앞으로의 오염상황 추이를 예상하는데 중요하다고 할 수 있다. 이 장에서는 수생생물이 가지는 생명유지기구와 이들 방사성물질의 체내로의 유입 · 배출을 포함한 거동과의 관계성에 대하여 이해를 넓히고자 한다.

3.1 방사성물질과 항상성 유지기구의 관계

일반적으로 세슘(Cs)과 스트론튬(Sr)은 생체내에서는 각각 칼륨(K)과 칼슘(Ca)과 같은 거동을 하는 것으로 알려져 있다. 이와 같은 원소가 생체에 유입되어 생체내를 이동, 배출될 때는 전리된 상태, 이온으로서 존재할 필요가 있다. 그 때문에 방사성세슘(Cs)과 스트론튬(Sr)에 대해서도 이온상태로 존재하고 있는 것이 생물이 원래 가지고 있는 수송 메카니즘을 통해서 유입되는 경로가 주된 것이라고 생각된다. 이와 같이 생물 속에서의 칼륨(K) 및 칼슘(Ca)의 거동과 존재방식을 이해하는 것이 방사성세슘(Cs) 및 스트론튬(Sr)의 생물로의 영향을 생각할 때는 중요한 것이 된다.

그렇다면 칼륨(K)과 칼슘(Ca)의 생체내에서의 존재방식부터 살펴보자. 우선 칼륨(K)에 대해서는 생체내에서 존재하는 경우 거의 모두 이온태態[13])로 존재하고 있고, 세포내에 대부분 존재한다는 특징이 있다. 그 농도에는 차이가 있지만 이 특징은 모든 다세포동물에서 공통적이다. 또한 칼륨(K)은 세포내외에서의 교환이 활발하게 이루어지고 있어 세포내에 많이 저장되어 있는 것처럼 보일 뿐이다. 예를들면 마개를 뺐을 때 욕조로부터 빠져나가는 것과 같은 양의 물을 계속 채워주면 욕조에는 물이 채워진 상태가 유지되지만 실제로는 끊임없이 물이 교환되고 있는 상태라고 생각하면 좋을 것이다. 세슘(Cs)으로 이야기를 옮기면 흔히 세슘(Cs)이 근육에 「축적」된다는 표현이 사용되고 있지만 이와 같은 칼륨(K)의 성질을 고려하면 엄밀하게는 정확하지 않다. 「축적」이라고 하는 것은 쌓고, 저장한다는 의미가 있지만 항상 교환되는 상태에서는 「많이 존재하고 있다」라고 하는 쪽이 정확할 것이다. 이것에 비해 칼슘(Ca)은 척추동물에서 그 대부분은 인산칼슘[$Ca_3(PO_4)_2$]으로서 뼈에 존재한다. 무척추동물에도 갑각류와 패류는 그 외부골격을 형성하기 위해 탄산칼슘($CaCO_3$)으로서 칼슘(Ca)을 이용하고 있다. 이들은 난용성으로 일반적으로 체액의 상태에서는 녹아 나오지 않는다. 이와같이 용존태가 아닌 상태로 이동하면 그 교환속도는 극단적으로 감소해 버린다. 이러한 것에 방사성스트론튬(Sr)이 유입되면 교환되기가 매우 어렵기 때문에 축적된 상태가 되는 것으로 말할 수 있다. 대략적으로 말하면 칼륨(K)은 세포내에, 칼슘(Ca)은 뼈에 존재하기 쉽고, 세슘(Cs)과 스트론튬(Sr)도 각각 동일하다는 것이다. 지금까지 설명한 칼륨(K)과 칼슘(Ca) 등을 함유한 다양한 이온이 생체내에서 존재방식은 서식환경에 의존하지 않고 일정하다. 이것을 체액의 항상성 유지, homeostasis라고 부르며, 이것이 파괴되는 것은 즉 생명활동의 파괴를 의미한다. 그러나 몸 외측의 물속 환경 중 각종 이온 환경은 다양하여 대부분의 경우 생체내 이온 환경과 크게 다르다. 수생동물은 그러한 환경에서 많은 메카니즘을 조합하여 체내 이온 환경을 유지하는 것이다. 그러면 우선 수중에 서식하는 생물체내의 이온 환경 및 그것을 유지하기 위한 이온 수송 기

---

13) 이온 : 전하를 띤 원자 또는 원자단. 여기서는 알칼리금속으로서 칼륨(K)이 염소(Cl) 등의 산과 염을 만들고, 물에 녹아 해리하여 세포내외의 액체중에서 K^+, Cl^-와 같이 전하를 띤 원자로서 존재하는 것을 이온태라고 하고 있다.

구에 대해서 주로 어류에 착목하여 이해를 높혀 보자.

한마디로 어류라고 하더라도 여기에 포함되는 생물은 매우 다채롭다. 또한 물 환경에 대해서도 해수는 그 조성이 전 세계적으로 거의 균질하다고 해도 좋은 것에 비해 담수는 그 이온 조성까지 착목하면 매우 다양하다. 예를들면, 미네랄워터(mineral water)의 라벨에 주요 이온 조성이 나타나 있지만 그것을 보더라도 특정 이온 농도가 매우 높은 것, 역으로 낮은 것 등 다양한 종류가 존재하는 것을 알 수 있다. 더욱이 기수역 즉, 하구역에서 담수와 해수가 혼합되는 환경에서는 조석에 의해서 시시각각 환경 염분 농도가 변화하는 상태에 있다. 그러나 그러한 물 환경에서 수생생물이 존재하지 않은 수역은 거의 존재하지 않는다고 해도 좋을 정도로 여러 가지 생물이 다양한 환경에 적응하여 서식하고 있다. 어떻게 그러한 환경에 생물이 적응[14]하고 있는가를 이해하는 것과 함께 그 환경의 상태를 아는 것이 중요하다.

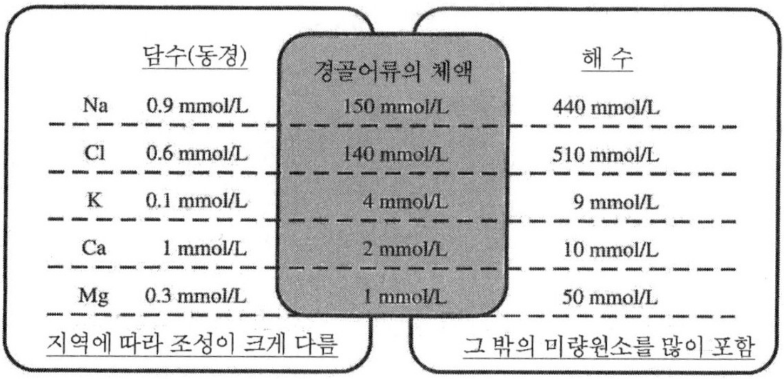

그림 3-1. 다양한 수역의 이온농도와 경골어류의 혈액 이온조성

우선은 해수와 담수의 이온환경의 차이에 대해 알아보자(그림 3-1). 해수와 담수의 큰 차이로서 나트륨(Na) 이온 및 염화물(Cl) 이온 농도의

14) 적응 : 생물이 종으로서 환경에 맞추어 오랜 시간을 거쳐서 형태 · 생리적인 특성을 변화시키는 것.

차이를 들 수 있다. 그러나 다른 이온 농도에 대해서도 담수와 해수에서는 큰 차이가 있다. 예를들면 담수의 예로서 동경의 수돗물을 해수와 비교하면 나트륨(Na) 이온은 500배, 염화물(CL) 이온은 800배의 차이가 있다. 그리고 그 외의 이온에 대해서도 칼륨(K)은 100배, 마그네슘(Mg)은 200배 정도 해수 쪽이 높은 값이다. 또한 칼슘(Ca) 이온에 대해서는 담수와 해수의 사이에 10배 정도 밖에 차이가 나지 않는 것도 알 수 있다. 석회암지형을 가진 지역에서는 경수硬水라고 불리는 미네랄이 풍부한 담수가 존재하지만 이것에 포함된 이온은 칼슘이 주된 것이며, 해수 중의 칼슘을 상회하는 농도를 포함한 담수도 존재한다. 이와 같이 물 환경은 다양한 것이지만 어류의 체내로 눈을 돌리면, 우리들이 일반적으로 「물고기」로서 이미지 하는 경골어류[15)]의 혈액 이온 조성은 서식 환경에 관계없이 거의 일정한 값으로 유지되어 있다. 또한, 그 이온조성은 우리들 사람과 같은 육상척추동물과도 거의 같지만 그 조절 메카니즘은 크게 다르다는 것이 알려져 있다. 그것을 간단하게 나타낸 것이 그림 3-2에 있는 것과 같은 어류의 삼투압 조절기구의 모델이다. 이와같

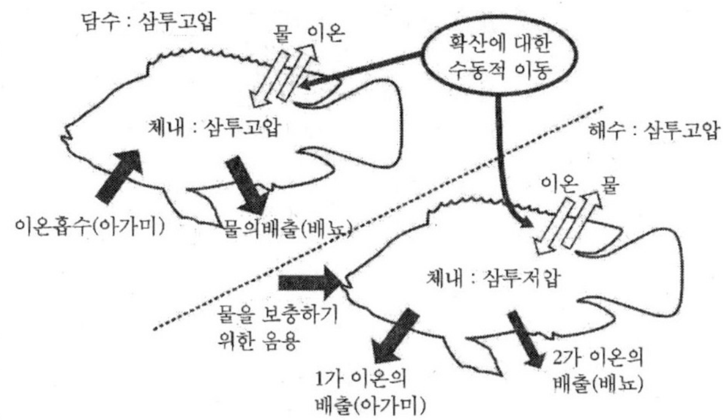

그림 3-2. 경골어류의 담수 및 해수 서식 중 삼투압 조절기구 모델

---

15) 경골어류 : 경골어류를 최신의 분류학적 시각을 바탕으로 간단히 설명하는 것은 어렵다. 극히 간략화하면 단단한 턱뼈를 가진 어류 중에서 칼슘을 많이 함유한 딱딱하고 비교적 가벼운 뼈와 비늘을 가지며, 줄기 모양의 가지로 지탱되는 막상의 지느러미를 가진 물고기. 현존하는 어류(예를들면, 도미, 잉어, 복어, 다랑어 등)의 대부분은 경골어류.

은 그림은 고등학교 생물교과서나 자료집 등에서 볼 수 있지만 우선은 환경수環境水와 접하고 있는 몸 표면에서의 물질의 수동적 이동[16] 및 확산에 대해서 살펴보자.

지금까지 환경수環境水 중 이온 농도와 어류의 혈중 이온 농도가 다르다는 것을 말해왔지만 그러한 상태일 때에는 용매나 용질의 이동에 의해 서로 격리된 양쪽의 물리화학적 상태를 같아지도록 하는 현상이 일어난다. 즉, 용매인 물은 용질의 몰농도[17]의 합이 낮은 쪽으로부터 높은 쪽으로 이동하려고 하고, 용질인 이온도 각 이온의 몰농도 합의 차이, 그리고 각각의 이온 농도의 차이만큼 높은 쪽으로부터 낮은 쪽으로 이동하려고 한다. 즉, 해수에서는 물은 생체로부터 환경으로 이동하고, 이온은 환경수로부터 생체내로 유입되어 탈수와 혈액 이온 농도 상승의 위험에 상시 노출되어 있다. 또한 반대로 담수에서는 생체내로 물이 유입되고 이온은 체내로부터 유실될 위험에 노출되어 있다. 이와 같은 환경으로부터 받은 부하를 삼투압[18] 스트레스라고 하며, 어류는 환경수와 접한 상피세포의 물·이온의 투과성을 낮게 유지하여 스트레스의 경감을 꾀하고 있다. 일반적으로 세포막의 물질투과성은 매우 낮은 것으로 알려져 있으며, 지용성성분 이외에는 특정 수송체가 존재하지 않는 한 좀처럼 그 장벽(barrier)을 통과할 수 없다. 이것은 이온뿐만 아니라 물도 마찬가지로 생체내에서 물의 이동에는 아쿠아포린(수분통로, aquaporin)이라고하는 체널단백질이 중요한 역할을 하고 있다는 것이 알려져 있어 이 체널이 존재하지 않은 경우 물은 세포막을 거의 통과할 수 없다. 즉,

16) 수동적 이동 : 에너지 소비를 필요로하는 수송을 동반하지 않고 농도구배에 따른 확산에 의한 이동.

17) 몰농도 : 함유되어 있는 분자의 수로 나타낸 용액의 농도 : 1리터에 1아보가드로 수(6×10^{23}개)의 분자가 포함된 농도가 1mol/L(1몰/L).

18) 삼투압 : 반투막을 매개로 농도가 서로 다른 용액이 접하면 농도가 낮은 용액으로부터 높은 용액으로 물이 이동하려고 한다. 이 때 발생하는 압력을 삼투압이라고 한다. 삼투압은 용액의 농도차와 온도에 의존하므로 용액은 그 농도에 대응하여 삼투압을 가진다고 생각할 수 있다. 거기에 포함된 물질의 분자 총량 즉 몰농도로 각각의 용액의 삼투압을 나타내면 용액의 농도 차이 만큼 압력이 생기는 것으로 하여 계산 가능하다.

원하지 않는 방향으로 물질을 이동시켜 버리는 수송체 단백질을 환경수에 접촉하는 세포막에 존재하지 않게하여 세포의 장벽(barrier)이 성립되게 한다는 것을 알 수 있다. 게다가 상피[19]의 장벽(barrier)을 구성하는 세포들의 틈새를 통한 물질 이동의 억제도 삼투압 스트레스의 경감에 중요하게 된다. 어류의 체표 상피세포의 틈새에는 타이트정션(밀착연접, tight junction)으로 불리는 구조가 보이며, 말하자면 지퍼락이나 패킹처럼 세포와 세포의 틈새를 꽉 막고 있다. 최근 이 구조를 형성하는 클라우딘(claudin)이라 불리는 단백질에 관한 연구가 어류에서도 수행되고 있어, 상피세포에 의한 물리적 장벽(barrier)로서의 특성이 환경조건에 따라서 변화하는 것도 생각되고 있다. 이와 같은 장벽(barrier)이 존재하고 있어도 물질의 이동을 완전히 억제하는 것은 불가능하며, 체내의 이온 환경을 적극적으로 조절하는 이온수송기구의 역할이 삼투압 조절에 중요하게 된다.

3.2 경골어류 장腸의 이온수송기구

삼투압 조절은 에너지를 이용한 능동적인 물질수송에 의해서 이루어지지만 그림 3-2에 나타낸 것처럼 해수를 마셔서 물을 공급하는 등 우리들 육상동물의 상식으로는 그 메카니즘을 바로 이해하기 어려운 것도 있다. 최근에 이것들의 삼투압 조절에 중요한 이온조절기구를 담당하는 분자 메카니즘에 대한 상세한 것들이 밝혀지고 있다. 지금부터 그 작용 등에 대해 칼륨(K), 칼슘(Ca)의 수송 · 이동이 관여하는 부분에 중점을 두어서 이해를 높혀 세슘(Cs) · 스트론튬(Sr)의 생체내 거동에 대해서 고찰하겠다.

우선 해수어海水漁는 앞에서 설명한 것과 같이 해수를 마시는 것에 의해서 체내에서 부족한 물을 보급한다. 해수를 마시면 겉보기에는 체내에 들어간 것처럼 보이지만 소화관내는 엄밀하게 말하면 체외이고, 거기로부터 혈액으로 물을 이동시키지 않으면 물을 보급한 것이라고 할

19) 상피 : 몸체의 표면과 체강(예를들면 위나 장)의 표면을 덮고 있는 조직.

수 없다. 예를들면 우리가 식사로서 섭취한 것은 겉보기로는 체내에 들어가 있지만 그것을 소화하여 흡수하지 않으면 영양분으로서 이용할 수 없는 것과 같은 것이다. 여기서 문제가 되는 것은 물의 수송메커니즘이다. 물은 능동적으로 수송되지 않고, 삼투압 구배에 따른 이동만이 가능하다. 즉, 물고기가 마신 해수의 삼투압을 내리지 않는 한 소화관내로부터 체외로의 물의 이동은 일어나지 않는다. 그래서 해수에 서식하고 있는 경골어류에서는 물을 얻기 위해 우선 소화관에서 본래 과잉이 되는 이온을 체내로 흡수하고 있다. 실제로 해수에 적응한 일본뱀장어 소화관내 체액을 조사해보면 장 후반부에서의 삼투압은 혈액삼투압보다 약간 낮은 상태로 되어 있는 것이 보고되어 있다(Kim et al., 2007). 이 삼투압 구배의 형성에 의해 체내로의 물 이동이 가능하게 된 것이다. 장 내부로부터 체내로 물의 이동은 장의 상피세포에 발현되는 물 채널, 아쿠아포린(수분통로, aquaporin) 1을 매개로 이루어지고 있으며, 이 채널의 장에서의 유전자발현[20]은 해수에 적응하고 있는 개체에서만 높은 상태로 된다. 또한 장에서 삼투압 구배 형성 메카니즘을 담당하는 분자는 나트륨(Na)·칼륨(K)·염화물(Cl) 이온공수송체(NKCC)와 나트륨(Na)·염화물(Cl) 이온공수송체(NCC)이다. 각각 그 이름과 같이 나트륨(Na)과 칼륨(K)과 염화물(Cl)이온을 1:1:2로 수송하는 성질과 나트륨(Na)과 염화물(Cl)이온을 1:1로 수송하는 성질을 가지고 있다. 그림 3-1에 나타낸 해수의 조성을 보면 나트륨(Na)과 염화물(Cl) 이온에 비해 칼륨(K) 농도는 낮은 것을 알 수 있다. 그 때문에 NKCC만으로 이온은 흡수하려고 하면 장의 끝부분에서 칼륨(K) 농도는 다른 둘과 비교하여 부족할 것으로 생각된다. 그 때문에 장의 끝부분에서는 NKCC대신 NCC의 발현이 높아지고, 보다 효율적으로 소화관내 체액의 삼투압을 저하시켜 체내로 물을 최대한 흡수하는 것이 가능하게 된다(그림 3-3).

해수의 조성으로 되돌아가면 칼슘(Ca)과 마그네슘(Mg)도 함유되어

20) 유전자발현 : DNA로서 보존되어 있던 유전정보가 mRNA로서 읽혀져, 그것에 따라서 필요한 단백질이 만들어지고, 생물의 기능과 형태로서 나타나는 과정을 말하지만 실제로는 mRNA가 존재하는 것을 유전자의 발현이라고 하는 것이 많다.

있다. 그리고 물이 체내로 이동하게 되면 어떠한 조절이 없으면 농축될 것이다. 실제로 일본뱀장어 장 후반부에서의 각종 이온 농도는 나트륨(Na)이 20mmol/L, 칼륨(K)이 2mmol/L, 염화물이온이 60mmol/L 정도로 일제히 흡수되는 것에 의해 그 농도가 해수와 비교하여 낮아져 있는 것에 비해 칼슘(Ca), 마그네슘에 대해서는 10mmol/L, 150mmol/L로 변화가 없거나 상승하고 있다. 마그네슘(Mg)을 흡수하지 않는다고 가정하면 마신 해수량의 2/3가 물로서 흡수된 것으로 계산되지만 실제로는 어류는 더욱 많은 물을 흡수하는 것으로 알려져 있다. 단순히 칼슘과 마그네슘도 일단 체내에 흡수하면 될 것으로 생각하기 쉽겠지만 경골어류는 전혀 다른 메카니즘에 의해 소화관 내에 있는 「이온상태 · 용존태」의 칼슘과 마그네슘 농도를 저하시킨다. 그 방법이라는 것이 소화관내에 중탄산이온을 분비하여 탄산칼슘 · 마그네슘 침전을 적극적으로 형성시키는 방법이다. 삼투압이란 용매에 녹아 있는 용질의 몰농도에 의해서 정의 · 구성되기 때문에 침전시켜서 비용존태로 만들어 버리면 삼투압을 고려할 때는 용액으로부터 제거된 상태로 되는 것이다. 이 방법에 의하면 일단 흡수한 후 일부러 다시 배출할 필요도 없이 배설물과 함께 배출할 수 있다. 해수어류를 굶긴 상태에서 살펴보면 그 소화관내에는 아무것도 먹은 것이 없는데도 불구하고 흰색의 배설물같은 것이 형성된다. 이것은 칼슘 케익이라 불리는 칼슘 75%, 마그네슘 25% 정도의 비율로 구성된 마그네슘칼사이트가 주요 성분인 것이 알려져 있고, 이들 원소는 명확하게 해수에 서식하는 경골어류에 있어서 과잉인 것이 보고되어 있다(馬久地 등, 2010). 이와같이 해수어가 칼슘 · 마그네슘을 흡수하는 특정의 기구를 활성화시킨다는 것은 생각하기 어렵고, 급격한 경골화를 필요로 하는 변태기 이외의 대부분의 경우 해수어에서는 주로 확산에 의해 체내로 이동 되는 것으로 생각된다. 또한 이처럼 장에서 이온수송 등은 삼투압 조절을 위해 없어서는 안되는 과정이기 때문에 흡수한 먹이가 소화관내에 있는 상태에서도 항상 이루어질 필요가 있다. 그 때문에 방사성세슘(Cs)과 스트론튬(Sr)을 함유한 환경수를 마신 경우에만 한정되지 않고, 그것들을 함유한 먹이생물을 섭취했을 때 체내로의 이동도 같은 메커니즘이 관여할 가능성이 높으며, 이 메커니즘의 어종에 따른 특성과 온도 의존성 등을 밝히는 것으로 체내로의 이동 동태에 대해서 알 수 있을 것으로 생각된다.

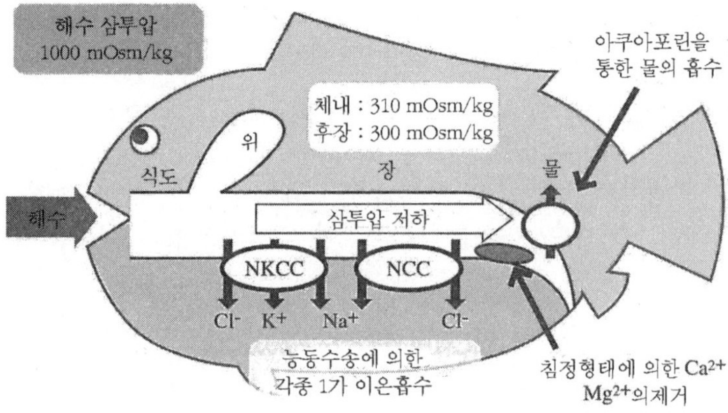

그림 3-3. 해양 경골어류의 장(腸)에서 이루어지는 이온 수송기구

다음으로 담수어의 소화관으로 눈을 돌려보면 담수에서는 대부분 물을 마시지 않고, 먹이 섭취에 동반되어 소화관내에 소량의 환경수가 이동될 뿐이다. 그러나 일본뱀장어의 연구에 의해 해수환경에서 마신 해수의 탈염에 중요한 NKCC 및 NCC가 담수사육 중에서도 발현하는 것이 알려졌다. 특히 NCC에 이르러서는 담수 뱀장어에서의 유전자 발현이 해수 뱀장어와 비교해도 높아진다(渡邊 등, 2011). 이것은 해수 환경에서는 물을 보급하기 위하여 어쩔 수 없이 각종 1가 이온을 흡수하는 메카니즘을, 담수 환경에서는 먹이에서 부족하기 쉬운 각종 이온을 흡수하는 메카니즘으로서 이용하고 있는 것을 시사하고 있다. 또한 담수에서는 장에서의 칼슘 섭취도 필요하다고 생각되지만 그와 같은 기구機構의 유무에 대해서도 그다지 알려져 있지 않은 것이 현재의 상황이다. 흥미롭게도 사람 등 포유류의 소화관에서 칼슘 흡수에 관여하는 칼슘(Ca) 수송체(TRPV5/6)는 어류에 있어서 장이 아닌 아가미에서 발현하

여 칼슘 흡수에 중요하다는 것이 보고되어 있다(Vanoevelen et al., 2011). 과거의 연구에서 미지의 칼슘 수송경로가 어류의 장에 존재하는 것이 시사되고 있지만 칼슘 부족현상에 대해서는 소화관과 아가미가 협조하여 칼슘 농도를 유지하는 것으로 생각된다. 특히 담수어의 경우 스트론튬(Sr)의 흡수경로를 밝히기 위해서는 장과 아가미에서의 칼슘 흡수 기구를 검토하는 것이 긴요하다고 할 수 있다.

3.3 경골어류 아가미의 이온수송기구

해수어에서는 확산 및 물을 보급하기 위해 흡수에 의해서 체내로 이동된 각종 1가 이온이 체내에서 과잉이 되지 않도록 이것들을 배출할 필요가 있다. 또한 담수에서는 먹이 이외로부터도 이온을 흡수하는 것이 필요하다. 그 때에 중요한 역할을 담당하는 것이 아가미이다. 아가미에는 이온 조절기구를 담당하는 염류세포가 존재하지만 이 세포는 외부환경에 세포막의 일부를 노출하고 있다(金子・渡邊, 2013). 염화물이온을 배출하는 기능이 가장 먼저 보고되었기 때문에 이 이름으로 불리지만 현재는 나트륨(Na)・칼륨(K) 이온 등도 수송하는 것이 밝혀지고 있다. 또한 산-염기 조절과 암모니아 배출에도 관여하기 때문에 그 역할에 착안하면 아가미형 이온수송세포 등이라고 부르는 쪽이 어울리는 다기능성을 가지고 있다.

염류세포에는 생체가 적응하고 있는 환경에 의해 다양한 형태가 존재하고 있지만 공통점으로 몸 안쪽의 세포막에는 Na^+/K^+-ATPase(NKA)라고 하는 소위 펌프역할을 담당하는 수송체 단백질이 부분적으로 매우 풍부하게 존재하고 잇다. 이 NKA는 나트륨펌프로 불리며, 세포 안으로부터 3개의 나트륨 이온을 퍼내는 것과 교환으로 세포 밖의 2개의 칼륨 이온을 세포 안으로 수송하는 성질을 가진다. 이 NKA는 이미 세포에 존재하여 세포 내부와 외부의 사이에서 이온 구배를 형성하는 역할을 가지고 있다. 이 수송에는 ATP[21]를 분해할 때 발생되는 에너지를 이용

21) 아데노신3인산(adenosine triphosphate)의 약칭. 인산이 5단당을 매개로 아데닌과 결합하고 있다. 생체내의 에너지 보존・이용에 관여하는 물질로 인산기가 가

하기 때문에 농도구배를 거스르는 능동수송이 가능하다. 해수 적응개체에서는 염류세포는 복수의 세포와 복합체를 형성하고, 그 세포의 틈새에는 끊임없이 나트륨이 공급된다. 그 때문에 세포 사이의 극히 작은 환경에서는 해수 보다 나트륨 농도가 높아지고, 그 농도구배를 이용하여 세포간극으로부터 나트륨이 배출되고 있다(그림 3-4).

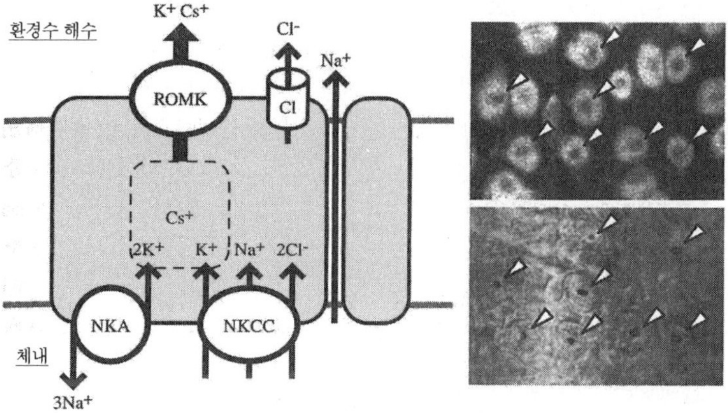

그림 3-4. 칼슘 배출을 담당하는 염류 세포의 이온수송 메커니즘(왼쪽 그림), 아가미에 존재하는 염류 세포(오른쪽 윗사진의 화살표 끝)로부터 배출된 칼슘이 아가미 표면에 침전된 것이 검은 덩어리로 관찰된다(오른쪽 아래사진의 화살표 끝). Cs^{+}가 세슘이온

또한, 칼륨(K)은 NKA에 의해 세포 안으로 항상 수송되고 있다. 이와 같은 상태에 있으면 염류세포의 외부 경계에 접하고 있는 세포막 위에 칼륨을 수송할 수 있는 수송체가 존재하는 것만으로도 외부로 칼륨을 배출하는 것이 가능하다. 그 수송체로서 최근 동정된 것이 renal outer medullary K channel(ROMK)이다(古川, 2012). 모잠비크틸라피아(역돔, Mozambique tilapia)에서 처음으로 그 존재가 발견되어 해수환경에서 과잉이 되는 칼륨을 배출하는 수송체로서 기능하는 것이 밝혀졌지만

수분해될 때 에너지를 발생한다 「생체내 에너지 화폐」라고 불린다.

현재 다른 어종의 아가미에서도 넓게 존재하는 것이 보고되고 있다. 또한 틸라피아(tilapia)에 대한 일련의 연구로부터 ROMK는 개체가 놓여져 있는 칼륨 환경에 의해서 발현이 변동하고, 해수뿐만 아니라 담수 환경에서도 높은 칼륨 부하상태가되면 ROMK의 발현이 높아지는 것이 보고되어 있다. 이것은 칼륨이 과잉 상황의 물고기는 외부환경에 상관없이 칼륨을 아가미로부터 배출할 수 있다는 것을 의미하고 있다. 더욱이 이 수송체로부터 세슘도 배출되는 것이 보고되고 있다. 칼륨(K)과 비교했을 때 수송효율이 동일한지 등 검토해야 할 과제도 남아있지만 어류의 양식 및 축양에서의 세슘의 방오(防汚) · 제염(除染) 기술을 개발하는데 열쇠가 되는 수송체라고 생각된다. 또한 앞에서 설명한 것과 같이 아가미는 칼슘도 흡수하지만 이것 역시 염류 세포의 역할에 의한 것이다. 이 기능에 의해 부화전의 개체와 같은 먹이의 섭취가 불가능한 기간과 오랜 기간 먹이를 섭취하지 않아도 체내의 칼슘량을 적절하게 유지할 수 있다고 생각된다.

3.4 경골어류 신장 · 위의 이온수송기구

우리와 같은 포유류에서는 신장이 중요한 삼투압 조절기관으로서 다양한 역할을 담당하고 있지만 경골어류에서는 몇가지 삼투압 조절기관이 각각의 역할을 분담하고 있고, 신장은 그 중 하나에 불과하다. 해양 경골어류의 신장의 기능으로는 주로 마그네슘(Mg) · 칼슘(Ca)과 같은 2가 이온을 많이 함유한 소변을 만들고 배출하는 것이다. 그러나 소변의 삼투압은 거의 체액과 같아서 2가 이온을 극단적으로 농축하여 효율적으로 버리는 기구는 아니다. 더욱이 해수에 적응된 상태에서는 물은 부족하기 쉽기 때문에 소변 생산량은 아주 적다. 또한 해수어 중에는 아귀와 같이 신장의 기능 자체가 매우 퇴화된 어종도 발견된다. 이러한 것에서도 해수환경에서 경골어류가 적극적으로 칼슘과 마그네슘을 외부환경으로부터 흡수할 필연성은 없다고 생각된다. 즉 육상동물을 이용한 실험 · 지식을 기반으로 어류에서의 스트론튬(Sr) 이동을 검토하는 것은 타당하지 않으며, 어류에서 검증을 수행하는 것이 중요하다고 할 수 있다.

신장은 포유류에서 질소대사산물 등 노폐물의 배출에도 중요하지만 경골어류에서는 아가미로부터 암모니아 형태로 질소대사물을 배출할 수 있는 것이 보고되어 있듯이 해수에서 신장의 역할은 한정적이라고 할 수 있다. 이에 비해 담수에서는 과잉의 물을 배출하는 기관으로서 중요한 역할을 담당한다. 이때에 생산되는 소변은 대량일뿐만 아니라 그 안에는 부족하기 쉬운 이온은 거의 포함되지 않았다. 그 때문에 신장은 담수에서 이온의 배출에는 적극적으로 관여하지 않는 것으로 생각되며, 담수 어류의 이온 수지에 대해서 신장에 착목한 연구는 그다지 수행되지 않았다. 그렇지만 대량의 소변을 배출하는 경우 거기에 포함된 미량의 이온에 대해서 무시할 수 없는 것으로 생각된다. 최근 틸라피아를 이용한 연구에서 높은 칼륨 조건의 담수에서 사육한 경우 소변 중 칼륨 농도가 약간 상승한다는 것이 보고되어 있다. 다만 이때의 칼륨 부하는 매우 높고, 혈중 칼륨 농도의 상승에 동반하여 상승한 것에 불과한 것으로 생각되기 때문에 역시 담수에서 신장의 칼륨 배출에 기여는 있었어도 보조적이라는 것을 나타내고 있다.

지금까지는 어류의 삼투압조절기관에 착목하여 세슘(Cs) · 스트론튬(Sr)의 거동에 대해서 흡수와 배출에 초점을 맞추어 검토하였지만 세슘 흡수에는 이외에도 위에서의 경로를 생각할 수 있다. 위에서의 소화작용에는 내강內腔의 산성화가 중요하게 되었지만 여기서 중요한 역할을 하는 수송체는 H^+/K^+-ATPase(HKA)라고 불리는 것으로 내강에 있는 칼륨(K)과 교환적으로 세포내의 수소이온을 수송하여 위 내부를 산성으로 만든다. 이 수송에 의해 칼륨(K)이 세포내로 수송되지만 세슘이 존재하는 경우 이 경로로 체내에 흡수되는 것을 생각할 수 있다. 어류에서 HKA에 관한 연구는 그다지 없지만 틸라피아에서 위 특이적으로 발현하는 것이 알려져 있고, 생체에서의 세슘 수지를 해명하기 위하여 장뿐만 아니라 위도 포함하여 앞으로 검토할 필요가 있다.

3.5 연골어류의 이온수송기구

지금까지 경골어류의 칼륨(K) · 칼슘(Ca)의 흡수 및 배출경로에 대해 살펴보았지만 그 외의 수생생물은 어떻게 되어 있을까? 수생생물이라고 하더라도 폭넓게 분류되어 있지만 여기서는 연골어류인 상어 · 가오리류와 수생무척추동물에 대해서 생각해보자. 우선 상어 · 가오리류와 수생무척추동물에 대해서 생각해보면, 이들 연골어류는 일부의 예외를 제외하고 대부분은 해수에 서식하고 있어 그 혈액 삼투압은 해수보다 약간 높은 값을 나타낸다(金子 · 渡邊, 2013). 그 때문에 체내로부터 해수로 물이 이동하지 않고, 경골어류와 달리 해수를 마시지 않는다. 그러나 혈액의 조성은 해수와 크게 다르고, 삼투압 구성성분의 절반 정도를 요소가 차지하고 있다. 그리고 개별 이온은 경골어류보다도 약간 높은 정도로 되어 있어 해수 이온 농도보다 낮게 유지되고 있기 때문에 어떤 조절이 필요한 것은 분명하다. 후쿠시마 제1원자력발전소 사고 이후 가오리 종류인 홍어(Okamejei kenojei) 등이 모니터링 조사의 대상이 되어 있지만 이들 어종에 대해서는 경골어류와 전혀 다른 삼투압 적응전략을 가지고 있으므로 특유의 세슘(Cs) · 스트론튬(Sr) 수지 특성을 가지고 있을 가능성이 높을 것이 예상된다. 연골어류에는 대형종이 많고, 사육실험 등의 제약에 의해 생리학적인 지식은 경골어류와 비교하면 부족하지만 나트륨과 염화물이온을 배출하는 직장선이라는 기관을 가지고 있는 것이 알려져 있다. 또한 아가미에는 NKA가 풍부하게 존재하는 세포가 존재하며, 얼핏 경골어류의 염류 세포와 같은 기능을 가진다고 생각하기 쉽지만 서로 다른 점도 많이 발견되고 있다. 까치상어에 대한 연구에서 그 중의 한가지 형태가 아가미에서 칼슘의 흡수에 관여 하는 것이 보고되어 있다(高部 등, 2012). 이것으로부터 해수 환경에서 칼슘이 부족한 경우에는 아가미로부터 흡수하는 것을 생각할 수 있지만, 연골어류는 턱과 이齒만 경골이므로 칼슘의 수요는 그다지 높지 않다고 생각되며, 어느 정도 또는 어떠한 상황에서 칼슘 흡수에 기여하는가의 해명이 남아 있다. 또한 그 밖의 삼투압 조절기관의 기능에 대해서도 경골어류와 서로 다른 점이 많이 보인다. 특히 연골어류의 신장은 경골어류와 비교하여 고도로 발달한 구조를 가지므로 이온 조절의 주된 장소로서 신장이 중요한 역할을 담당하고 있을 것으로 생각된다. 더욱이 장의 이온 수송도 물을 흡수하기 위해 활발하게 탈염할 필요가 없기 때문에 소화관의 이온 흡수 특성도 경골어류와는 크게 다를 것으로 예상된다. 이와같이 연골어류의 세슘(Cs) · 스트론튬(Sr) 수지를 밝히기 위해서는 신장 및 장에 착목한 칼륨 · 칼슘 조절기구의 해명이 요구되고 있다.

3.6 해양무척추동물의 이온수송기구

다음으로 수생무척추동물을 살펴보면 이들을 일괄적으로 정리하여 이야기를 진행하는 것은 약간 무모하게 느껴질 수도 있다. 우선은 체내 이온환경과 환경수의 관계라고 하는 관점에서 이들 생물종의 이온조절 전략의 개념을 이해하는 것부터 시작해보자. 먼저 해양종에 대해 살펴보면 무척추동물은 개방혈관계[22]라고 불리어지는 구조를 가지고 있으며, 척추동물과 비교하여 몸의 내외에서의 장벽이 완전하지 않기 때문에 어느 정도 체내와 체외의 사이에서 이온과 물의 확산에 의한 이동이 일어난다. 이와같은 상태에서도 생존 가능한 것은 혈액의 조성을 바깥 환경과 거의 같이 맞추었기 때문이다. 또한 외부환경의 이온조성이 변화하면 그것에 대응하여 혈액이온 조성도 변동하는 것이 많다. 수생척추동물은 혈액과 환경수의 조성이 크게 다르기 때문에 항상 몸 안쪽의 이온환경을 유지할 수 있게 다양한 메커니즘을 작동시키고 있지만 혈액과 환경수의 이온환경이 거의 동일하다면 영양분 등이 유출되지 않도록 최소한의 장벽이 존재할 뿐이고, 체액 항상성을 유지하기 위한 시스템의 중요성은 낮아지게 된다. 무척추동물에도 신장에 해당되는 기관이나 아가미 등은 존재하지만 그 역할에 대해서는 체내환경의 pH 조절과 이온조절의 관점에서 지식이 보고되어 있고, 그 기능에 대해서는 아직 불명확한 점이 많이 남아있다.

여기에서는 큰 틀에서 무척추동물로 묶어서 설명해왔지만, 앞의 설명과 같이 매우 다양한 생물종이 포함되기 때문에 각각이 갖고 있는 이온

22) 개방혈관계 : 심장에서 퍼져나간 늘어난 동맥이 몸의 각부분에서 열려 흘러나온 혈액이 직접 세포사이를 경유하여 정맥으로 되돌아가는 체액의 순환 시스템. 절지동물, 연체동물 등이 개방혈관계를 가짐.

조절기구는 크게 다르다는 것을 쉽게 예상할 수 있다. 예를들면, 오징어 · 문어를 포함한 두족류는 해양종뿐이며, 담수종은 존재하지 않는다. 이들의 신장은 오로지 질소대사 산물을 배출하는 기관으로서 기능하는 것으로 생각된다. 또한 두족류 아가미에서의 이온조절기구에 대한 연구도 수행되고 있지만 혈액 pH 조절이 주된 역할인 것이 보고되어 있다. 후쿠시마 제1원자력발전소 사고 이후 문어 등 두족류에 대해서도 계속적으로 모니터링되고 있지만 방사성세슘(Cs)에 대하여 수산청 등에 의한 조사에서도 사고 직후로부터 낮은 값을 나타내는 것이 보고되어 있다. 이것은 두족류가 체내 이온환경 유지를 해수의 이온에만 의존하고 있어 소화관내로부터 칼륨(K)을 흡수하는 메커니즘이 존재하지 않기 때문이라고 생각된다. 해저토와 두족류의 먹이가 되는 생물의 일부가 방사성세슘(Cs)을 함유한 해역에서도 해수에 녹아 있는 형태의 세슘(Cs)은 후쿠시마 제1원자력발전소 항만 부근의 극히 일부의 해역을 제외하고 다른 해역과 거의 같이 낮은 값을 나타내고 있다. 이것으로부터 문어류가 나타내는 이 특성의 과학적 근거를 밝히기 위해서 우선 두족류의 소화관에서 칼륨 및 칼슘의 흡수특성을 검토하는 것이 중요하다고 생각된다.

다음으로 갯지렁이류를 살펴보면 이들은 퇴적물을 그대로 소화관에 흡수하여 그것에 포함된 유기물을 영양분으로서 흡수하는 데트라이터스(detritus, 유기쇄설물)식을 하는 생물이다. 이들 생물종은 benthos 식성(저서생물을 섭취)를 가지는 어류 등의 먹이생물이 되기 때문에 직접 우리 인간의 입으로 들어오지 않는 생물이지만 해저토에 포함된 방사성세슘을 상위포식자로 이동시키는 창구 역할을 담당하고 있을 가능성이 지적되었다. 그 이유로 갯지렁이류에 대해서도 모니터링 조사가 이루어졌다. 방사성세슘으로 오염된 해저토를 이용한 갯지렁이 사육실험 보고에 의하면 소화관 내에 뻘을 가지고 있는 개체의 세슘을 분석하고, 수시간 후에 내용물을 배출한 것을 다시 측정한 결과 방사성세슘량이 대폭으로 감소한 것이 밝혀지게 되었다. 또한 계속하여 오염퇴적물로 사육하더라도 퇴적물의 방사성세슘 함량의 1/10 정도의 값으로 안정되는 것도 알려져 있고, 두족류처럼 갯지렁이류에서도 소화관과 호흡기관에서 적극적으로 칼륨을 흡수하는 메카니즘을 가지지 않는 것이 예상된다. 또한 이 결과로부터 퇴적물에서 세슘의 존재 형태 중 일부는 점토광물 등에 거의 불가역적으로 결합한 것은 아니고, 유기물 등과 가역적으로 결합된 것으로 추측되며, 퇴적물 안에서 이온태와 결합 상태의 사이를 천이遷移하고 있다. 또는 갯지렁이류의 소화작용에 의해 이온태로 천이하는 결합 양식이 존재하는 것을 시사하고 있다. 앞으로는 육상의 토양에서 수행된 것과 같이 해저 표층퇴적물의 세슘 존재 형태를 상세하게 해석함으로서 갯지렁이류의 상위 포식자로 세슘의 이동에 관여 정도를 검토할 수 있지 않을까? 더욱이 장기간 세슘 오염퇴적물에서 사육한 갯지렁이를 청정한 해수에 이동시켜 사육한 결과 6일 정도에 급격히 세슘 농도가 감소하는 것도 함께 보고되어 있으므로 갯지렁이류의 체내 칼륨의 교환이 아주 빠르다는 것을 시사하고 있다.

그리고 새우 · 게를 포함한 해양 갑각류를 살펴보면 이들 생물종은 신장에 해당하는 촉각선触覚腺이라 불리는 기관과 아가미로 이온 조절을 하는 것으로 나타나있다. 이들에 대해서도 꽃새우나 털게 등이 모니터링 대상종으로 되어 있다. 꽃새우는 연안성 보리새우류로 원자력발전소 사고 직후에는 비교적 높은 세슘 농도를 나타내었지만 그 후 급속히 그 값이 감소하고 있다. 동일 개체를 이용한 자료가 아니므로 명료한 것은 앞으로 검토가 필요하지만 종합하여 생각해보면 해양 갑각류도 다른 무척추동물과 같이 외부 환경으로부터의 적극적인 칼륨 흡수 메카니즘은 존재하지 않는 것으로 예상된다. 갑각류는 키틴(chitin)질과 탄산칼슘(Ca)으로 이루어진 외골격을 가지고 있고, 탈피에 의해 성장한다는 특징을 가지고 있다. 게다가 아가미로 칼슘을 흡수하는 모델이 제시되는 등 방사성 스트론튬(Sr)의 수지는 다른 무척추동물과는 크게 다를 가능성이 있다. 탈피시에 소화관내에 비결정 탄산칼슘($CaCO_3$)으로 구성된 위석胃石이라는 것을 형성하고, 탈피 완료 후 이 위석을 녹여서 흡수하고, 외부골격의 급속한 경화에 이용하는 것이 알려져 있다. 이것으로부터 소화관에서 칼슘 흡수기구도 갑각류의 스트론튬 수지를 검토하기 위해서는 중요한 요소가 될 것으로 생각된다. 패류에 대해서도 체내의 이온 조절은 다른 무척추동물과 같은 경향을 나타내는 것으로 생각되지만 각의 형성 등에 칼슘을 이용하기 때문에 스트론튬 수지에 대해서는 특성이 다른 생물종과 다를 가능성이 있다.

3.7 담수 무척추동물의 이온수송기구

지금까지 해양 무척추동물에 대해서 살펴봤지만 갑각류와 패류 등에는 해양종 만이 아니라 담수종도 존재한다. 담수종 혈액의 각종 이온 농도는 해양종과 비교하면 낮지만 담수와 비교하면 그 값은 높게 유지되고 있다. 이것에는 생물종에 따라서 정도의 차이가 존재하며, 패류에서는 담수 보다 약간 높은 정도가 많은 것에 비해 가재 등 갑각류에서는 경골어류와 동등 또는 그 이상의 이온 농도를 유지하고 있다는 보고도 있다(Burton, 1968). 그러나 모든 종에서 세포내 칼륨(K) 농도는 혈액의 농도와 비교하여 수십배로 유지되고 있다. 이러한 것에서 무척추동물의 담수종은 먹이와 환경수로부터 각종 이온을 적극적으로 흡수하고, 이것을 유지하고 있다는 것을 알 수 있다. 담수 무척추동물의 삼투압 조절에 관한 연구는 체액조성의 변화로부터 이온 등의 조절기구 존재의 검토에 착목한 것이 주이며, 이온 수송기구에 대한 연구는 적은 것이 현재 상황이다. 또한 개체 크기가 작은 것이 많고, 고농도로 세슘에 오염된 지역의 담수 무척추동물에 관한 조사도 한정되어 있기 때문에 모니터링 조사의 자료도 안타깝지만 한정되어 있다. 이 때문에 담수 무척추동물에서 세슘의 동태가 어떠한 상황에 있으며, 향후 어떻게 변할 것인지를 예측하는 것은 현재의 상태에서는 곤란하다고 할 수 있다. 그러나 토양에 서식하는 지렁이는 고농도로 세슘을 함유한 것도 발견되고 있으며, 이것으로부터도 담수, 호소, 하천을 포함한 육상에 서식하는 무척추동물은 부족하기 쉬운 칼륨을 적극적으로 흡수하는 메카니즘의 존재가 강하게 생각된다. 담수산의 무척추동물도 우리 인간이 직접 섭취하는 종은 많지 않지만 담수역에 서식하는 어류 등의 상위포식자의 중요한 영양원의 한쪽 부분을 담당하고 있으므로 이들 생물종의 칼륨 수송기구를 검토하는 것은 육상수역에서 생물 사이에서의 세슘 이동 · 순환경로를 밝히기 위해서도 중요하다.

3.8 생체내로 흡수된 각종 이온의 거동

수생생물에서 칼륨(K) · 칼슘(Ca)의 흡수와 배출에 대해서 살펴봤지만 생체내로 들어간 후 배출될 때까지의 거동에 대해서 이해하는 것도 중요하다. 이 장의 서두에서 가볍게 다루었지만 칼륨은 세포내에 많고(Burton, 1968), 칼슘은 뼈조직에 많이 함유되어 있는 경향은 많은 생물에서 공통적인 특징으로 되어 있다. 칼슘에 대해서는 세포내에 거의 존재하지 않는다는 특징도 있다. 그 때문에 스트론튬(Sr)의 생체내에서의 거동에 대해서는 뼈, 치아, 외골격 등 딱딱한 조직에 착목하면 대체로 이해 가능하다. 그러나 칼륨의 분포에 대해서는 거의 전부가 용존태로 존재하기 때문에 좀처럼 존재 형태의 특성을 이미지 하는 것이 어려울 것으로 생각된다. 따라서 지금부터는 수생생물을 경골어류, 연골어류, 무척추동물로 대별하여 칼륨 및 방사성세슘의 생체내에서의 거동에 대해 설명하겠다. 경골어류에서 칼륨의 분포는 혈장 등 세포외액에는 2~4mmol/L 정도의 저농도로 존재하고 있지만 이에 비해 근육筋조직의 세포내는 약 100~150mmol/L 범위로 높은 농도를 나타낸다. 연골어류에서는 그 비율이 조금 변화하여 혈액 중 칼륨 농도가 약 7mmol/L 인것에 비해 세포내는 약 120mmol/L로 되어 있지만 기본적으로 세포내가 높은 것을 알 수 있을 것으로 생각된다(Robertson, 1975). 또한 무척추동물에서도 이 원칙은 적용할 수 있지만 세포내외의 칼륨 농도는 그 생물종이 서식 · 적응하고 있는 염분환경에 따라 변동하고, 담수와 육상에 서식하는 종은 해수종과 비교하여 약 1/3 이하의 낮은 값을 나타낸다. 그러나 담수산 가재와 게의 일부종 및 수생곤충인 물땡땡이ガムシ 등에서는 세포내 칼륨 농도가 다른 담수 무척추동물과 비교하여 매우 높게 유지되고 있고, 그 농도는 거의 경골어류와 차이가 없는 것이 보고되어 있다. 갑각류와 곤충이 어떻게 낮은 칼륨 환경인 담수에서 체내의 칼륨을 높은 값으로 유지하고 있는가를 이해하는 것은 상위포식자로의 세슘 이

동에 대한 각 생물종의 기여를 판단하는데 중요한 요소가 될 수 있기 때문에 향후 연구의 진전이 기대된다(그림 3-5).

	세포내액 K^+농도	혈액 K^+농도	세포내외 K^+농도비
해양 이매패류	160 mmol/L	12 mmol/L	13:1
담수 이매패류	20 mmol/L	0.5 mmol/L	40:1
두족(오징어·문어)류	190 mmol/L	20 mmol/L	10:1
해양갑각류	170 mmol/L	9 mmol/L	19:1
담수갑각류	120 mmol/L	4 mmol/L	30:1
연골어류	140 mmol/L	7 mmol/L	20:1
경골어류	140 mmol/L	4 mmol/L	35:1

그림 3-5. 각종 수생생물 세포내외의 칼륨 농도. 각 생물에서 값의 차이는 있지만 세포내에 많은 칼륨이 편재하는 것이 공통이다. 방사성세슘도 같은 경향을 나타내는 것으로 생각된다.

칼륨과는 반대로 나트륨(Na)은 세포외액에 약 150mmol/L, 세포내에는 약 20mmol/L 존재하고 있고, 소위 칼륨과 나트륨은 세포막을 사이에 두고 거울에 서로 비치는 것 같은 상태로 되어 있는 것이다. 이 이온 농도 구배를 유지하기 위하여 각 세포에 존재하는 NKA가 능동적으로 나트륨 이온을 세포 밖으로 칼륨 이온을 세포 안으로 교환적으로 수송하고 있다. 이와같은 메카니즘에 의해 세포내의 칼륨 농도는 높은 값을 유지하게 되고, 그 교환이 매우 활발히 이루어지고 있다. 이 장 서두에서 세슘은 근육에 「축적」되는 것은 아니라는 것을 서술했지만 근육에 세슘이 많이 존재하는 것은 사실이다. 이와같이 세포내에 세슘이 편재하는 이유는 실은 칼륨의 세포내외 사이에서의 농도구배에 기인하는 것을 알 수 있을 것으로 생각된다.

3.9 수역의 칼륨(K)과 방사성세슘(Cs) 존재비의 차이와 생체로의 영향

현재 후쿠시마 제1원자력발전소 사고에 의해 방출된 환경수의 세슘

중 이온태는 원자력발전소 항만부근 등 특수한 상황을 제외하고는 거의 없는 상태가 되어 있다. 여기에서는 한가지 사례로서 환경수로부터의 세슘 이동과 경골어류 체내의 세슘 존재 농도와의 사이에 어떠한 관계가 성립하는지를 생각해 보자. 우선 해수가 있고, 여기에는 칼륨이 약 10mmol/L 함유되어 있다. 거기에 어떤 농도의 방사성세슘이 함유되어 있는 것으로 한다. 칼륨과 세슘의 생체에서의 거동이 완전히 같다면 장기간 그와같은 환경에 순치된 경우 생체내에서의 칼륨 · 세슘 존재비는 환경수의 비율과 같아지게 될 것이다. 세포외액에 관하여 생각해보면 거기에 함유되어 있는 칼륨 이온 농도는 4mmol/L로 해수의 40%로 유지되고 있으므로 세슘도 세포외액에는 해수의 40% 정도의 농도로 함유되게 된다. 이에 비해 근육과 같은 세포내에서는 칼륨은 약 140mmol/L 포함되어 있기 때문에 세슘의 세포내 농도도 해수의 14배 정도로 농축되어 있는 것처럼 보이게 된다. 다음으로 담수 환경을 살펴보면, 이곳의 칼륨 농도는 약 0.1mmol/L로 매우 낮은 상황이다. 이와같은 환경에서 해수와 같은 농도로 세슘이 존재하는 경우 칼륨과의 비율은 해수와 비교하여 약 100배가 된다. 따라서 세포외액의 세슘 농도는 환경의 약 40배, 세포내액의 세슘 농도는 약 1,400배로 농축된 숫자로 나타난다. 즉, 이온태 세슘이 환경에 방출된 경우 경골어류에 미치는 영향은 담수중에서 보다 클 것으로 생각된다. 이와같은 가정은 세슘이 칼륨과 완전히 같은 거동을 할 때 성립하는 것을 전제로 두었지만 이들은 완전히 같은 원소는 아니기 때문에 생체내에 존재하는 다양한 칼륨 수송체 단백질에 의해 수송되기 쉬운 정도가 칼륨과 세슘이 서로 다를 가능성이 있다. 그러나 이와같은 경우에도 생체내 세슘 농도가 평형에 도달하는 비율이 약간 변화하는 것은 있어도 환경수로부터 이동에 의한 생체내에서의 세슘 농축 특성이 담수와 해수에서 크게 다르다고 하는 것은 원칙으로서 성립된다고 생각해도 좋을 것이다.

지금까지 설명한 것과 같이 세포내 칼륨 농도가 높은 값을 나타내는 것은 다른 생물에 대해서도 마찬가지다. 즉, 이 관계성은 그 외의 수생생물에도 적용시킬 수 있을 것이다. 앞에서 서술한 것처럼 현재 환경에 방출된 방사성세슘(Cs)이 환경수에 녹아 있는 이온태로 검출되는 것은 희박하고, 퇴적물 등에 흡착된 상태이거나 생체내에 흡수된 상태로서 모니터링 조사에서 검출되고 있다. 그러나 이 장의 서두에서도 언급하고, 지금까지 설명하였던 것처럼 칼륨이 생체에 흡수되는 경로는 이온태의 것을 수송하기 위한 메카니즘을 통한 것으로 세슘을 흡착한 점토광물 등을 그대로 체내로 흡수하는 시스템은 존재하지 않는다. 그 때문에 소화관내에 흡수된 먹이생물 등이 소화를 거쳐서 먹이생물 세포내의 세슘 이온과 (-)로 하전된 유기물 등에 약하게 흡착된 세슘이 유리되어 이온태로 이동된 것이 체내에 흡수된다고 생각된다. 세슘의 퇴적물 등에서 존재 형태에 대한 상세한 설명은 다른 장이나 서적 등에 양보하였지만 지금부터는 이동 경로로서 현재 상태에서 가장 큰 것이라고 생각되는 섭이攝餌 등을 포함한 경구 이동에 대해 생각해보자.

3.10 경골어류 · 연골어류의 위에서 먹이로부터 방사성세슘(Cs)의 이동 경로

우선 세슘의 경구 이동을 고려할 때 소화관에서 소화작용을 이해하는 것이 중요하다. 왜냐하면 소화를 거치지 않으면 먹이생물의 체내에 함유되었던 세슘이 장내 액으로 용출되지 않을 것이고, 퇴적물에 포함된 유기물 등으로부터의 유리가 촉진되는 일도 없을 것으로 생각되기 때문이다. 그러면 입을 통해 흡수된 먹이 등은 식도를 경유하여 우선 위 등에서 소화된다. 여기서 위의 기능에 대해서 살펴보자. 위의 소화작용은 위 상피로부터 분비된 펩신이라는 소화효소와 염산을 주성분으로하는 위산에 의해 성립되고 있다. 이 장의 전반부에도 가볍게 다루었지만 H^+/K^+-ATPase(HKA)라는 양성자 펌프(proton pump)에 의해서 위산은 분비된다. 이것은 위내강의 칼륨과 교환적으로 세포내의 수소이온을 위내로 공급하는 역할을 가지고 있어 위내의 산성 환경을 구축하기 위해 필수적인 수송체 단백질로 되어있다. 대부분의 경골어류는 위를 가지고 있지만 그 중에는 잉어, 송사리, 꽁치와 같이 위 자체가 없는 무위 어류와 복어와 같이 위의 기능이 소실된 어종도 존재한다. 이와같은 어종에서는 소화관내를 산성으로하여 소화를 하는 기능을 가지지 않는다. 또한 상어 · 가오리 등의 연골어류에서도 위 안이 산성 환경으로 되어 소화가 이루어지는 것이 알려져 있고, 위에서 HKA의 발현이 보고되고 있는 것으로도 많은 경골어류와 같은 소화기능을 위가 가지고 있다고 할 수 있다(Smolka et al., 1994). 그러나 먹장어류와 무척추동물에서는 위 안이 산성이 되지 않고, 펩신의 존재도 보이지 않았으므로 무척추동물에서 위라는 명칭이 붙어 있는 기관이 존재하는 생물종에도 기능적으로는 다른 소화작용을 가지는 것이 알려져 있다(Koelz, 1992; Shechter et al., 2008). 여기서 상어 · 가오리 등의 연골어류의 삼투압 조절에 대해서 기억해보자. 이들 생물종은 체액 삼투압이 해수보다도 약간 높고, 그 때문에 해수를 적극적으로 마시며 탈염을 하고, 물을 체내로 흡수하는 일련의 과정을 필요로 하지 않는다. 즉, 이와 같은 연골어류의 종류에는 다음에 진행할 장에서 무척추동물과 같이 적극적으로 이온을 흡수하는 시스템을 필요로 하지 않을 것으로 생각된다. 그러나 홍어 등에서는 세슘에 오염된 개체가 발견되는 것으로부터 외부로부터 칼륨 · 세슘을 적극적으로 흡수하는 메카니즘이 확실하게 존재할 것이다. 이와같은 것으로부터 연골어류에서는 무척추동물과 다른 세슘 이동경로가 생각된다. 그 경로로서 위가 중요한 역할을 하고 있을 가능성이 대단히 높고, 연골어류에서 위의 소화작용과 체내로의 세슘이동과의 관계에 대해서 흥미를 불러일으킨다.

그러면 지금부터는 설명을 위산분비하는 형태의 위로 초점을 좁히도록 하겠다. 우선은 위의 구조에 대해 살펴보면 연골어류와 경골어류에는 위의 입구인 분문噴門과 출구인 유문幽門의 위치관계가 약간 다르다. 구체적으로는 경골어류의 경우, 예외는 있겠지만 일반적으로는 분문과 유문이 인접해 있고, 식도와 장이 하나로 이어지는 관으로 되어 있어서 그 경계에 위가 가로방향으로 주머니 모양으로 늘어져 붙어있는 것 같은 구조를 취하고 있다. 한편, 연골어류에서는 식도 · 위 · 장이 하나로 이어지는 관과 같은 구조를 가진다(그림 3-6). 이 차이에 의해 초래되는 기능적 차이는 경골어류는 위를 통과하지 않고 마신 것을 장으로 보내는 것이 가능한데 비해 연골어류는 반드시 위를 통과하지 않으면 마신 것이 장으로 가지 않는 다는 것이다. 실제로 해양 경골어류는 삼투압 조절을 위해 항상 해수를 마시지만 위가 마신 물로 채워지는 것은 아니다. 즉, 먹이가 아닌 해수에 세슘이 함유되어 있는 경우는 위로 해수가 유입되지 않기 때문에 세슘의 이동은 위에서는 일어나지 않고, 그 주된 장소는 장이 된다. 그리고, 위에서 세슘의 이동이 일어나는 경우 그 유래는 대부분이 먹이와 함께 마신 퇴적물과 해수로 생각된다. 이와같이 위에서의 세슘 이동은 담수·해수의 차이를 생각할 필요는 그다지 없다고 할 수 있다. 일반적으로 위산의 분비는 먹이의 유입에 의해 촉진된다.

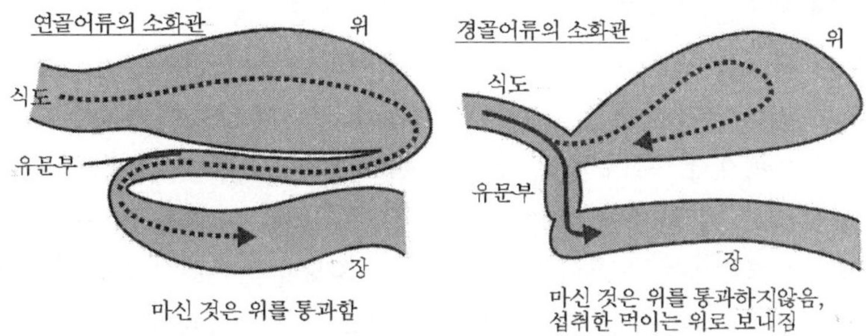

그림 3-6. 연골어류와 경골어류의 소화관 구조의 차이, 연골어류의 소화관은 일련의 관상구조를 가지고 있어 마신 것은 모두 식도에서 위를 경유하여 장으로 보내진다. 이에비해 경골어류는 식도의 출구인 분문부와 장의 입구인 유문부가 인접하여 존재하고 있기 때문에 마신 물은 위를 경유하지 않고, 그대로 장으로 보내진다.

위산 분비 작용의 강도에 대한 연구는 그다지 많지 않지만 위내의 산성도를 비교한 경우 어종 마다 그 정도가 다른 것이 알려져 있다. 즉, 결국 HKA의 역할이 어종에 따라 다르며, 그 차이에 의해서 세슘의 이동효율이 다를 가능성도 생각된다. 더욱이 개체 크기와 위 크기의 비율은 동일 어종이라면 크게 변화하지 않는다고 말할 수 있지만, 위 상피표면적과 수용 가능 용적의 관계성으로 생각하면, 위가 커질수록 단위면적

당 수용 용적이 커진다. 내용물을 소화하기 위하여 동일 수준으로 내강內腔을 산성화시키기 위해서는 단위면적당 위산분비량을 증대시킬 필요가 있을 것이다. 이것으로부터 몸 크기와 비교하여 대형의 위를 가진 어종일수록 소화할 때 위내용물로부터 칼륨·세슘 흡수 효율이 높을 가능성도 충분히 생각된다. 더욱이 성장에 동반하여 식성이 변화하고, 먹이생물의 크기도 커지는 경향이 있는 어종의 경우 소화능력도 그것에 맞춰서 향상시킬 필요가 있다. 이 경우도 위산 분비능력의 향상에 따라 칼륨·세슘의 흡수 능력도 상승할 것으로 생각된다. 이와같이 개체 크기·성장단계·식성에 의한 체내로의 세슘 이동 특성의 변화를 시사하는 보고가 지금까지도 이루어지고 있으며(笠松, 1999), 먹이생물로부터의 세슘 이동을 생각할 때 위의 기여를 명확하게 하는 것이 어종에 따른 특성의 차이를 파악하는 것에 연결된다고 할 수 있다. 또한 육상의 연구로서 산성 토양에서 세슘은 이온태로 존재하기 쉽다는 것도 밝혀져 있다. 위내에서의 산성 조건과 비교하는 것은 적절하지는 않을지 모르지만 위내의 산성도 그 자체가 먹이 생물과 함께 마신 퇴적물에 흡착되어 있는 세슘을 이온상태로 변화시켜 몸 안으로의 이동을 촉진하고 있을 가능성도 있다. 일반적으로 점토광물에 흡착된 세슘은 용이하게 유리되지 않는 것이 알려져 있지만 유기물 등에 흡착된 것은 그렇게 한정지을 수 없다. 현재 다양한 물환경의 퇴적물 등에서 세슘의 측정이 수행되고 있지만 그 흡착방식에 대해서는 아직 알 수 없는 부분이 많이 남아 있다. 이것을 밝히는 것이 다양한 환경에서 수생생물로의 세슘 이동 특성의 차이를 이해하는데 연결될 것으로 생각된다.

무척추동물에서도 위라고 불리는 기관을 가진 것이 존재하지만 그것은 입으로 흡수한 먹이를 소화관내에 체류시켜 소화하는 역할을 담당하고 있다. 즉, 내강이 산성 환경이 될지 어떨지는 별도로 대략적인 역할로는 경골어류·연골어류의 위와 크게 다르지 않다고 할 수 있다. 그러나 내강이 산성으로 되지 않는 다는 것은 HKA에 의한 세슘의 체내로의 이동 경로가 존재하지 않는 것을 의미하고 있다. 이것이 무척추동물에서 발견되는 세슘 오염 정도가 낮은 한가지 요인이라고 생각할 수 있다.

3.11 장에서 먹이 유래의 방사성세슘(Cs)의 이동

위에서 소화된 먹이는 장으로 보내진다. 먹이와의 관련으로부터 살펴본 장의 역할은 다양한 소화효소에 의한 내용물이 한번 더 소화하는 것과 영양분과 부족한 이온 등이 흡수하는 것이 된다. 앞에서 설명한 것과 같이 해수환경에서 경골어류는 과잉의 이온을 억지로 흡수하지만 그 밖의 연골어류와 무척추동물은 영양소의 흡수에 부수적으로 수송되는 나트륨 이외의 이온 이동은 소화관 상피에서의 확산에 의해 일어나는 것이 대부분이라고 추측된다. 그 때문에 여기서는 경골어류 및 담수 무척추동물에 착목하여 장에서의 세슘 흡수에 관련하는 기구에 대해서 생각해보자.

위에서 산성 환경을 구축하는 경골어류의 경우 이자액(췌액膵液)이나 담즙胆汁 등에 의해서 소화물은 중화되고, 거의 중성으로 된다. 그 때문에 pH만 주목하면 장내 환경은 많은 생물종에서 큰 차이는 없다. 우선 경골어류에 대해 살펴보면 담수산 어종에서는 거의 먹이 유래의 이온만 장내로 유입되지만 해양 어종에서는 먹이 이외에 마시고 있는 해수가 항상 장으로 유입되므로 이온 환경으로서는 해수에 의해 먹이 유래의 이온이 차지하는 비율이 낮아지게 된다. 그렇게 생각하면 해수에서는 먹이 유래 세슘의 이동이 일어나기 어려울 것으로 느껴지지만 실제로는 그렇게 되지는 않을 것이다. 앞에서 설명한 것과 같이 해양 경골어류는 물의 흡수를 위해 적극적으로 장내의 나트륨(Na) · 칼륨(K) · 염화물(Cl) 이온을 체내에서 과잉이 되더라도 체내로 수송한다. 따라서 그 대부분이 체내로 일단 이동한 후 아가미로 배출한다. 즉, 세슘을 함유한 먹이에 칼륨을 첨가하더라도 칼륨 · 세슘의 배출속도는 상승하지만 장에서 체내로 흡수되는 세슘의 양 자체는 그다지 변화하지 않을 것으로 생각된다.

또한 담수산의 경골어류에서는 먹이에 포함된 이온은 체내에서 부족하기 쉽고, 장내로부터 체내로 그 대부분이 적극적으로 흡수된다. 그 때문에 양식 등 사육 조건에서 어류로의 세슘 오염을 가능한 억제하기 위해서는 세슘 오염이 발생했을 때를 대비하여 칼륨의 배출속도를 올림과 동시에 먹이 등에 세슘이 가능한 포함되지 않도록 하는데 신경을 쓰는 것이 중요하다. 담수 무척추동물의 소화관에서 이온 흡수에 대해서는 불확실한 점이 많지만 아가미 등으로부터 직접 이온을 흡수하는 것뿐만 아니라 먹이에 포함된 이온을 흡수 · 이용하는 것이 효율적인 체내 이온 농도 유지 기구에는 중요하다고 생각된다. 그러나 주로 먹이로서 이용되고 있는 것이 이온을 다량 함유한 경우로 한정될 가능성이 있다. 예를 들면, 먹이로서 담수의 유기현탁물을 이용하고 있는 경우 그것이 무생물이면 그곳에 함유되어 있는 이온량은 담수와 같은 정도이고, 장으로부터 적극적으로 이온을 흡수하는 기구가 존재할 필연성은 낮아진다고 할 수 있다. 즉, 각종 담수 무척추동물이 의존하고 있는 먹이의 각종 이온 농도를 밝히는 것으로 소화관에서의 세슘 흡수기구의 존재를 어느 정도 추정하는 것이 가능할지도 모른다.

3.12 방사성세슘(Cs)의 생물학적 반감기

지금까지는 생체내에서 세슘(Cs) · 스트론튬(Sr)의 거동에 관여하는 사항을 요소별로 나누어 살펴보았지만 지금부터는 그것들이 통합되어 일어나는 현상인 생물학적 반감기에 대해 경골어류의 세슘에 착목하여 살펴보겠다. 후쿠시마 제1원자력발전소 사고에 의해 방출된 방사성세슘은 주로 세슘-134와 137(^{134}Cs, ^{137}Cs)로 이들의 반감기는 각각 약 2년과 약 30년이다. 여기서 말하는 반감기는 각각 세슘 원자의 붕괴 특성에 의해서 결정되어 있고, 보통의 조건에서는 변화하는 일은 없다. 이에 비해 생물학적 반감기는 생물내로부터 방사성물질이 배출되어 그 존재량이 절반으로 될 때까지의 기간이며, 생물종과 서식환경에 따라 그 특성이 다른 것으로 알려져 있다. 지금까지의 연구에 의하면 경골어류에서는 일반적으로 염분농도가 높을수록, 온도가 높을수록, 개체 크기가 작을수록 생물학적 반감기는 짧아진다(笠松, 1999). 여기에서의 염분 농도라는 것은 해수의 희석비율이기 때문에 환경의 칼륨 농도에 의존하여 생물학적 반감기가 변화하는 것을 나타내고 있다. 이 변화에 대해서는 지금까지 설명해온 칼륨 및 세슘의 거동으로 이해할 수 있을 것이다. 이 장의 서두에서의 목욕탕의 예를 이용하면 일정량의 칼륨을 넣어둘 필요가 있는 목욕탕이 어류의 체내에 해당된다. 거기에 그곳에 일정량의 세슘을 혼합시켜 보겠다. 해수에서는 그 목욕탕 안에 항상 들어 있는 상태이고 담수에서는 먹이를 먹을 때만 칼륨이 보충되도록 한 상태가 되는 것이다. 이 때 목욕탕의 칼륨 농도를 일정하게 유지하기 위해서는 담수와 비교하여 해수 쪽이 계속 칼륨을 제거해야 하는 것이 분명하다. 칼륨과 같은 거동을 나타내는 세슘도 활발한 칼륨 제거에 의해서 목욕탕으로부터 제거된다. 그 결과 해수 쪽이 빠르게 세슘의 존재량이 감소하게 된다.

그러면 온도에 대해서는 어떻게 될까? 온도는 다양한 요소에 영향을 미치기 때문에 일괄적으로 정리하는 것은 어렵지만, 섭취량과 배설기구의 활성 변화 등을 들 수 있다. 경골어류는 변온동물이기 때문에 외부환경이 저온이 되면 체온도 내려가 대사가 떨어진다. 따라서 섭취에 의해서 영양을 흡수할 필요성도 떨어지고, 섭취량도 떨어지게 된다. 체내로의 칼륨 공급 변화에 의해 배출기구의 활성도 변화할 것이므로 이들은 서로 밀접하게 관련하고 있다고 생각된다. 특히 담수어에서는 섭취량의 변화는 그대로 체내로 칼륨 흡수량의 변화에 연결되기 때문에 온도의 영향은 클 것으로 생각된다. 만약 저온 환경에서 세슘의 생물학적 반감기를 단축하고 싶은 경우에는 먹이에 칼륨(K)을 첨가하여 체내로 많은 칼륨을 흡수시키는 방법이 유효할 것이다. 또한 칼륨의 흡수·배출기구機構의 활성 그 자체에 온도가 영향을 미치는 것도 생각할 수 있고, 향후의 연구에 의해 온도와 세슘의 생물학적 반감기의 관련이 해명될 것이 기대된다.

그리고 몸 크기는 대형 개체쪽이 생물학적 반감기는 약간 길어진다. 이것은 배출기관인 아가미의 표면적과 몸 체적과의 비율이 관련하고 있을 가능성이 있다. 단순하게 칼륨·세슘의 출구가 몸의 크기에 비해 작아지기 때문이라는 개념으로 아가미에 존재하는 개별의 염류세포에서 칼륨(K) 배출 활성을 상승시키면 대응 가능하다고도 할 수 있기 때문에 향후의 검증이 필요하다. 그러나 몸 크기가 클수록 몸 표면적당 체적은 커지므로, 체표体表를 통해 외부 환경으로부터 받은 삼투압 스트레스의 정도는 작아진다. 이것으로부터 어떤 일정한 세포체적에 대한 삼투압 조절 관련의 이온 수송 활성은 몸 크기가 클수록 낮아지는 것으로 생각된다. 이와같이 단위면적 당 이온의 유입 및 유출속도가 대형 개체일수록 완만하게 되고, 세슘의 생물학적 반간기가 대형 개체일수록 길어지는 것에 연결되어 있을지도 모른다. 더욱이 개체 크기에 의한 성장률의 차이도 고려할 필요가 있을 것이다. 생물학적 반감기를 산출할 때에 단위로서 Bq/kg을 이용하는 경우가 있지만 몸 크기가 작은 시기, 특히 치어기의 성장률은 극히 높고, 포식급이를 하면 1주간 정도에 물고기의 체중이 배로 되는 경우도 있다. 이 때에 Bq/kg을 단위로서 이용하면 만약 세슘이 전혀 배출되지 않았더라도 값은 절반으로 된다. 단위로서 Bq/개체를 이용하는 것이 생물학적 반감기에 대해서 해석할 때 하는 것은 어울린다고 할 수 있지만, 근육 등 가식부에 대해 생각하는 경우와 오염의 정도를 크기에 관계없이 비교하기 위해서는 Bq/kg을 이용하는 쪽이 실용적이라 생각할 수도 있다.

지금까지 경골어류의 생물학적 반감기에 영향을 주는 요소에 대해서 살펴보았지만 반감기의 길이에 대해서도 살펴보자. 담수 및 해양 경골어류에서 세슘의 생물학적 반감기는 약 50~150일의 범위로 좁혀지지만, 1주일 정도로 보고되어 있는 수생 무척추동물의 반감기와 비교하면 방사성세슘이 배출될때까지 긴 시간이 필요한 것을 알 수 있다. 이것은 경골어류가 가지고 있는 폐쇄혈관계[23]라고하는 구조적 차이와 칼륨·세슘을 배출하기 위해서 아가미 등의 특정 기관을 통할 필요가 있다는 기능적 차이에 의한 것으로 생각된다. 우선 무척추동물은 개방혈관계를 가지고 있기 때문에 일부의 생물종을 제외하면 혈액의 이온은 환경수와의 사이를 매우 자유롭게 이동할 수 있다. 또한 앞에서 설명한 것과 같

23) 폐쇄혈관계 : 심장으로부터 뻗어나간 동맥이 모세혈관으로 분지하고, 다시 수렴하여 정맥이 되어 심장으로 돌아오는 혈액의 순환시스템. 어류를 포함한 척추동물은 폐쇄혈관계를 가지고 있음.

이 칼륨은 세포내에 많이 존재하지만 실제로는 그 출입의 균형이 세포내에 많이 존재하도록 조절되어 있고, 세포 안팎의 사이에서 칼륨의 이동이 활발하게 이루어지고 있다. 이 때문에 무척추동물에서는 세포외로 수송된 세슘이 혈액을 통해 몸 표면으로부터 환경수로 확산되기 쉬워진다. 더욱이 환경수는 체액과 비교할 수 없을 만큼 대량으로 존재하고 있기 때문에 일단 체외로 이동된 세슘은 빠르게 희석되어 다시 체내로 이동될 확률은 아주 낮아진다. 이와같은 특성을 가진 무척추동물에서는 세슘의 생물학적 반감기가 짧아진다. 이에 비해 폐쇄혈관계에서는 몸 표면에서의 이온 확산이 거의 억제되어 있기 때문에 세포내에 존재하는 세슘이 혈액으로 이동하더라도 아가미 등으로 이동하기 전에 다시 세포로 흡수되어 버린다. 그리고 아가미 등의 칼륨 배출기관에 도달하여 배출을 담당하는 세포에 흡수되지 않으면 체외로 배출되는 일은 거의 없게 된다. 우리들의 생활에서 예를들면 무척추동물은 샛길이 많은 상점가, 경골어류는 일방통행으로 샛길이 없는 상점가라고 할 수 있지만 우리들이 샛길이 많은 상점가에 간 경우, 목적하는 것을 발견한 후에 바로 샛길로 돌아가는 것이 가능하지만 일방통행으로 샛길이 없는 상점가의 경우 목적하는 것을 찾는 동안에도 찾은 후에도 결국 방황을 되풀이 하여 오래 머물게 되어 버린다. 이와 같이 경골어류에서는 세슘이 아가미에 도착하기 전에 여러 세포로 「방황」을 하기 때문에 생물학적 반감기가 길어지게 된다고 생각된다.

이 장에서는 수생생물에서의 세슘(Cs) · 스트론튬(Sr)의 거동에 대해 그 배경에 있는 이온 조절 메카니즘을 중심으로 고찰해 왔지만, 그 대부분이 가설의 영역을 벗어나지 못했다. 후쿠시마 제1원자력발전소 사고의 수습이 앞으로 어떠한 길을 걸어갈 것인지는 알수 없지만 예측할 수 없는 사태에 대비하여 지금부터 가설에 기초하여 하나하나 과학적 지식을 축적하는 것이 중요하다고 생각된다.

참고문헌

Burton R.F.(1968) : Cell Potassium and Significance of Osmolality in Vertebrates, Comp. *Biochem. Physiol.*, 27, 763-773.

金子豊二・渡邊壮一(2013) : 増補改訂版 魚類生理学の基礎(会田勝美・金子豊二編), 恒星社厚生閣, pp. 216 -233.

笠松不二男(1999) : 海洋生物と放射能-特に海産魚中の137Cs濃度に影響を与える要因について-, *Radioisotopes*, 48, 266-282.

Kim Y. K., Ideuchi H., Watanabe S., Park S.I., Huh M.D. and Kaneko T.(2008) : Rectal water absorption in seawater-adapted Japanese eel *Anguilla japonica, Comp. Biochem. Physiolo.*, 151, 533-541.

Koelz H.R.(1992) : Gastric Acid in Vertebrates, *Scand. J. Gastroenterol.*, 27, 2-6.

Mekuchi M., Hatta T. and Kaneko T.(2010) : Mg-calcite, a carbonate mineral, constitutes Ca precipitates produced as a byproduct of osmoregulation in the intestine of seawater-acclimated Japanese eel *Anguilla japonica*, *Fish. Sci.*, 76, 199-205.

Robertson J.D.(1975) : Osmotic Constituents of the Blood Plasma and Parietal Muscle of *Squalus acanthias L*, *Biol. Bull.*, 148, 303-39.

Shechter A., Berman A., Sibger A., Freiman A., Grinstein M., Erez J., Aflalo E.D. and Sagi A. (2008) : Reciprocal Changes in Calcification of the Gastrolith and Cuticle During the Molt Cycle of the Red Claw Crayfish *Cherax quadricarinatus, Biol. Bull.*, 214, 122-134.

Smolka A.J., Lacy E.R., Luciano L. and Reale E. (1994) : Identification if Gastric H.K-ATPase in an Early Vertebrates, the Atlantic stingray *Dasyatis Sabina, J. Histochem. Cytochem.*, 42, 1323-1332.

Vanoevelen J., Janssens A., Huitema L.F.A., Hammond C.L., Metz J.R., Flik G., Voets T. and Schulte-Merker S. (2011) : Trpv 5/6 is vital for epithelial calcium uptake and bone formation, *FASEB J.*, 25, 3197-3207.

Watanabe S., Mekuchi M., Ideuchi H., Kim Y.K. and Kaneko T. (2011) : Electroneutral cation- Cl cotransporters NKCC2b and NCCb exporessed in the intestinal tract of Japanese eel *Anguilla japonica, Comp. Biochem. Physiol.*, 159, 427-435.

제4장 수산물 중의 방사능 측정

모리타 타카미 (森田貴己)

2011년 3월 11일에 발생한 동경전력 후쿠시마 제1원자력발전소의 사고에 의해 환경으로 방출된 방사성물질에 의해 많은 수산물이 오염되었고, 식품으로서의 안전성에 대해 불안의 목소리가 높아졌다. 수산물의 방사능 오염은 이번 사고가 처음은 아니었다. 그 규모의 크고 작음은 있지만 우리들은 과거에도 몇차례 이러한 사태를 경험해 왔다. 여기서는 일본의 수산물에 대한 방사성물질 측정의 역사를 서술하는 것과 함께 후쿠시마현의 수산물 오염의 현재 상태를 소개하고자 한다.

4.1 일본의 수산생물 방사성물질 측정 역사

여기에서는 2011년 3월의 후쿠시마 제1원자력발전소 사고 이전의 해양방사능조사를 소개하겠다. 일본의 해양방사능조사 역사는 제5후쿠류마루福竜丸가 미국의 수소폭탄 핵폭발실험(브라보실험)에 의해 피폭된 것을 계기로 시작되었다. 미국은 1954년 3월부터 5월에 걸쳐 북태평양 적도 근처에 있는 마샬제도 비키니 · 에니위탁(Bikini · Enewetok) 환초環礁에서 「캐슬테스트(Castle test)」라고 불리는 일련의 핵실험을 하였다. 이 일련의 핵실험 중 3월 1일에 이루어진 수소폭탄의 핵폭발실험이 브라보 실험이다. 이 실험으로 생성된 방사성물질에 의해 실험장소로부터 약 160km 동쪽 해상에서 조업중이었던 일본의 참치어선 제5후쿠류마루福竜丸가 피폭하게 되었다. 제5후쿠류마루福竜丸는 미국이 지정한 항행금지구역으로부터 30km 이상이나 떨어진 안전구역으로 알려진 해역에서 조업하고 있었지만 피폭되어버린 것은 미국의 핵출력 계산 오류에 의한 불충분한 위험수역 설정이 원인으로 알려져있다. 미국은 이러한 사고를 일으키면서도 실험을 계속하였고(합계 6회), 그것에 의해 방출된 방사성물질은 바람과 해류에 의해 북태평양의 넓은 범위를 오염시켰기 때문에 일본이 어획한 참치류에 방사능오염이 확인되게 되었다. 이와같이 일본의 어업에 심대한 피해가 나오기 시작하면서 수산청은 다른 부처 · 대학의 협력을 얻어 비키니 해역에서 해양조사를 하기로 결정하였다. 이 조사가 일본의 해양방사능조사의 시작이었다. 이 조사에는 농림수산성 수산강습소(현재 독립행정법인 수산대학교) 소속의 조사선 슌코츠마루俊鶻丸, (588톤)가 사용되었다. 당연히 슌코츠마루俊鶻丸에는 환기장치나 방사선측정기가 설치되어 있지 않았기 때문에 이것들을 장착하기 위한 선박의 개조가 급하게 실시되었고, 제1차 조사로서 캐슬테스트 종료 후 불과 2일 후인 1954년 5월 15일에 동경항을 출발하였다. 그 후 51일간의 항해를 끝내고, 2,000개 이상의 시료와 함께 7월 4일에 동경항으로 귀항하였다. 슌코츠마루의 조사결과로부터 해양오염의 실태가 밝혀졌지만, 미국은 1956년부터 다시 비키니 · 에니위탁 환초에서 핵실험을 재개하였다. 그 때문에 일본 정부는 다시 슌코츠마루俊鶻丸를 비키니 · 에니위탁 부근 해역에 파견하였다. 이 두 번째 조사는 1956년 5월 26일부터 6월 30일까지의 36일간 수행되었다. 슌코츠마루俊鶻丸의 파견 경위 및 조사결과는 문헌(三宅, 1972)에 상세하게 소개되어 있다. 이 슌코츠마루의 닻은 현재도 (독)수산대학교에 장식되어 있다(그림 4-1). 한편 문부성에 의해 수매된 제5휴쿠류마루는 잔류 방사능 조사와 제염작업 후 대폭적인 개조가 이루어져 「하야부사마루」로 개명하여 동경수산대학(현재 동경해양대학)의 연습선으로서 활용되게 되었다. 그 후 「하야부사마루」는 그 역사적 가치가 이해되지 않았었는지 그 경위는 불명확하지만 1967년 3월에 폐선처분되어 동경만의 쓰레기 매립지인 유메노지마에 버려졌다. 그러나 보존을 희망하는 목소리가 높아져 폐기처분으로부터 9년 후 동경도가 건설한 제5후쿠류마루 전시관에 보존되게 되어 현재도 전시되고 있다(그림 4-2). 가나자와金沢대학의 야마모토山本 등은 1995년에 제5후쿠류마루가 사용하였던 부표로부터 물리학적 반감기 30.1년의 세슘-137(^{137}Cs) (1.86±0.05Bq/g · wet) 뿐만 아니라 물리학적 반감기 5.27년인 코발트-60(^{60}Co) (0.091±0.011 Bq/g · wet) 등도 검출하여 당시의 피폭의 크기를 알 수 있는 보고를 하였다(Yamamoto et al., 1996).

그림 4-1. (독)수산대학교에 전시되어 있는 슌코츠마루의 닻. 사진은 수산대학교로부터 제공

그림 4-2. 제5후쿠류마루 전시관에 전시되어 있는 제5후쿠류마루

슌코츠마루俊鶻丸의 비키니 해역 조사 후에는 각 부처가 개별로 독자적인 조사를 계속했지만 대기권내 핵실험 유래의 방사성 강하물(소위 fall out)에 의한 각종 식품의 방사능 농도 증가가 사회적 문제로 되어 일본의 원자력위원회는 각 부처의 조사를 정리하여 1956년 방사능조사

계획요강을 책정하였다. 이 요강에서 해양관련업무를 이끌고 있는 소위 바다의 3관청(수산청, 기상청, 해상보안청)이 각각의 전문분야를 분담하여 해양방사능조사를 하는 것으로 결정되었다. 그 후 미국 · 구소련의 대기권내 핵실험이 보다 한층 더 증가하여 일본으로의 방사성 강하물의 양도 더욱 증가하여 1961년 내각에 방사능대책본부를 설치하는 것이 각의 결정되고, 환경방사능조사가 강화되었다. 1957년 이후 원자력 및 방사능에 관한 행정을 과학기술청이 관할하여 각 부처의 방사능관련 업무의 예산은 방사능조사 연구비로 통일되어 있었지만 부처의 재편 등에 의해 본예산은 그 후 문부과학성을 거쳐 현재는 원자력규제청으로 승계되어 계속되고 있다. 이들 조사결과는 동경전력 후쿠시마 제1원자력발전소 사고 이전부터 인터넷상에서 일반에게 공개되어 있고, 조사결과를 열람 · 입수하는 것이 가능하게 되어 있다(http://www.kankyo-hoshano.go.jp/k1_db/servlet/com_s_index).

방사성 강하물의 주요한 근원인 대기권내 핵실험은 1963년 대기권 내외 및 수중 핵실험금지조약이 조인(프랑스 · 중국은 제외)된 것에 의해 대폭으로 축소되었다. 비조인국인 프랑스와 중국은 그 후에도 실험을 계속하였지만 1980년 10월 중국에 의한 실험이 마지막이 되었다. 이러한 것으로부터 방사성 강하물에 의한 오염은 현저하게 감소했지만 1970년대부터 일본 연안에 많은 원자력발전소가 건설됨에 따라 그 안전성과 방사성 폐기물의 처리 문제가 발생하게 되었다. 이 방사성 폐기물(저준위 방사성 고체 폐기물)은 당초 해양처분(심해투기)하는 것이 검토되어 있었다. 당시의 방침은 일본의 원자력개발이용 장기계획에 「해양처분에 대해서는 처분 큐리(curie) 수를 제한하면 해양처분을 안전하게 하는 방법을 입안하는 것은 가능하다고 생각되었기 때문에 그 안전성을 보증할 수 있는 처분량으로 한정하고, 그것을 만족하는 규모와 내용의 해양조사를 사전에 수행한다. 한편 각종 피처분체 시료를 준비하여 종합적인 안전평가를 하여 시험적 해양처분을 실시하고, 투기 후의 피처분체의 추적 및 해양조사를 수행한다. 이들에 의해서 얻어진 지식 및 그 시점까지의 심해에 관한 최신의 지식을 기반으로 1975년 초까지 해양처분의 전망을 파악하는 것으로 한다」라고 서술되어 있다(수산청, 1975). 이 방침에 따라 수산청, 해상보안청, 기상청은 1975년부터 1985년에 걸쳐 정력적으로 심해투기 후보해역의 기초조사를 수행하였다. 이 조사에서 수산청 동해구수산연구소(현재 독립행정법인 수산종합연구센터 중앙수산연구소)는 북태평양 중부의 수심 5,000~6,000m에 심해성 줄비늘치가 많이 분포하고 있는 것과 다양한 생물상이 존재하고 있는 것을 밝혔다. 그 후 육상에서 발생한 폐기물을 해양투기하는 것 및 해상소각하는 것에 의한 해양오염을 방지하는 것을 목적으로 하는 런던협약(폐기물 및 그 외의 물질의 투기에 의한 해양오염의 방지에 관한 협약, 일본은 1980년 비준)에 의해 심해투기계획은 사실상 중지되게 되었지만 이때 확립된 심해역에서의 조사방법은 1989년의 미항공모함으로부터의 핵무기 낙하 사고의 발각과 1993년 구소련(러시아)에 의한 동해 심해역으로의 방사성 폐기물의 해양투기가 밝혀졌을 때의 조사에 활용되었다. 그런데 필자는 2000년경에 어떤 플랑크톤 학자로부터 방사성폐기물은 심해투기하는 것이 바람직하다는 의견을 들은 적이 있다. 현재(2014년 4월말), 후쿠시마 제1원자력발전소의 오염수를 다핵종제거장치로 처리한 후에 발생하는 대량의 트리튬(삼중수소 ^{3}H) 물(삼중수소를 포함하고 있는 물)을 해양으로 방출하는 것도 포함하여 처분방법이 검토되고 있다. 정상운전을 하고 있는 원자력발전소에서도 트리튬 물이 환경으로 대량 방출되고 있

표 4-1 해양생물의 원소 농축계수

원소	종류						
	식물플랑크톤	동물플랑크톤	해조류	갑각류	연체류 (두족류 제외)	두족류	어류
세슘	20	40	50	50	60	9	100
요오드	800	3,000	10,000	3	10	-	9
스트론튬	1	2	10	5	10	2	3
플루토늄	200,000	4,000	4,000	200	3,000	50	100
트리튬	1	1	1	1	1	-	1

자료는 IAEA(2004)로부터 인용. - 는 자료가 없음

다고는 하지만, 그것을 안이하게 해양으로 방출하는 것은 의문을 느끼지 않을 수 없다. 그러나 방사성 폐기물을 심해투기하는 것이 바람직하다고 생각하는 해양학자가 존재하고 있었기 때문에 바다를 아직도 쓰레기장 또는 그 정화능력을 과신하고 있는 사람들이 있어도 이상하지는 않다고 생각된다. 덧붙여서 뒤에서 설명할 농축계수는 트리튬은 모든 해양생물에서 1이다(표 4-1). 즉 해수의 트리튬 농도와 해양생물의 트리튬 농도는 같다.

일본 및 인접국가들에서 원자력발전소의 건설이 증가하고 있지만 일본의 원자력발전소 주변해역에서는 원자력규제청의 「해양환경방사능평가사업」에 의해 해양환경방사능조사가 이루어지고 있다. 또한 일본에는 미국의 원자력잠수함이 기항하고 있으므로 그 조사도 정기적으로 이루어지고 있다. 이 원자력잠수함 조사는 1964년에 미국 원자력잠수함 씨드래건호(Sea Dragon)의 일본으로의 기항을 승인함에 따라 일본 정부로서 방사능조사를 실시해야 한다는 원자력위원회 결정을 받아서 실시하게 된 것이고, 현재도 원자력규제청을 중심으로 계속되고 있다. 그 목적은 미국 원자력군함기항지(오키나와현沖縄県 킨나카구스크만金武中城湾, 카나가와현神奈川県 요코스카항横順賀港, 나가사키현長崎県 사세보항佐世保港) 주변주민의 안전을 확보하는 것에 있다(오키나와현沖縄県 킨나카구스크만金武中城湾, 조사는 일본으로 오키나와가 복귀된 후부터 이루어지고 있다). 1968년에는 사세보항佐世保港에 입항한 미국 원자력잠수함 소드피쉬(Swordfish)호에 의한 방사능누출 사고가 발생한 적이 있지만 그 후 그러한 사고는 발생하지 않았다(三宅, 1969).

이외에 1986년에는 체르노빌 원자력발전소 사고에 의한 해양오염이 있었고, 1995년에는 오키나와현 토리시마鳥島에서 미군의 열화 우라늄탄의 사용도 발각되었다. 또한 해양오염은 일어나지 않았지만 1999년의 토카이무라東海村 JCO 임계사고는 이바라키현茨城県산 수산물에 대해 소문에 의해 큰 피해를 발생시켰다. 이와같이 2011년의 후쿠시마 제1원자력발전소 사고에 의한 해양방사능 오염 이전에도 몇몇의 해양방사능 오염이 발생하였고, 그 대응 때문에 슌코츠마루俊鶻丸 조사 이후에도 해양환경방사능조사 체제는 유지되어 있었다.

4.2 2011년 후쿠시마 제1원자력발전소 사고 이후의 측정 경위

일본에는 핵실험에 의한 해양오염과 방사성 강하물의 조사, 방사성폐기물의 해양투기 조사, 체르노빌 원자력발전소 사고에 의한 수입식품의 검사, 원자력시설 주변의 조사 등등 해양뿐만 아니라 육상도 포함하여 충실한 조사체계가 구성되어 있었다. 그러나 체르노빌 원자력발전소 사고 이후 대규모적인 사고가 발생하지 않았고, 2001년부터 국립연구기관의 독립행정법인화가 진행되면서 연구성과가 요구되게 되어 화려한 연구성과를 내놓지 않는 모니터링 조사가 주체인 방사능조사 부문은 서서히 축소되어왔다. 예를들면, (독)방사선의학연구소에서 해양조사를 수행하고 있었던 나카미나토那珂湊 지소는 2007년에 폐지가 결정되었다. 방사능 조사는 대단히 무미건조한 조사이고, 아무일도 없는(토픽이 없는) 것이 최상의 결과이다. 항상 성과(토픽)를 요구하는 연구체제에서는 존속하여 계속하는 것은 대단히 어렵다. 일본의 환경방사능조사 · 연구를 견인해온 기상청 기상연구소 조차 후쿠시마 제1원자력발전소 사고 발생 당시에 방사능조사를 하고 있었던 연구자는 50대의 연구자 2명밖에 없었다고 한다. (독)수산종합연구센터(수산연구센터)에도 1971년에 방사능부(2개 연구실)가 설립되었지만 1989년에 1개 연구실로 축소되어 2011년의 사고 발생 시에는 방사능조사를 수행할 연구자는 3명(정규직원은 2명) 밖에 재직하고 있지 않았다.

후쿠시마 제1원자력발전소 사고는 2011년 3월에 발생했기 때문에 당연히 그 조사에 소요되는 비용은 예산에 계상되어 있지 않았다. 이 때문에 당시 각 부처의 방사능조사 연구비를 일괄하여 소관하고 있었던 문부과학성은 예산 요구시에 계획하고 있었던 조사가 아닌 후쿠시마 제1원자력발전소 사고의 조사에 본 연구비를 대체할 것을 각 부처에 요청하였다. 대부분의 부처가 이 요청을 수용한 것 같지만 그 중에는 이 요청에 따르지 않았던 부처도 있다고 들었고, 과거에 각 부처와 대학 등이 제휴하여 수행했던 슌코츠마루俊鶻丸의 정신은 유감스럽게도 계승되지 않았던 것 같다. 해양에서 방사능 조사체제는 지금까지의 경위로부터 수산물은 수산청, 해수는 기상청과 해상보안청, 해저토는 해상보안청과 수산청(수산청은 어장의 해저토)이라는 역할분담이 명확하게 구분되어 있었지만 이번 사고에서는 다양한 경위에 의해 해수와 해저토 조사는 문부과학성이 (독)해양개발연구기구와 (독)원자력개발기구의 협력을 얻어 수행하게 되었다. 당초는 후쿠시마 제1원자력발전소로부터 연안 30 km까지의 조사가 이루어졌지만, 오염수가 연안을 따라서 흘러가는 것이 명백하였으므로 수산청이 문부과학성에 연안에서의 조사도 요구하여 조사지점이 늘어났다. 또한 당초에는 세슘-137(^{137}Cs)의 농도만 공표되었지만 이것도 수산청에 의해 세슘-134(^{134}Cs) 농도의 공표도 요구되어 즉석에서 공표되게 되었다. 이 해수와 해저토의 조사는 그 후 예산화되어 외부의 검사기관에 사업으로서 위탁되어 계속되고 있다. 또한 현재는 문부과학성에서 원자력규제청으로 본 사업이 인계되어 있다.

수산물은 식품의 한 품목이므로 그 검사는 식품의 방사성물질 검사로서 후생노동성 주도로 수행되게 되었다. 이 식품의 방사성물질 검사는 식품위생법에 근거한 2011년 3월 17일 후생노동성 식품안전부장의 통지로 시작되었다. 이때 설정된 잠정규제값은 1998년에 원자력안전위원회가 책정한 「음식물의 섭취 제한에 관한 지표」를 바탕으로 설정되어 있었다. 식품위생법의 근거로 수행된 본 검사의 실시 주체는 각 자치단체이지만 원자력발전소가 입지한 현에는 모니터링 검사를 위해 검사기기인 게르마늄(Ge) 반도체검출기가 구비되어 있었지만 그 외의 현에는 보유되어 있지 않았다. 또한 원자력발전소가 입지한 현에도 그 보유대수가 적었으므로 당시는 검사 능력이 절대 부족한 상태였다. 그 때문에 수산청은 수산연구센터에 수산물 검사 협조를 요청하여 수산연구센터가 자치단체의 검사 협력을 하게 되었다. 당시 쓰나미 피해 때문에 아오모리青森부터 치바현千葉県 일부까지 어업이 이루어지지 않아 검사시료를 입수하는 것이 대단히 곤란하여 수산청에서는 부장이 직접 수협에 전화하여 시료를 수집하였다고 한다. 수산청의 요청에 따라 독립행정법인 수산종합연구센터에서 최초의 검사 결과 공표는 2011년 3월 24일에 수행한 치바현千葉県산 금눈돔의 측정값이었다(수산청, 2014). 이것은 입수된 수산물부터 검사를 시작하였기 때문이지만 후쿠시마현으로부터 떨어진 치바현千葉県산 어류의 검사결과를 최초로 공표한 것에 대하여 적지 않은 비판이 있었다. 유통될 가능성이 있는 수산물을 검사하는 것은 그것의 안전성을 확인하는데 중요한 것으로 수산청과 수산종합연구센터에서는 생각하고 있었지만 대학의 교수들 중에는 그러한 검사를 금지하고, 측정기기를 전부 후쿠시마현의 수산물(당시는 시험조업도 이루어지지 않아 채취된 것이 없었음) 검사로 돌려야 한다는 의견도 있었던 것 같다. 이렇게 하여 시작된 식품의 방사성세슘 검사의 법률상 실시 주체는 지방자치단체였기 때문에 수산종합연구센터로부터 측정결과를 후생노동성에 보고할 수 없었고, 또한 수산청으로부터 후생노동성에 보고하더라도 공식 검사결과로서 인정되지 않았기 때문에 우선 검사시료를 제공한 지방자치단체에 검사 결과를 보고하고, 그 지방자치단체로부터 후생노동성에 보고하도록 할 필요가 있었다. 당초의 혼란한 상황에서 이 절차가 확립될 때까지 상당한 노력이 요구되었다고 기억하고 있다.

잠정규제값에서 식품의 방사성물질 검사의 대상 핵종은 방사성요오드(I)(혼합 핵종의 대표핵종 : ^{131}I), 방사성세슘(Cs), 우라늄(U), 플루토늄(Pu) 및 초우라늄원소[24]의 알파선 방출 핵종[플루토늄-238, 239, 240, 242(^{238,239,240,242}Pu), 아메리슘-241(^{241}Am), 큐륨-242, 243, 244(^{242,243,244}Cm)]의 방사능 농도이고, 방사성스트론튬은 포함되지 않았다. 또한 현행 기준값에도 측정 대상 핵종은 방사성세슘뿐이다. 이것은 방사성 세슘의 잠정규제값(500Bq/kg · wet)을 설정할 때 세슘-137(^{137}Cs)의 1/10의 양으로 스트론튬-90(^{90}Sr)이 함유되어 있다고 가정하여 그 잠정규제값을 설정하고 있기 때문이다. 현행 수산물의 기준값에서는 방사성세슘 이외의 방사성핵종으로부터의 선량을 방사성세슘과 같은 양이라고 가정하고 있다. 이 가정은 식품의 종류마다 다르고, 식품 전체로는 방사성세슘 이외의 핵종[스트론튬-90(^{90}Sr), 루테늄-106(^{106}Ru), 플루토늄(Pu) 등]으로부

24) 초우라늄원소 : 우라늄 보다도 원자번호가 큰 원소

터의 선량은 방사성세슘(Cs)의 약 12%라고 가정되어 있다. 많은 연구자와 대학의 교수들이 방사성스트론튬의 인체에 미치는 영향을 미디어를 통하여 소개한 것에 의해 잠정규제값에도 방사성스트론튬-89,90(^{89,90}Sr)으로부터의 영향을 고려하고 있다고 하지만 많은 사람들이 방사성스트론튬(Sr)에 의한 식품오염을 염려하였다. 그 때문에 수산청은 수산종합연구센터에 수산물의 방사성스트론튬(Sr) 농도의 측정을 요청하였다. 방사성스트론튬의 측정은 식품위생법에 따라 검사하는 것이 아니기 때문에 그 측정시료를 수집하는 것은 대단히 힘들었다. 이 자리를 빌어서 시료제공에 협력해준 여러분들께 감사를 드리고 싶다. 당시 수산종합연구센터에는 방사성스트론튬을 측정할 수 있는 연구자가 제직하고 있지 않았기 때문에 그 측정을 외부의 분석기관에 위탁하고 더불어 연구소내에서도 측정할 수 있도록 체제를 구축하여 현재에는 연구소내에서도 측정할 수 있게 되었다. 방사성스트론튬의 최초 보고는 2011년 6월 28일이었고, 그 후에도 수시측정값이 수산청의 홈페이지에 공표되어 있다(수산청, 2014). 여기서 시료의 채취지점을 위도경도로 나타낸 것은 일부 지방자치단체로부터 지명을 기재하는데 동의를 얻지 못했기 때문이다. 방사성스트론튬의 검사 수가 적은 것이 많은 사람들에게 불만인 것 같다. 현시점(2014년 4월)에서 수산물의 방사성스트론튬 농도를 정기적으로 측정 · 공표하는 것은 수산청 · 수산종합연구센터, 환경성, ㈜동경전력 등 3개 기관뿐이다. 이 3개 기관만으로는 향후의 극적인 측정 검체수의 증가는 바랄 수 없다는 것은 말할 것도 없다. 방사성스트론튬(Sr)의 측정은 대단히 복잡하고 시간도 필요(약 1개월)하지만 그 측정에 필요한 기자재는 많은 대학과 연구기관이 소유하고 있다. 수산물의 방사성스트론튬(Sr)의 인체 영향을 염려하는 많은 연구자와 대학의 교수들이 그 측정을 해준다면 측정 검체수를 훨씬 증가시키는 것이 가능하게 될 것이다. 지금까지의 수산물의 스트론튬-90(^{90}Sr) 측정결과에서 잠정규제값 및 현행 기준값을 설정할 때 가정된 스트론튬-90(^{90}Sr)의 존재비를 초과하는 것으로 생각되는 농도는 검출되지 않았고, 오히려 그 가정이 너무 과대한 것 같지만, 현행 기준값 결정 시에 가정된 방사성세슘에 대한 스트론튬-90(^{90}Sr)을 포함한 방사성세슘 이외의 핵종들의 존재비를 어떻게 가정하고, 검증했는지는 지금(2014년 4월 말일)도 후생노동성에서 공표되지 않고 있다. 빨리 공표되기를 바란다. 이러한 검증결과를 공표하는 것은 방사성스트론튬(Sr)의 검사수를 증가시키는 이상으로 일반 사람들의 식품의 방사성스트론튬(Sr)에 대한 불안이 불식되는 것은 틀림없다.

상기와 같이 잠정규제값의 측정 대상 핵종은 방사성요오드(I), 방사성세슘(Cs), 방사성우라늄(U), 방사성플루토늄(Pu) 및 초우라늄원소의 알파선 방출 핵종이지만 실제로 측정된 것은 요오도-131(^{131}I)과 방사성세슘의 측정이 대부분이었다. 애초에 지방자치단체에서 우라늄, 플루토늄 및 초우라늄원소의 알파선 방출 핵종을 측정하는 것은 거의 불가능했을 거라 생각되지만, 이 지시를 받은 지방자치단체의 담당자는 어떻게 생각했을까? 더구나 어패류에는 당초 방사성요오드의 규제값이 설정되지 않았었다. 이것은 어패류, 곡류, 육류 등은 방사성요오드의 물리학적 반감기가 짧고 식품에서의 축적, 인체로의 이동 정도가 작을 것으로 원자력안전위원회가 생각하고 있었기 때문이지만 2011년 4월 4일에 이바라키현茨城県 키타이바라키시北茨城市에서 채취된 표층을 부유하며 서식하고 있는 까나리로부터 4,080Bq/kg · wet의 요오드-131(^{131}I) (물리학적 반감기 : 8.04일)이 검출되어 2011년 4월 5일에 추가로 어패류에도 방사성요오드의 잠정규제값이 설정되었다. 이것은 당초 예상하지 않았던 것에 대해 황급히 규제값을 정한 것처럼 소비자의 눈에 비치어 막연한 불안을 증폭시킨 것으로 알려져 있다. 그러나 체르노빌 원자력발전소 사고시에도 일본 주변의 정어리류와 해조류로부터 요오드-131(^{131}I)이 검출되었고, 사고시에 표층에 서식하는 어류, 해조류에서 요오드-131(^{131}I)이 검출되는 것은 환경방사능 연구자 사이에서는 상식이다. 왜 원자력안전위원회가 상기와 같이 생각하고 있었는지는 명확하지 않다. 검사에 사용한 Ge 반도체검출기는 감마선 방출 핵종들을 한번에 측정하는 것이 가능하므로 2011년 당시는 텔루륨-129m(^{129m}Te) (물리학적 반감기 : 33.6일)와 은-110m(^{110m}Ag) (물리학적 반감기 : 250일)라고 하는 감마선 방출 핵종도 검출되었지만 측정 대상 핵종이 아니기 때문에 공표되지 않았던 것 같다. 그 자료를 보유하고 있을 후생노동성과 지방자치단체로 부터 반드시 자료가 공개되길 바란다.

4.3 어떤 수산물을 측정할 것인가?

우리들이 먹는 수산자원생물로 한정하더라도 그 종류는 막대하며, 이것들을 전부 조사하는 것은 비용 · 인력 등의 사정에 의해 불가능하다. 따라서 시료 종의 선택에는 어떤 기준이 필요하다. 다만 이번 후쿠시마 제1원자력발전소 사고에서는 식품오염의 걱정이 급속히 높아졌기 때문에 이것을 불식하기 위해서도 뒤에 설명하는 것처럼 측정 대상 생물의 선정을 의식하면서도 그것에 고집하지 않고, 먹을 가능성이 있는 수산물은 가능한 검사하도록 하였다. 대단히 많은 종류의 수산물을, 그것도 정확하게 종명을 동정하여 검사함으로서 대단히 많은 어종명이 검사결과표에 기재되어 있다. 몇몇 연구자, 특히 대학교수들로 부터 어종의 범위를 줄여서 검사해야 한다는 의견을 받았지만 위에서 서술한 것처럼 식품오염의 걱정을 불식하는 것이 중요하다는 생각 때문에 어종의 범위를 줄이지 않았다. 지금까지 해외의 사고 후 조사에서도 일본처럼 상세하게 종류를 분류하고 있는 조사는 드물고, 넙치와 가자미를 일괄하여 다루고 있는 조사 사례도 있을 정도이다. 어종을 정확히 분류하여 검사하려고 하는 일본의 방법은 수산물을 많이 먹는 국가로서의 문화적 배경이 영향을 주고 있을지도 모른다.

1) 조사대상 해역을 분할

이번 후쿠시마 제1원자력발전소 사고에서는 직접 해양으로 오염수가 누출된 것 이외에 대기로 방출된 방사성물질이 해양으로 강하 또는 그것들이 일단 육상에 강하한 후에 하천 등을 통하여 바다로 유입되었다. 그리고 그것들은 후쿠시마 제1원자력발전소를 중심으로 비교적 좁은 범위에서 발생하였다. 과거의 핵실험에서도 해류에 의해 방사성물질이 운반되어 왔지만 매우 확산된 상태로 일본 근해로 운반되었고 대기권으로부터 강하한 방사성물질은 광범위하게 강하되었기 때문에 이번 사고와 같이 일본의 어떤 특정한 장소가 고농도로 오염되어 있는 상황은 아니었다. 이번 조사에서는 특정의 오염원을 포함하고 있기 때문에 오염원과의 거리에 따라 조사해역을 구분하고, 그 특성에 맞추어 조사밀도, 방법을 선택해야 한다. 이번 조사에서는 아래의 4개 해역으로 나누어 조사하였다.

① 홋카이도 주변 연안에서 근해역까지, 북쿠릴에서 캄차카반도에 이르는 해역을 추가한 북방 한류역
② 쿠로시오역에서 산리쿠三陸 근해 혼합수역에 이르는 연안 · 근해역인 혼슈 태평양 근해역
③ 전형적인 대륙붕 어장인 동중국해역
④ 폐쇄성이 강하고 심층에 동해고유수를 가진 동해

2) 조사대상 시료의 선정

(1) 수산자원으로서의 중요성을 고려

방사능조사의 대 전제는 국민의 식량 안전을 확보하는 것이다. 그 때문에 생물종은 수산자원생물 즉, 우리가 일상에서 잘 먹는 것을 중심으로 조사를 수행하였다. 앞에서 서술한 해역에 서식하고 있는 수산자원생물 중에서 어류 · 연체류 · 갑각류 · 해조류의 각각의 대표 생물종(존재량이 많은 것)을 조사대상으로 하였다.

(2) 회유 · 식성 · 수직분포를 고려

어류 중에는 연어류와 다랑어류처럼 크게 회유하는 것이 있다. 그러한 회유성 어종은 크게 해양 전체의 방사능 농도를 파악하기에는 좋지만 각 해역의 방사능 농도를 모니터링 하는데는 적합하지 않다. 이것은 생물체내의 방사능 농도가 서식환경(주로 해수)의 방사능 농도를 반영할 때 까지 어느 정도의 시간이 필요하기 때문이다. 해양생물의 방사능은 해수로부터 직접 흡수된 것과 먹이로부터 흡수된 것이 있다. 표층에서는 식물 · 동물 플랑크톤이 많이 존재하며, 이것을 먹는 소형 해양생

물도 많이 서식한다. 더욱이 이들을 먹는 다랑어 · 방어 등의 대형 해양생물도 서식하고 있다. 심층에는 표층만큼 먹이환경이 좋지 않기 때문에 무엇이든 다 먹는 잡식성 종이 많다. 해수 중 방사능 핵종의 분포는 핵종에 따라서 다르지만, 세슘-137(^{137}Cs)은 표층쪽에 분포하는 경향이 있다. 또한 해저토에는 많은 방사성물질이 축적되지만 사질의 해저에는 방사성물질은 축적되기 어렵다. 이와같은 조건이 서로 겹쳐서 해양생물의 방사능 농도가 결정되기 때문에 식성 · 수직분포 등을 고려한 시료 선정이 필요하다. 또한 뒤에서 서술하는 것처럼 오징어류와 같이 1년이라는 수명을 이용하여 연도별 오염상황을 평가하는 것도 이루어졌다.

(3) 생물종에 따른 농축특성

해양생물에는 그 생리적 기능에 따라 특정 방사성 핵종의 농도가 높아지는 종이 존재한다. 예를들면, 미역과 다시마 등의 갈조류는 요오드(I)를 고농도(해수의 만배 이상)로 농축하는 특성이 있다(표 4-1). 이번 후쿠시마 제1원자력발전소 사고에 의해 방출된 요오드-131(^{131}I)는 의료용으로도 사용되고 있다. 그 사용량이 대단히 많기 때문에 하수처리시설의 저니로부터 검출되는 것이 이번 사고 이전부터 알려져 있었다. 후쿠시마 제1원자력발전소 사고로부터 1년 이상 경과한 후 관서지방의 하수처리시설의 저니로부터 물리학적 반감기가 겨우 약 8일 밖에 안되는 요오드-131(^{131}I)가 검출되는 것이 이상하게 생각됐지만 그 원인은 의료용 요오드-131(^{131}I)이다. 필자는 이전에 이 의료용 요오드-131(^{131}I)를 갈조류로부터 검출하고, 갈조류의 요오드 농축 능력을 재확인한 적이 있다(Morita et al., 2010a). 또한 해조류에는 원래 칼슘과 스트론튬이 많기 때문에 환경에 아주 저농도로 존재하는 스트론튬-90(^{90}Sr)을 검출하는 것이 가능하다(Morita et al., 2010b). 2013년 12월에 미야기현宮城県 연안에서 채취된 해조류로부터 0.055~0.069Bq/kg · wet의 스트론튬-90(^{90}Sr)이 검출되었지만(수산청, 2014), 2000년부터 2010년 사이에 일본 주변의 해조류 중 스트론튬-90(^{90}Sr) 농도는 검출 하한값 이하에서 0.065 Bq/kg · wet 사이였으므로, 이 미야기현宮城県 연안에서 검출된 스트론튬-90(^{90}Sr)이 후쿠시마 원자력발전소 유래라고 단정할 수 없다.

세슘은 알칼리 금속에 속하는 수용성 원소이고, 같은 알칼리금속에 속하고 있는 칼륨과 같은 거동을 나타내는 것이 오래전부터 알려져 있다. 그 때문에 어패류를 부위별로 측정하면 칼륨을 많이 포함한 근육에서 방사성세슘 농도가 비교적 높게 검출되는 것이 이전부터 알려져 있다. 이번 사고 후에도 이 경향은 확인되고 있다(그림 4-3). 사고 후 일본에서 이루어진 식품의 방사성물질 검사는 후생노동성이 2002년 3월에 책정한 「긴급시의 식품의 방사능 측정 매뉴얼」에 따라서 수행하였고, 수산물 검사에서 가식부(근육부)를 중심으로 검사가 이루어졌다. 이번 후쿠시마 제1원자력발전소 사고로부터 대량의 방사성세슘이 방출되었고, 근육부를 중심으로 한 검사는 방사성세슘의 성질에 맞는 조사방법이라고 할 수 있다. 또한 어류를 검사할 때 머리부분 등 근육량이 적고 중량이 있는 부위를 혼합하여 검사하면 방사성세슘 농도는 낮게 측정되어 버린다. 오염물질은 내장에 축적된다고 하는 생각이 침투해 있는 것 같고, 내장을 제외하고 근육부 만으로 방사성세슘을 측정하는 방법은 당시 국내외로부터 비판이 있었지만 표적을 빗나간 비판이었다고 할 수 있다. 세슘은 수용성이므로 어패조류에 흡수되어도 칼륨처럼 체외로 배출되어 체내에 그대로 계속 머무르지 않는다. 이 때문에 먹이망에서 영양단계가 높을수록 방사성세슘 농도가 높아지는 경향은 있지만(笠松, 1999), 그 차이는 수은 등의 오염물질과 비교하면 극히 적고, 세슘의 농축계수[25]는 어류에서도 최대 100 정도이다(표 4-1). 그런데 모든 방사성물질이 먹이망에서 영양단계가 높을수록 농도가 높아지는 것은 아니다. 예를들면, 루테늄-106(^{106}Ru)은 해조류로부터 전복으로의 경로 이외에는 먹이사슬을 거쳐도 농도가 낮아지는 것이 알려져 있다(南迫・梅津, 1983). 세슘이 수용성이라는 성질을 이용하여 어류의 근육중 방사성세슘 농도를 저감시킬 수 있다. 어류의 근육으로 어묵을 제조하는 공정에 물 표백水晒이라는 공정이 있다. 이 공정은 어묵蒲鉾 만드는데 불필요

25) 농축계수 : 어떤 수생생물의 생체내의 물질의 농도와 해수 중의 농도 비

한 성분, 즉, 어류의 근육 중 지방, 수용성단백질, 혈액 등의 오염물을 물과 함께 씻어 내리고, 젤 형성 능력의 향상, 제품의 색감, 냄새의 개선에 효과가 있다. 동경대학의 와타나베渡部 등은 방사성세슘에 오염된 동갈민어와 대구의 근육에 대해 이 물 표백水晒 처리를 한 결과 약 80%의 방사성세슘이 제거되었다고 보고하고 있다(渡部 등, 2013). 이 결과는 근육 중 대부분의 방사성세슘이 칼륨과 같이 이온화된 상태로 수용성 부분에 존재하고 있는 것을 시사하고 있다.

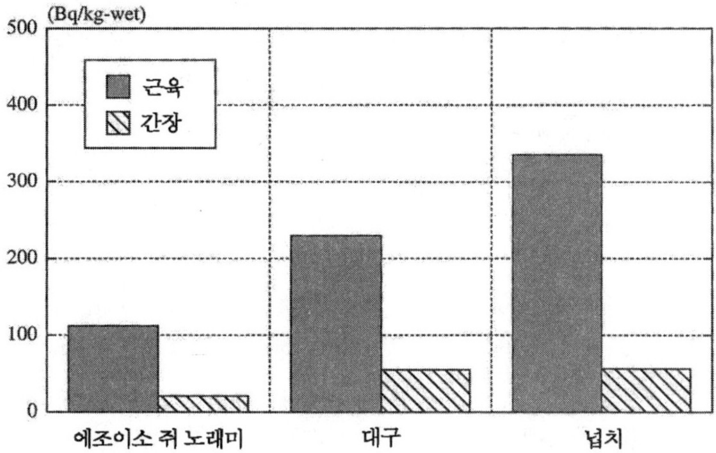

그림 4-3. 어류 근육과 간에 함유되어 있는 방사성세슘(^{134}Cs + ^{137}Cs) 농도의 비교, 자료는 이토우(伊藤) 등 (2013)에서 인용, 사용한 것은 2011년 자료의 일부.

슌코츠마루俊鶻丸 조사에 참가한 연구자들은 당시 성능이 나쁜 방사능 측정기로 미국의「캐슬테스트」에 의해 오염된 오염 어류의 주된 원인이 핵분열성 방사성원소가 아닌 유도성 방사성원소[26]인 망간-54(^{54}Mn), 철-55(^{55}Fe), 철-58(^{58}Fe), 아연-65(^{65}Zn)이라는 것을 밝혀냈다. 이들 방사성원소는 다랑어류의 아가미와 내장에서 높게 검출되었다. 내장에서 높았던 이유는 현재의 지식으로 추측하면 다랑어류의 먹이가 되는 오징어류

26) 유도성방사성원소 : 중성자 등과의 핵반응으로 생긴 핵종

의 간에 이들 방사성원소가 농축되어 있고, 그 오징어류가 위 내용물에 포함되어 있었고, 다랑어 자신도 간에 이들 방사성원소를 농축하고 있었기 때문이라고 생각된다. 슌코츠마루俊鶻丸 조사원들은 다랑어 근육중 방사능 농도가 낮은 것을 알게 되면서 채집한 다랑어의 근육을 선내에서 먹었다고 한다. 당시 오징어류의 간(중장선)에 존재한 고농도의 방사성원소의 핵종은 무엇인지 알 수 없다. 그러나 핵실험이 최성기最盛期를 맞이하는 약 10년 후에 오징어의 간에 코발트-60(^{60}Co)과 은-110m(^{110m}Ag)의 존재가 확인되었다(Folsom · Young, 1965). 오징어는 수명이 1년이고, 간에 이러한 방사성원소와 다른 중금속, PCB, TBT 등이 잘 농축되는 것을 이용하여 오징어를 지표생물로 한 스퀴드워치(squid watch)라고 불리는 조사가 수행되고 있다(梅津, 1998). 지금은 오징어뿐만 아니라 무척추동물(갑각류와 연체류)의 간(간췌장과 중장선)에는 코발트-60(^{60}Co), 은-108m(^{108m}Ag), 은-110m(^{110m}Ag), 플루토늄(Pu) 등이 검출되는 것이 알려져있다(Morita et al., 2010c). 이러한 생물종은 혈액 중에 헤모시아닌(hemocyanin)이라는 구리를 가진 색소단백질을 가지고 있고, 이 구리(Cu)가 은(Ag)으로 치환되어 간에서 은-108m(^{108m}Ag)과 은-110m(^{110m}Ag)이 검출되는 것으로 생각되고 있다. 그런데 미량으로 포함된 방사성세슘 등 방사성물질을 측정할 때 시료를 태워서 농축 후에 측정하는 것이 흔히 수행되고 있다. 보통 이 재灰는 확실히 회색이지만 두족류의 간으로 만들어진 재는 구리가 많이 포함되어 있기 때문에 옅은 청색이다. 무척추동물의 간에서 검출되는 플루토늄(Pu)과 코발트-60(^{60}Co)는 금속결합 단백질의 일종인 메탈로티오네인(metarotionein)에 흡착되어 있을 가능성도 시사되고 있지만 문어류의 아가미심장(branchial heart)[27]에서 코발트-60(^{60}Co)이 고농도로 검출되었으므로 코발트-60(^{60}Co)에 관해서는 은-108m(^{108m}Ag)과 은-110m(^{110m}Ag)처럼 헤모시아닌이 관여하고 있을 가능성이 높을 것으로 생각된다. 수산종합연구센터의 모니터링 조사에서 1986년부터 1989년까지 동중국해산 낙지의 간에서 코발트-60(^{60}Co)이 검출된

---

27) 아가미심장 : 오징어와 문어의 아가미의 기부基部에 있는 심장의 기능을 보조하는 펌프로서의 기능을 가진 기관

적이 있다. 그 후 검출되지 않는 기간이 계속되었지만 1995년도 이후부터 2005년도까지(1999년을 제외) 다시 검출되었다. 이 시기에 코발트-60(^{60}Co)이 검출된 것은 동중국해산 낙지뿐이고, 큐슈 연안과 다른 해역산의 낙지 및 문어에서는 검출되지 않았다. 이것으로부터 코발트-60(^{60}Co)의 오염원은 일본 연안에 존재하지 않는 것으로 생각되며, 이 코발트-60(^{60}Co)은 계속 검출되었지만 그 농도는 매년 감소 경향이 있었기 때문에 그 오염원은 고형물이 일회성으로 동중국해에 방출된 것으로 추측되었다. 그러나 그 오염원의 특정에는 이르지 못하였다(Morita et al., 2010d). 이러한 생물종의 특성을 잘 이해하고 있지 않으면 방사능오염에 대해서 정확한 평가를 내릴 수 없다. 또한 이러한 생물종의 특성을 이용하는 것으로 해수 중에 아주 미량 밖에 존재하지 않는 원소의 검출도 가능하게 된다. 예를들면, 대왕조개硨磲貝(Tridacninae)의 신장에는 망간(Mn), 아연(Zn), 니켈(Ni)이, 우렁쉥이의 혈액에서는 바나듐(V)이 고농도로 농축되어 있는 것이 알려져 있다(鈴木, 1994).

생물의 방사성세슘 농도는 흡수량과 배출량의 차이로 결정된다. 이 흡수 경로에는 먹이생물로부터와 환경수로부터 흡수되는 2개의 경로가 있지만 수권생태계에서 방사성세슘의 최초유입은 환경수이기 때문에 최종적으로 생물 중 방사성세슘 농도가 환경수 농도의 몇배가 되는 지를 나타내는 지표로서 농축계수(체내 중 농도/해수 중 농도)라는 지표가 흔히 사용된다(표 4-1). 이 지표는 생물이 실제로 환경수에 의해서만 직접 농축된 값이 아니며, 위에 서술한 2개의 경로로부터 흡수된 결과의 값이라는 것과 농축계수는 정확하게는 체내농도(생물상)과 수중 농도(수상) 사이에 평형관계가 성립하고 있는 상태에서 계산되지 않으면 안되는 것을 잊어서는 안된다. 농축계수를 다룰 때 주의할 점은 먹이생물과 그 포식자가 동일한 환경에 서식하고 있지 않는 경우와 뒤에 서술할 대상인 생물이 이동하는 경우가 있다는 것이다. 예를들면, 심해생물은 사망 후 심해로 낙하 침강하고 있는 중심층 생물 등을 주요한 먹이로 하고 있지만 그 먹이생물과 심해어의 서식수심의 환경수의 방사성세슘 농도가 다르기 때문에 단순히 심해어의 농축계수를 계산하면 극단적으로 큰 값이 되어버린다. 결코 심해어가 방사성물질을 고농도로 농축하는 능력을 가지고 있는 것은 아니다(吉田, 1999).

(4) **계통군을 고려**

야생생물에는 지역 개체군(regional population)이라는 개념이 존재하지만 수산학 분야에서는 이것을 계군이라고 한다. 계군이란 같은 종이기는 하지만 산란장, 산란시기, 분포범위, 회유경로 등이 서로 다른 독립성이 높은 지역집단으로 정의되어 있다. 계군이 달라도 종으로는 동일 종이기 때문에 당연히 그 생리기작은 동일하다고 생각된다. 따라서 분포해역이 다른 계군 사이에 방사능 농도의 차이가 생기면 그것은 해역차이라고 말할 수 있다. 여기서는 이러한 계군을 이용한 연구 예를 하나 소개하겠다. 일본 주변에 서식하는 명태에는 동해 북부계군, 오호츠크해 남부계군, 네무로根室해협계군, 태평양계군이라는 계군이 존재하고 있는 것으로 알려져 있다. 2000년도에 북부동해계군, 오호츠크해 남부계군, 네무로해협계군에서 채집된 명태 근육 시료 중 세슘-137(^{137}Cs)의 농도가 그때까지 보다 약간 상승하였고, 그 다음해에는 원래의 수준으로 돌아왔다(그림 4-4). 한편, 태평양계군과 농도가 상승한 명태가 채취된 해역의 다른 수산물의 세슘-137(^{137}Cs)은 상승하지 않았던 것, 북부동해계군은 넓은 범위를 회유하는 것, 그 회유범위 등을 고려하면 농도를 상승시킨 오염원은 일본 연안에는 존재하지 않으며, 명태가 동해를 회유하던 중에 다른 국가의 연안에서 흡수된 것으로 결론지어 졌다(Morita et al., 2007). 이 결과는 조사를 수행하기 어려운 해역에도 해양생물의 회유 특성을 이용하여 조사를 수행할 수 있는 가능성을 나타내고 있다. 또한 위에서 서술한 3가지 계군에 대해 동시에 세슘-137(^{137}Cs) 농도가 상승했다고 하는 것은 이들 3계군의 분포·회유해역이 일부 겹치고 있다는 것을 시사하고 있다. 이번 사고에서도 방사성세슘에 오염된 어종의 이동이 발견되고 있다. 2012년에 아오모리현青森県산 대구 근육으로부터 100Bq/kg·wet를 초과하는 방사성세슘이 검출되어 출하제한조치가 한때 이루어졌던 적이 있다(수산청, 2014). 그러나 아오모리현青森県

해역이 오염된 것은 아니다. 다른 수산물 검사 결과와 지금까지 알려져 있던 대구의 생태학적 지식으로부터 오염된 대구가 아오모리현青森県 해역을 회유하고 있었던 것으로 생각된다. 또한 참다랑어 치어의 일부는 태평양을 횡단하여 미국 서해안에 도달하는 것이 이전부터 알려져 있었지만 캘리포니아 앞바다에서 채취된 참다랑어 치어에서 후쿠시마 제1원자력발전소 유래의 방사성세슘이 극미량(Cs-134: 4.0±1.4 Bq/kg · dry) 검출되어 그 횡단이 재확인되었다(Madigan et al., 2012).

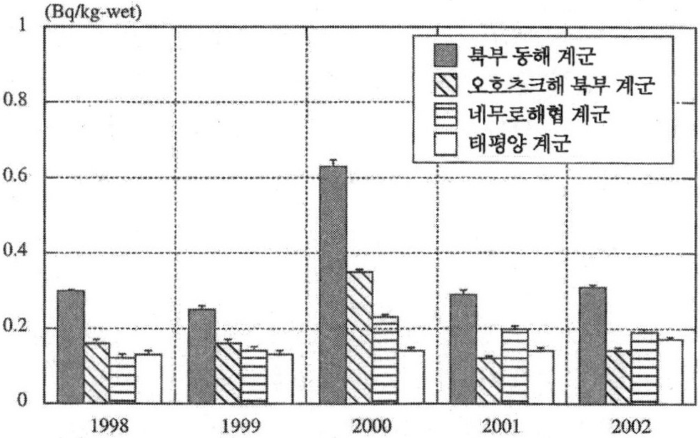

그림 4-4. 명태 근육 중 세슘137(^{137}Cs)의 농도. 자료는 Morita et al. (2007)에서 인용

4.4 후쿠시마 제1원자력발전소 사고의 영향

1) 수산물 측정값의 시계열적, 공간적 변동

후쿠시마현福島県부터 이바라키현茨城県에 걸친 연안역에는 연중 남쪽으로 향하는 해류가 탁월하다. 이 흐름은 카시마나다鹿島灘 남부 근처에서 떨어져 나와 쿠로시오 속류라고 불리는 흐름을 따라서 동쪽으로 향한다. 별도의 항에서 소개되어 있는 것과 같이 후쿠시마 제1원자력발전소 2호기로부터 수일간 누출된 고농도 방사성세슘을 포함한 오염수의

대부분이 이 해류에 의해 원자력발전소의 남쪽 연안을 따라서 흘러 가고, 그 후 동쪽으로 흘러간 것으로 생각된다. 이러한 양상은 몇몇의 컴퓨터 시뮬레이션 결과에서도 나타나 있기 때문에 본 사람도 있을 것이다. 이러한 오염수의 흐름에 의해 수산물 및 오염상황은 원자력발전소의 남쪽과 연안쪽이 심각하게 되었다. 이 방사성세슘을 포함하는 오염수는 표층을 떠다니는 까나리와 멸치 등의 치어를 직접 오염시킨 후 확산·희석된 후 방사성세슘 농도가 감소하였지만 농도가 감소하기 전에 일부의 방사성세슘은 해양을 부유하는 현탁입자에 흡착되어 해저로 침강하였다. 또한 표층생태계로 유입된 방사성세슘도 시간의 경과와 더불어 생물의 배설물 및 사체와 함께 해저로 침강된다. 이렇게 침강입자에 의해 방사성세슘이 급속히 표층으로부터 제거되는 과정은 체르노빌 사고시에도 보고되어 있다. 또한 방사성세슘을 흡착한 입자가 표층으로부터 침강하여 해저에 퇴적되는 것과는 별개로 해저부근에서 오염수가 해저퇴적물 또는 재현탁물에 직접 접촉되어 방사성세슘이 직접 해저퇴적물에 흡착되는 경로도 있었을 것으로 생각된다.

후쿠시마현福島県의 수산물은 후쿠시마현 수산시험장에서 열심히 모니터링하여 상세한 자료를 홈페이지에 공개하고 있다(福島県 水産試験場, 2014). 그림 4-5에 그 결과의 일부를 나타내었다. 개요를 설명하면, 후쿠시마 제1원자력발전소로부터 남측 해역(구역 6, 7, 8, 9)에서 채취된 수산물의 오염도는 높았고, 북측 해역(구역 1, 2, 3, 4)은 낮았다. 또한 앞바다(구역 2, 4, 5-2, 7, 9)보다도 연안역(구역 1, 3, 5-1, 6, 8)쪽이 오염도가 높은 경향이 있었다. 더욱이 남측에서는 후쿠시마 제1원자력발전소에 가까울수록(구역 6) 오염도가 높은 것을 알 수 있다.

이 그림 4-5가 나타내는 것처럼 오염은 후쿠시마현福島県 해역내에서도 균일하지 않고, 앞바다와 같이 오염도가 낮은 해역이 존재하는 것을 알 수 있다. 이러한 오염의 불균일성이 이번 사고의 특징이라고 할 수 있다. 지금까지 일본이 경험했던 핵실험과 체르노빌 사고 등에 의한 해양방사능 오염에서는 그 오염원이 먼 곳에 존재하고 있었고, 방사성물질이 일본에 도달하는 시점에는 광범위하게 균일화되었기 때문에 일본

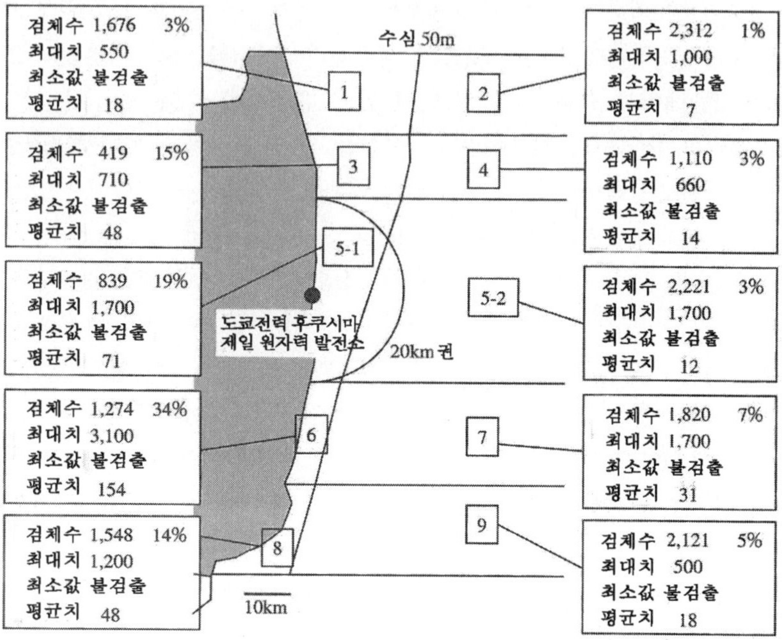

그림 4-5. 후쿠시마현에 의한 조사 해역 및 구역별 방사성 Cs(^{134}Cs+^{137}Cs) 농도(Bq/kg-wet)와 기준값(100Bq/kg-wet) 초과율(%). 자료는 후쿠시마현 수산시험장(2014)로부터 인용. 2012년 1월 1일부터 2014년 3월 31일까지의 조사결과. 평균값 산출에는 불검출 자료는 0으로 계산되어 있다. 20km 권내에 설정된 경계구역은 2013년 5월 28일에 모두 해제되었다.

주변의 수산물은 낮은 농도로 광범위하게 오염된 경우가 대부분이었다. 이 때문에 해양생태계의 먹이망에서는 영양단계의 높이에 따라서 방사성세슘 농도에 작은 차이가 나타났다(笠松, 1999). 한편 이번 후쿠시마 제1원자력발전소 사고의 영향은 오염원이 일본에 존재하고 있기 때문에 그 오염원에 가까울수록 수산물의 오염정도는 커졌다(根本 등, 2012; Wada et al., 2013). 예를들면, 이것이 후쿠시마현福島県과 미야기현宮城県과 같이 인접한 현에서 동일 어종내의 방사성세슘 농도에 차이를 일으키는 요인이 되었다. 인접한 현뿐만 아니라 위에 설명한 것처럼 고농도의 방사성세슘을 함유한 오염수가 후쿠시마 제1원자력발전소의 남측 연안을 따라 흐르는 등 불균일한 분포를 하였기 때문에 후쿠시마현 해역내의 좁은 범위의 동일 어종에서도 방사성세슘 농도에 큰 차이를 일으키고 있다. 예를들면, 2013년 11월 17일에 후쿠시마현 이와키시 요쯔쿠라四倉 연안(니이다강仁井田川 하구 앞바다 약 400m, 후쿠시마 제1원자력발전소로부터 직선거리로 약 37km 남쪽)에서 채취된 감성돔 1개체의 근육부로부터 12,400Bq/kg · wet의 방사성세슘이 검출되었다. 그러나 완전히 같은 날 같은 장소에서 채취된 감성돔 6개체의 농도는 33.2~57.7Bq/kg · wet의 범위에 있다. 이러한 동일 어종 내에서의 농도 변동은 후쿠시마 제1원자력발전소 사고 이전에 먹이망 내에서 근소하게 보여졌던 방사성세슘(Cs) 농도의 차이를 완전히 덮어서 보이지 않게되었다. 즉, 오염수가 확산 · 희석되기 전의 고농도 상태였을 때에 어디에 분포하고 있었는지가 그 어류(개체)의 오염도를 결정한다는 것이다. 향후 시간이 경과함에 따라 이 불균일한 오염이 균일화 되어 영양단계의 높이에 따라 농도의 차이가 나타날 것으로 생각되지만 그 시기는 보다 미래의 일이라고 생각된다.

표 4-2. 후쿠시마현산 수산물 중 세슘[*1]의 기준값(100 Bq/kg · wet) 초과율

분류군		2011년도	2012년도	2013년도
부유어(浮魚)	4~9월	37.5%	0.63%	0.00%
	10~3월	0.76%	0.34%	0.00%
저서어(底魚)[*2]	4~9월	47.6%	23.8%	4.53%
	10~3월	37.4%	11.6%	2.35%
해조류	4~9월	79.2%	0.00%	0.00%
	10~3월	4.00%	0.00%	0.00%
무척추동물	4~9월	32.1%	0.78%	0.00%
	10~3월	8.20%	0.00%	0.00%

[*1] 방사성세슘은 ^{134}Cs과 ^{137}Cs의 합산값. [*2]농어는 저서어류에 포함되었음. 자료는 수산청(2014)에서 인용

저서어류 이외의 수산물은 2011년도 후반기에는 방사성세슘 농도가 급속히 감소하고, 2012년도에는 기준값을 초과하는 비율이 모두 1.0%

를 밑돌고 있었다(표 4-2). 위에서 설명한 과정에 의해 방사성세슘은 해수로부터 급속히 제거되었기 때문에 표층생태계에 속하는 수산물의 방사성세슘 농도도 빠르게 감소하였다. 예를들면, 그림 4-6에 나타낸 것처럼 후쿠시마현의 멸치 등의 치어에서는 2011년 5월 13일에 850 Bq/kg · wet의 방사성세슘($^{134}Cs+^{137}Cs$)이 검출되었지만 2011년 9월 14일에는 검출 하한값 이하로 되었다(根本 등, 2012; Wada et al., 2013) (그림 4-6). 표층을 부유하는 까나리(까나리 치어)와 멸치 등의 치어는 후쿠시마 제1 원자력발전소로부터 대기로 방출된 방사성세슘의 해양 표층으로의 강하의 영향도 받았을 것으로 생각되지만 현재는 대기로부터의 강하물과 직접 누출된 오염수로부터의 영향을 명확하게 구별한 연구보고는 없다. 더욱이 먹이망에서 높은 영양단계에 위치하여 향후 고농도로 오염될 것으로 지적되었던 다랑어류에서도 지금까지 검출된 최고농도(세슘-134(^{134}Cs) + 세슘137(^{137}Cs))는 2011년 10월 5일(공표일)의 후쿠시마현 앞바다의 참다랑어 근육의 41 Bq/kg · wet이다(수산청, 2014). 이것은 고농도의 방사성세슘이 이러한 높은 영양단계에 위치한 생물로 이동하기 전에 고농도 오염수가 확산 · 희석된 것, 표층생태계의 원소 순환(cycle)에서 대부분의 방사성세슘이 위에 서술한 침강입자와 함께 이탈했기 때문이다. 향후 새롭게 대량의 방사성물질이 대기중으로 방출되거나 고농도 오염수가 해양으로 유입되지 않는 한 부유어류의 오염이 심각하게 되는 일은 없을 것으로 생각된다.

해조류와 무척추동물(연체동물, 갑각류)도 2011년도 후반부터 기준값을 초과하는 비율이 급속히 감소하였다(표 4-2). 해조류는 육상식물과 같이 해저토로부터 영양소를 흡수하고 있는 것이 아니다. 바다 속에 매달아서 양식되고 있기 때문에 영양소를 해수로부터 흡수하고 있는 것을 알 수 있을 것으로 생각된다. 이 때문에 해수 중 방사성세슘 농도가 낮아지면 해조류의 방사성세슘 농도도 낮아진다. 또한 무척추동물도 그 생리기구상 방사성세슘 농도가 빠져나가기 쉬운 것으로 생각되고 있으며(森田, 2013), 해수의 방사성세슘 농도가 낮아진 것에 의해 그림 4-7에 나타난 함박조개처럼 이미 농도가 낮아져 있었다.

저서어류에서는 아직까지도 확실히 높은 방사성세슘이 검출되는 종이 있지만 기준값을 초과하는 비율은 이미 2.35% 밖에 되지 않는다(표 4-2).

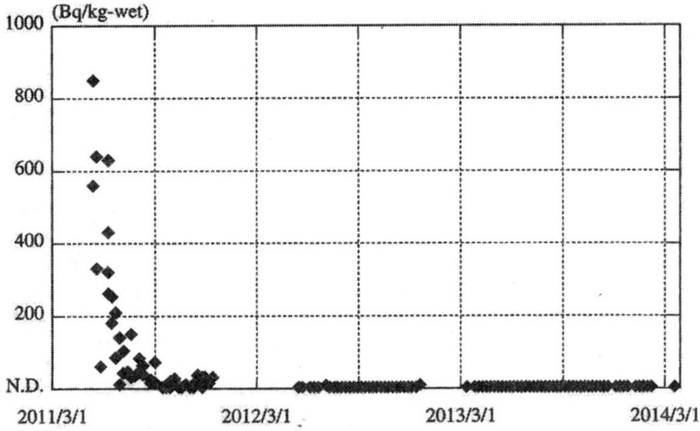

그림 4-6. 후쿠시마현산 멸치 등의 치어의 방사성세슘($^{134}Cs+^{137}Cs$) 농도의 시계열변화. 자료는 수산청(2014)에서 인용. N.D.는 검출하한값 이하를 나타냄.

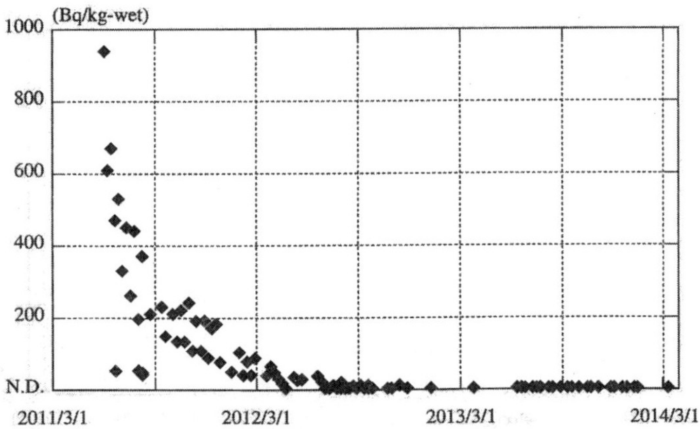

그림 4-7. 후쿠시마현산 함박조개의 방사성세슘($^{134}Cs+^{137}Cs$) 농도의 시계열변화. 자료는 수산청(2014)에서 인용. N.D.는 검출하한값 이하를 나타냄.

또한 위에서 설명한 것처럼 앞바다에서는 오염도가 낮았기 때문에 앞바다에 서식하는 저서 어류의 오염 정도는 낮은 것도 알고 있다(그림 4-5). 돌가자미는 비교적 얕은 해역에 서식하지만 눈가자미는 수심이 깊은 곳에 서식하는 것이 알려져 있다. 이 서식 수심역의 환경오염도를 반영하여 방사성세슘 농도에 큰 차이가 보인다(그림 4-8). 눈가자미는 사고 이후 농도가 낮은 수준이 계속되었고, 현재는 대부분의 검체가 검출 하한치 이하가 되었다. 일생을 거의 같은 수심대에서 서식하는 어종이 많지만 계절(해수온도)에 따라서 깊거나 얕은 곳으로 이동하는 어종도 많이 알려져 있으며, 그 대부분이 저수온기에 천해로 이동하는 종류이다. 홍가자미도 산란하기 위해 봄철에 천해역으로 이동 · 분포한다. 2011년 4월 당시 확산 · 희석되기 전의 고농도 오염수가 후쿠시마현 연안부에 존재하고 있었고, 이 시기는 표층으로부터의 고농도 오염 침강입자도 많이 존재하고 있었다고 생각된다. 동시에 근해성의 가자미류인 홍가자미와 눈가자미를 비교하면 홍가자미 쪽에서 비교적 높은 농도의 방사성세슘이 검출되고 있다(그림 4-8). 사오토메早乙女 등은 2011년 2월의 수온분포도로부터 2011년 4월 당시의 홍가자미는 산란하기 위해 천해역으로 이동 · 분포하고 있었고, 이때에 오염된 것으로 추측하고 있다(早乙女 등, 2014). 이렇게 깊거나 얕은 곳으로 이동하는 어종의 각 개체 모두가 함께 깊거나 얕은 곳으로 이동하는 것이 아니기 때문에 오염된 개체가 깊은 곳으로 돌아간 후 오염되지 않은 개체와 혼합된 것으로 생각된다. 이것이 또한 동일 어종에서도 방사성세슘 농도에 큰 변동이 보이는 원인이라고 말할 수 있다. 그러면 오염도가 높은 천해에 매년 근접할 때 마다 오염되는가 하면 그렇지는 않다. 나리마쯔成松 등은 일부 한살 이상의 대구는 저수온기에 천해역에 분포하지만, 2011년급[28]의 대구부터는 거의 방사성세슘이 검출되지 않았던 것으로부터 오염되어 있는 대구는 2011년 봄철에 천해로 이동한 것이고, 2011년급의 대구는 천해로 이동해도 오염되어 있지 않다고 고찰하고 있다(水産総合セン

28) 연급(年級) : 어떤 년도에 태어난 어류의 무리

タ一, 2014).

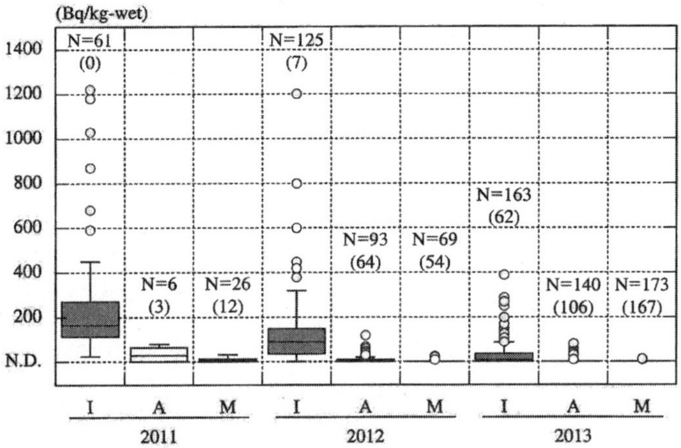

그림 4-8. 후쿠시마현산 돌가자미(I), 홍가자미(A), 눈가자미(M)의 방사성 세슘(^{134}Cs+^{137}Cs) 농도의 비교. 자료는 수산청(2014)에서 인용. N.D.는 검출하한값 이하를 나타냄. N은 검체수, 괄호안의 숫자는 N.D.의 검체수

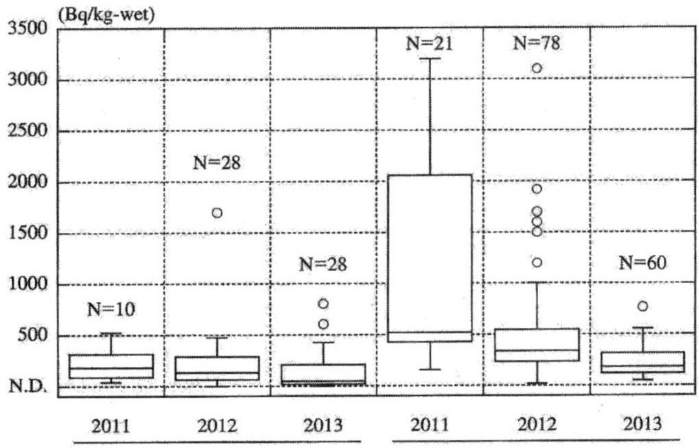

그림 4-9. 후쿠시마 제1원자력발전소 북쪽 및 남쪽해역의 후쿠시마현산 청볼락의 방사성세슘(^{134}Cs+^{137}Cs) 농도의 비교. 자료는 수산청(2014)에서 인용. N.D.는 검출하한값 이하를 나타냄. N은 검체수, 괄호안의 숫자는 N.D.의 검체수

후쿠시마 해역을 중심으로 해저에는 방사성세슘을 함유한 해저토가 대량으로 퇴적되어 있다. 이 때문에 일반적으로는 벤소스(benthos)라고 불리는 갯지렁이와 같은 저서생물을 통하여 넙치와 가자미와 같은 저서어류의 오염이 진행되는 것으로 생각되지만 그렇지는 않다. 지금까지의 조사결과에서 해저토의 방사성세슘은 저서어류의 오염을 진행시키는 것은 아니고 오염의 저감을 지연시키는 것으로 생각되고 있다. 오염의 저감이 느린 저서어류의 대표자로서 암초성 어류인 청볼락을 들 수 있다. 그러나 이 종에서도 농도는 꾸준히 감소하고 있다(그림 4-9). 또한 그림 4-9로부터 후쿠시마 제1원자력발전소의 남북해역에서 청볼락의 방사성세슘 농도에 큰 차이가 있다는 것을 알 수 있다. 특히 2011년에는 그 차이가 극단적으로 컸지만 해마다 그 오염은 경감되어 점차 남측해역에서도 북측해역과 같은 정도로 가까워지는 것을 알 수 있다. 또한 남부해역과 비교하면 원래 오염도가 낮았던 북측해역에서도 오염이 서서히 저감하고 있는 것을 알 수 있다.

표 4-3. 해저토로부터 해양생물로의 세슘-137(^{137}Cs)의 이동율

종명	이동율(%)
홍조류(Cyrtymenia sp.)	6.9
이매패류(Gomphina melanaegis)	4.5
심해성 해삼류(Scotoplanes globosa)	4.0

자료는 모리타(森田, 2011)에서 인용

그러면 해저토가 오염되어 있는데도 불구하고 왜 저서어류의 오염이 저감하고 있었을까? 육상에서 방사성세슘은 점토광물에 매우 강하게 흡착되는 것이 알려져 있고, 물과 산(acid)을 가해도 거의 용출되지 않는 것이 잘 알려져 있다(田中 등, 2013). 해수로부터 해저토로의 방사성세슘의 이동계수가 2,000~4,000(해저토의 농도/해수의 농도)이나 되므로(IAEA, 2004), 해저에서도 육상과 같이 방사성세슘은 강하게 해저토의 점토광물에 흡착되는 것으로 생각되고 있다(森田, 2013). 또한 해저토에서 저서생물로 방사성세슘의 이동율(생물의 농도/해저토의 농도)는

대단히 작아서 0.040~0.069 정도 밖에 되지 않는 것도 이전부터 알려져 있다(표 4-3). 이와같이 말하면 역으로 왜 저서어류의 오염이 더욱 빠르게 저감되지 않는가라고 생각될지도 모른다. 지금까지의 연구에서 해저바로 위의 현탁물의 방사성세슘 농도와 찰가자미 근육의 방사성세슘 농도에 상관관계가 보이는 것(水産総合センター, 2012), 이바라키茨城현 앞바다의 해저토의 방사성세슘의 20%는 난분해성 부분(점토광물 등에 흡착되어 있는)에 포함되지 않는다는 것(Otosaka and Kobayashi, 2013)을 알고 있다. 즉 저서어류에서 높은 농도의 방사성세슘이 검출되는 해역에서는 방사성세슘이 점토광물 등에 충분히 흡착된 상태가 아닌 것으로 추측된다. 그러나 저서어류의 오염이 꾸준히 저감하고 있다는 사실로부터 해저토의 방사성세슘은 서서히 점토광물 등에 흡착되어 저서어류에 흡수되는 방사성세슘량이 감소해 가는 것으로 생각된다. 물론 오염된 해저토가 해류에 의해 앞바다로 흘러가거나 새로운 퇴적물이 오염해저토의 위에 피복되는 것에 의한 저감효과도 있을 것으로 생각된다. 저서어류의 먹이인 benthos의 방사성세슘 농도도 조사되어 있지만 그 채취지점의 해저토 중 방사성세슘 농도와 명확한 상관관계는 없고, benthos의 방사성세슘 농도는 그 체표면体表面 또는 소화관내에 흡수된 해저토의 방사성세슘의 영향을 강하게 받는 것으로 보고되어 있다(水産総合センター, 2014). 더욱이 이 소화관내의 해저토의 대부분이 배출되어 있는 것도 알려져 왔다. 이러한 결과로부터 해저토로부터 직접 또는 먹이생물인 benthos를 통하여 저서어류로 이동하는 방사성세슘의 양은 수% 정도 밖에 없는 것으로 생각된다. 그런데 해저토의 방사성세슘은 서서히 점토광물 등에 흡착된다고 말했지만 그 흡착기구는 명확하지 않다. 해수에는 다량의 안정세슘이 함유되어 있고, 예를들면, 세슘-137(^{137}Cs)의 농도가 1Bq/L의 해수에는 세슘-137(^{137}Cs)이 3.0×10^{-13}g/L 함유되는 것으로 되지만, 안정세슘인 세슘-133(^{133}Cs)은 외양해수에 평균 3.0×10^{-7}g/L정도 함유되어 있다. 이들 안정세슘과 경합하면서 어떻게 바다 속에서 방사성세슘이 점토광물에 흡착되는지는 앞으로 해명할 과제이다.

2012년 1월 동경만의 해저토에서도 높은 농도의 방사성세슘이 검출되는 것이 TV 방송에 소개되어 동경만의 수산물 오염이 우려되었지만 현재까지 동경만의 수산물로부터 높은 농도의 방사성세슘이 검출된 것은 없다(水産庁, 2014). 이것은 동경만의 해저토의 방사성세슘의 대부분은 육상에서 강하한 것이 하천 등을 경유하여 바다로 유입된 것이기 때문에 그 과정에서 이미 점토광물 등에 흡착되었기 때문이라고 생각된다.

2) 향후에 대해서

2013년도 이후 기준값을 초과한 어종은 쥐노래미, 돌가자미, 불볼락, 돌대구, 쏨뱅이, 누루시볼락, 볼락, 감성돔, 홍어, 청볼락, 농어, 강도다리, 찰가자미, 넙치, 성대, 별상어, 문치가자미, 양태, 대구, 물가자미, 개볼락, 홍감펭 등 합계 22종이다(水産庁, 2014). 해역은 이바라기현茨城県, 후쿠시마현, 미야기현宮城県의 3개 해역뿐이고, 이 중 이바라기현茨城県 해역은 홍어, 농어, 대구 등 3개 어종, 미야기현宮城県 해역에서는 감성돔, 넙치 등 2종 뿐이다[2015년 4월 이후 기준치를 초과한 어종은 없다 (2016년 11월말 현재)]. 후쿠시마현에서도 지금까지 안정적으로 방사성세슘 농도가 낮은 것이 확인되어 있는 어종을 중심으로 시험조업이 이루어지고 있다. 후쿠시마현 해역에서도 방사성세슘의 농도가 꾸준히 감소하고 있다는 것을 서술하였다(표 4-2). 또한 여기에 추가하여 넙치와 대구 등에서 사고 후에 태어난 개체는 오염도가 낮은 것도 알려져 있다(水産総合センター, 2014). 어류 중에는 오래 사는 것도 있지만 대부분의 어종은 그만큼은 긴수명이 아니다. 향후, 점차로 사고 후에 태어난 세대가 증가할수록 오염도의 저감이 보다 한층 더 진행될 것으로 생각된다. 또한 후쿠시마현에서는 후쿠시마 제1원자력발전소 사고 이후 시험조업을 제외한 모든 연안어업, 저인망어업의 자숙이 이루어졌다. 이 때문에 수산자원이 증가하고 있다는 보고도 있다. 방사능 오염에 의한 소문 피해를 극복하는 것 뿐만 아니라 증가한 수산자원을 적절하게 관리하면서 수산업을 부흥시킨다는 어려운 과제의 해결이 수산업계에 기대되고 있다.

참고문헌

International Atomic Energy Agency(2004): Sediments Distribution Coefficients and Concentration Factors for Biota in Marine Environment. IAEA Technical Reports Series No. 422, 95pp.

伊藤貴之・西宗敦史 (2013) : 魚類について放射性セシウムの局在性について, 福島水試年報 第16号, 115~ 117.

梅津武司 (1998) : スクイッド・ウォッチ, 沿岸の環境圈(平野敏行監修), KK フジ・テクノシステム, 911~ 920.

Otosaka S., and T. Kobayashi (2013) : Sedimentation and remobilization of radiocesium in the coastal area of Ibaraki, 70 km south of the Fukushima Dai-ichi Nuclear Power Plant, *Environmental Monitoring and Assessment,* 185, 5419~5433.

笠松不二男 (1999) : 海産生物と放射能-特に海産魚中 137Cs濃度に影響を与える要因について-, *Radioisotopes*, 48, 266~282.

早乙女忠弘・山田 学・水野拓治 (2014) : 沖合性底魚類における深浅移動の海況の関係-アカガレイ-の事例 平成25年度東北ブロック水産海洋連絡会報, 44, 52~54.

水産総合研究センター (2012) : 放射性物質影響解明調査事業報告書, http://www.fra.affrc.go.jp/eq/ Nuclear_accident_effects/final_report.pdf, (2014年4月 時点).

水産総合研究センター (2014) : 平成25年度 放射性物質影響解明調査事業報告書, http://www.fra.affrc.go.jp/eq/Nuclear_accident_effects/final_report25.pdf, (2014年4月 時点).

水産庁 (1975) : 放射性個体廃棄物の海洋処分に伴う海産生物などに関する調査報告書(昭和 47~49 年度), 105pp.

水産庁 (2014) : 水産物の放射性物質調査の結果について, hppt://www.jfa.maff.go.jp/j/housyanou/kekka.html, (2014年4月 時点).

鈴木 譲 (1994) : 海洋における放射性物質の生物濃縮, 保険物理, 29, 134-137.

田中万也・城口 綾・岩谷北斗・高橋嘉夫 (2013) : 福島第一原子力発電所事故由來の放射性セシウムの移行挙動とミクロスケールで不均質性, 放射化学, 27, 12-19.

Folsom R., Young R.(1965) : Silver-110m and cobalt-60 in oceanic and coastal organisms, *Nature*, 206, 803~806.

福島県水産試驗場 (2014) : 魚介類の放射線モニタリング検査結果, http://www.pref.fukushima.lg.jp/sec/37380a/gyokai-monitoring.html, (2014年4月 時点)

Madigan D.J., Baumann Z., Fisher N.S. (2012) : Pacific bluefin tuna transport Fukushima-derived radionuclides from Japan to California, *Proc. Natl. Acad. Sci.* USA, 24, 9483~ 9486.

南迫洋子・梅津武司 (1983) : 東海村沿岸域の海産生物中のルテニウム106濃度, 東海区水産研究所研究報告, 109, 1-25.

三宅康雄 (1969) : 核兵器と放射能, 新日本出版社, 206pp.

三宅康雄 (1972) : 死の灰と闘う科学者, 岩波書店, 198pp.

Morita T., Fujimoto K., Minamisako Y., Yoshida K. (2007) : Detection og high concentrations of ^{137}Cs in Walleye pollock collected in the Sea of Japan. *Mar. Pollut. Bull.*, 54, 1293~ 1300.

Morita T., Niwa K., Fujimoto K., Kasai H., Yamada H. (他 14名) (2010a) : Detection and activity of iodine-131 in brown algae collected in the Japanese coastal areas, *Sci. Total Environ.*, 408, 3443~3447.

Morita T., Fujimoto K., Kasai H., Yamada H. Nishiuchi K. (2010b) : Temporal variations of ^{90}Sr and ^{137}Cs concentrations and the ^{137}Cs/^{90}Sr activity ratio in marine brown algae, Undaria pinnatifida and Laminaria longissima, collected in coastal areas of Japan, *J. Environ. Monit.*, 12, 1179~1186.

Morita T., Ohtsuka Y., Fujimoto K., Minamisako Y., Iida R. (2010c) : Concentrations of ^{137}Cs, ^{90}Sr, ^{108m}Ag, $^{239+240}$Pu and atom ratio of ^{240}Pu/^{239}Pu in tanner crabs, Chionoecetes japonicus and Chionoecetes opilio collected around Japan, *Mar. Pollut. Bull.*, 60, 2311-2322.

Morita T., Otosaka S., Fujimotò K., Nishiutch K., Kimoto K. (他2 4名) (2010d) : Detection and temporal variation of ^{60}Co in the digestive glands of the common octopus, vulgaris, in the East China Sea, *Mar. Pollut. Bull.*, 60, 1193-1199.

森田貴己 (2011) : 水産物と放射能汚染, ていち, 120, 34-45.

森田貴己 (2013) : 海洋生物の放射能汚染と将來影響, 水環境学会誌, 36, 99-103.

根本芳春・島村信也・五十嵐敏 (2012) : 福島県における水産生物などへの放射性物質の影響, 日本水産学会誌, 78, 514-519.

渡部終五・松岡洋子・中谷操子・潮　秀樹・根本芳春・佐藤美智男・田野井慶太朗・中西友子 (2013) : すり身製造における水晒し工程を利用した魚肉中の放射性セシウムの低減法, Radioisotopes, 62, 31-38.

Wada T., Nemoto Y., Shimamura S., Fujita T., Mizuno T. (他4名) (2013) : Effects of the nuclear disaster on marine products in Fukushima, *J. Environ. Radioact.*, 124, 246-254.

Yamamoto M., Ishiguro T., Tazaki K., Komura K., Ueno K. (1996) : Np-237 in hemp-palm leaves of bontenchiku for fishing gear used by the 5th Fukuryu-maru-40 years after "Bravo", *Health Phys.*, 70, 744-748.

吉田勝彦 (1999) : 深海域へのCs-137の生物輸送-シンカイヨロイダラ(Coryphaenoides yaquinae)をめぐって- 海洋と生物, 122, 210-218.

제5장 후쿠시마 제1원자력발전소 사고시의 해양확산 시뮬레이션

츠무네 다이스케 (津旨大輔)

동경전력 후쿠시마 제1원자력발전소 사고에 유래한 방사성물질에 의한 해양오염의 실태 해명에 대해서 해양확산 시뮬레이션[29)]에 의한 대처도 이루어 졌다.

2011년 4월 12일에는 문부과학성에 의해서 해양연구개발기구가 개발한 해양모델 JCOPET를 이용한 해역에서 방사성물질 농도의 시뮬레이션 결과가 공표되었다(http://radioactivity.nsr.go.jp/ja/list/267/list-1.html). 또한 2011년 5월 21에는 동경전력에서 당시의 경제산업성 원자력안전 · 보안원으로 제출한 자료로서 해양확산 시뮬레이션 결과가 보고되어 있다(http://www.tepco.co.jp/cc/press/betu11_j/images/110521g.pdf). 이와 같이 초기단계에서의 사고대응으로서 해양의 시뮬레이션에도 일정의 역할이 요구되고 있었다는 것을 알 수 있다. 해양에서 확산현상을 비쥬얼하게 설명 · 이해하기 위해서는 중요한 자료로 되어 있었다. 다만 문부과학성으로부터의 보고에서도 주의서가 있듯이 반드시 실측값을 보증하는 것은 아니며, 향후 실측값을 확인하면서 검증을 할 필요가 있다고 하는 위치에 놓여 있었다.

후쿠시마 제1원자력발전소 사고에 의한 해양오염에 관한 시뮬레이션의 목적은 관측 자료를 해석하기 위한 것이라고 할 수 있다. 당초에 해양으로 어느 정도의 방사성물질이 어떻게 누출되었는가는 관측되지 않았다. 해양에서의 관측 자료를 상황증거로서 받아들여 누출 시나리오를

29) 시뮬레이션이란 : 이 경우는 복잡한 현상을 비교적 간단한 수식모델로 나타내어 컴퓨터의 계산속도를 이용하여 다양한 조건을 제공하여 인과관계를 밝히고, 구조를 이해하기도 하고, 예측하기도 하는 기술. 주어진 수식모델의 타당성이 문제가 되어 동일 현상에 대해서 다양한 모델이 제안되는 경우가 있으며, 실제의 관측자료와 시뮬레이션에 의한 계산결과의 정합성이 문제가 된다.

추정할 수 밖에 없다. 그 때 시뮬레이션은 유효한 도구가 된다. 또한 시뮬레이션에 의해서 미래 예측도 가능하게 된다. 그러나 미래예측 결과는 설정 조건에 크게 의존한다. 현재도 후쿠시마 제1원자력발전소의 오염수 문제는 해결되어 있지 않았다. 미래의 누출 위험 설정을 어떻게 하는가에 따라서 미래예측 결과는 크게 바뀐다. 시뮬레이션에 의해 답을 내는 것은 간단하지만 관측에 의해 적절한 검증이 이루어질 필요가 있다. 후쿠시마 제1원자력발전소 사고의 평가에서도 검증이 불충분한 설정 조건에 의해 오염상황을 과대하게 평가하였던 사례도 존재한다. 후쿠시마 제1원자력발전소 사고의 해양오염 시뮬레이션에서 우선은 관측 결과와의 비교에 의한 실태 해명이 필요하게 된다. 예를들면, 온난화의 미래예측 시뮬레이션은 직접적인 검증이 불가능한 것이다. 따라서 IPCC(기후변동에 관한 정부간 패널)에서는 복수의 모델을 상호비교 하여 모델간의 분산을 고려한 후에 합의를 얻기 위한 논의를 하고 있다. 시뮬레이션 결과에는 반드시 오차가 포함되어 있다. 특히 후쿠시마 제1원자력발전소 사고에 의한 해양오염과 같이 충분한 검증 자료가 존재하지 않는 경우는 단일 시뮬레이션이 아닌 복수의 모델 간 상호비교도 중요하게 된다.

여기서는 후쿠시마 제1원자력발전소 사고에 대한 해양 확산 시뮬레이션의 주된 경과를 정리하고, 향후 대처의 가능성에 대해서도 서술하겠다. 해양의 경우는 장기적인 영향이 문제가 되므로 여기서는 세슘-137(^{137}Cs)을 대상으로한 시뮬레이션 결과를 거론하겠다. 또한 어업에 대한 영향평가가 목적이 되므로 주로 연안역의 모델을 거론하겠다.

5.1 후쿠시마 앞바다의 모델화

1) 유동특성

모델화를 하기 위해서는 재현의 대상이 되는 현상을 정리할 필요가 있다. 우선 여기서는 대상으로하는 후쿠시마 연안역을 남쪽은 보소반도房総半島, 북쪽은 카네하나에산金華山 앞바다로 하고, 앞바다 방향으로는 약 100 km로 한다. 이것은 후쿠시마 제1원자력발전소 사고의 해석에서 많은 연안 모델이 대상으로 하고 있는 해역이다(Masumoto et al., 2012; 日本学術会議, 2014).

이 해역은 오야시오親潮-쿠로시오黒潮 혼합해역으로 불리고, 중규모 소용돌이[30]의 존재 등도 있어 복잡한 해역이다. 또한 남쪽 경계에는 쿠로시오가 존재하고 있다. 쿠로시오는 대규모 순환에 지배되고 있고, 그 gm름의 경로도 불규칙하게 변화하는 것으로 알려져 있다. 후쿠시마 제1원자력발전소 앞바다에서는 동서방향의 유속성분은 작고, 연안을 따른 남북성분의 유동이 탁월하다. 조석에 의한 조류의 영향은 작고, 그것보다도 긴 3~4일 주기의 변동이 관측되고 있다. 이것들은 주로 바람에 의해서 구동되는 결과로 대륙붕파[31]에 유래하는 현상이라고 할 수 있다(中村, 1990).

2) 유동 모델화

후쿠시마 앞바다 연안 스케일(scale)의 유동현상을 모델화할 때 대규모의 순환장으로서의 중규모 소용돌이와 쿠로시오 유로流路의 재현에 추가하여 연안 근접역의 대륙붕파 현상도 재현할 필요가 있다. 연안 유동 모델을 구동시키기 위해서는 외력이 필요하게 된다. 연안역의 경우는 조석과 바람 등에 의해 구동시킨다. 이번에 대상으로 하는 해역은 기존의 연안모델과 비교하여 넓기 때문에 바람의 구동력, 거기에 추가하여 외양역에서 대규모의 순환장에 의한 중규모 소용돌이와 쿠로시오 유로流路를 재현할 필요가 있다. 더구나 후쿠시마 앞바다의 경우는 조석의 영향은 그다지 크지 않다.

연안모델을 구축할 때 공개된 모델 시스템에 대해 지형과 매개변수(parameter)를 독자적으로 설정한다. 모델 시스템은 공개되어 있는 것

30) 중규모 소용돌이 : 기상에서 말하는 고기압 · 저기압에 해당하는 것으로 쿠로시오와 오야시오와 같이 정상적으로 흐르는 흐름이 아니라 흐름의 흔들림과 수괴의 힘 관계에 의해 생긴다. 직경 수십 km부터 수백 km의 해수의 소용돌이.

31) 대륙붕파大陸棚波 : 해저구배가 있는 경우 압력차에 의해 생긴 자유진동. 수위의 높낮이로서 관측된다. 지구의 자전에 의한 코리올리힘을 받기 때문에 흐름으로서는 연안에 따르는 방향으로 관찰된다.

으로서 POM(Princeton Ocean Model; Meller et al., 2002)과 ROMS(Regional Ocean Model System; Shchepertkin and McWilliams, 2005) 등이 있다. 이것은 부씨네스크 근사(Boussinesq approximation)[32]된 나비에-스톡크스(Navier-Stokes) 운동방정식[33]을 이산화離散化[34]한 격자(mesh)에 대하여 차분법으로 푸는 모델이고, 연안역의 모델화에 사용되고 있는 것이다. 실제 해양의 복잡한 현상을 단순화하여 모델화하고 있기 때문에 해역과 재현 대상으로 하는 현상에 따라 해법과 매개변수(parameter)를 선정할 필요가 있다. 즉, 얻어진 결과는 어디까지나 단순화한 것이므로 목적에 합치 여부와는 별도로 관측결과 등과의 비교에 의해서 검증할 필요가 있다.

여기서는 모델화의 하나의 사례로서 전력중앙연구소의 모델 예를 거론하겠다(津旨 등, 2011; Tsumune et al., 2012; 2013). 연안해양 모델 시스템(ROMS)에 tracer 계산 scheme을 조합한 모델(坪野 등, 2010)을 후쿠시마 앞바다에 적용하고 있다. 시뮬레이션 영역은 앞에서 서술한 해역 보다도 조금 크게 35°20'N~39°40'N, 140°20'E~147°00'E로 되어있다. 수평해상도는 약 1km로하고, 수직 해상도는 σ좌표(해표면으로부터 해저까지를 수심에 관계없이 같은 수의 층으로 구분하는 좌표계)로 30개 층으로 하고 있다. 이 영역에서는 수심이 1,500m를 초과하는 지점이 있지만 시뮬레이션의 시간 단축화를 위해 500m까지의 수심분포를 고려하고 있다.

---

32) 부씨네스크 근사(Boussinesq approximation) : 물질의 밀도는 온도와 압력에 의해 변화하지만 액체의 경우 압력에 의한 밀도의 변화는 무시할 수 있을 정도로 작다고 가정하여 수행하는 근사계산. 즉 해수를 비압축성의 물질로써 생각한다.

33) 나비에-스토크스(Navier-Stokes) 운동방정식 : 질점(material point)의 운동에 관한 뉴턴의 제2법칙(운동방정식)에 해당한다. 유체역학에서 액체의 운동방정식. 클로드 루이 마리 앙리 나비에(Claude Louis Marie Henri Navier)와 조지 가브리엘 스토크스(George Gabriel Stokes)에 의해 유도되었다. 간단히 말하면 액체가 받는 힘과 그것에 의해 발생하는 가속도의 관계를 나타내고 있다.

34) 이산화 : 운동방정식의 각 변수는 공간에 대하여 연속적으로 변화하지만 그것으로는 계산을 할 수 없기 때문에 어떤 제한된 공간내에서는 하나의 방정식에 의해서 운동을 표현할 수 있는 것으로 가정하여 전체의 공간을 상세하게 작은 공간으로 구분하여 생각하는 것.

해양 표면에서의 구동력은 기상청에 의한 단기기상예측[Japan Meteorological Agency's Global Spectral Model(JMA-GSM)]을 메조스케일(mesoscale) 기상[35] 모델[Weather Research and Forecasting(WRF); Skamarock et al., 2008]에 의해서 내삽하는 단기기상예측시스템[Numerical Weather Forecasting and Analysis System(NuWFAS), 하시모도橋本 등, 2010]의 결과(풍속 · 단파 · 장파 · 기압 · 기온 · 습도 · 강수량)을 이용하고 있다.

외양에서의 경계조건에는 실시간(real-time)으로 갱신되고 있는 해양의 1일별 재해석 자료(JCOPE2, Japan Coastal Ocean Prediction Experiment 2, Miyazawa et al., 2009)의 결과(수온, 염분, 해면고도)를 시뮬레이션 격자에 내삽하고 있다. 더욱이 외양에서 중규모 소용돌이 등의 복잡한 거동을 재현하기 위해 너징(Nudging)항[36]에 의해 시뮬레이션 결과를 JCOPE2에 의한 수온 및 염분의 재해석 결과에 완화시켜 놓았다. 선행연구 결과에서 조석의 영향은 작은 것이 확인되었기 때문에(津旨 등, 2011; Tsumune et al., 2012) 여기에서는 고려하지 않았다.

그림 5-1에 유속벡터 분포의 시뮬레이션 결과를 나타내었다(Tsumune et al., 2013). JCOPE2에 의한 대규모적인 순환장을 재현하였기 때문에 2011년 5월 1일에는 이바라키茨城 앞바다에 시계방향의 중규모 소용돌이가 보인다. 그 중규모 소용돌이는 6월 1일에는 소멸하였다. 뒤에서 설명하겠지만 이 중규모 소용돌이가 방사성물질의 거동에 큰 영향을 주고 있다. 6월 15일과 7월 1일의 결과도 합쳐 보면 쿠로시오의 유로가 변동하고 있는 것도 알 수 있다.

그림 5-2에 후쿠시마 제1원자력발전소 전면의 유속의 시계열변화를 나타내었다(Tsumune et al., 2013). 동서성분 보다도 남북성분이 탁월한 것을 알 수 있다. 또한 3~4일 주기로 남북성분이 교대하고 있다. 사고 직후의 유속 관측결과는 존재하지 않으므로 직접적인 검증은 이루어지지 않았지만 과거의 자료와 일치하고 있다.

---

35) 메조스케일(mesoscale) 기상 : 2km부터 2,000km의 크기에서 일어나는 기상현상.
36) 너징(Nudging)항 : 모델의 계산결과를 실제의 관측 자료에 가깝게하기 위하여 방정식에 추가하는 항.

3) 세슘-137(^{137}Cs) 거동의 모델화

세슘-137(^{137}Cs) 농도 거동의 모델화에서는 수온과 염분 등의 추적자(tracer)의 계산과 같이 이류확산방정식37)을 이용하고 있다. 세슘-137(^{137}Cs)은 해양에서는 용존태로 존재하고, 수괴와 같이 거동을 하는 것으로 가정하고 있다. 세슘-137(^{137}Cs)은 플루토늄 동위원소($^{238,239}Pu$)와 달리 해양의 현탁물질로의 흡착에 의한 제거과정(scavenging 효과)이 작은 것으로 알려져 있다. 대기권 핵실험에 의한 강하물(fall out)38)의 세슘-137(^{137}Cs)의 재현 시뮬레이션에서도 수괴와 같은 거동을 나타내는 수동적 추적자(passive tracer)39)로서 취급하는 것이 바람직한 것으로 제시되어 있다(Tsumune et al., 2012). 한편, 같은 대기권 핵실험에 의한 강하물(fall out)인 플루토늄 동위원소($^{238,239}Pu$)의 재현 시뮬레이션에서는 스케벤징(scavenging) 효과의 고려가 필요한 것으로 지적되고 있다(Tsumune et al., 2003).

5.2 해양으로의 공급경로

후쿠시마 제1원자력발전소 사고에 의한 해양으로의 방사성물질의 공급경로는 대기로부터의 강하, 직접 누출, 저준위 방사성폐액의 계획방출, 하천과 지하수를 경유한 누출 등을 생각할 수 있다 (津旨 등, 2011; Tsumune et al., 2012). 해양에서 관측된 결과는 이들의 영향을 복합적으로 받고 있어서 이들을 구별하여 검증할 필요가 있다.

주요 공급경로는 대기로부터의 공급과 직접 누출로 생각되고 있다. 그것들의 기여를 구별하는 방법으로서 요오드-131(^{131}I)/세슘-137(^{137}Cs)의 방사능비가 이용된다(津旨 등, 2011; Tsumune et al., 2012). 요오드

---

37) 이류확산방정식 : 물질의 이동을 나타내기 위해 이류방정식과 확산방정식을 조합시킨 2단계 선형편미분방정식.

38) 강하물(fall out) : 대기로 방출된 방사성물질이 다시 지구로 낙하하는 것. 소위 죽음의 재(灰).

39) 수동적 추적자(passive tracer) : 수동적인 흔적물. 이 경우에는 물의 흐름만에 의존하여 이동하는 것.

-131(^{131}I)과 세슘-137(^{137}Cs)은 수중에서는 이온으로서 용존태로 존재하기 때문에 수괴와 같은 거동을 나타낸다. 그 때문에 수중 ^{131}I/^{137}Cs 방사능비는 요오드-131(^{131}I)의 반감기(8일)에 따른 붕괴에 의해서만 변화한다. 사고 초기의 단기간을 대상으로 하기 때문에 세슘-137(^{137}Cs)의 30년의 반감기에 따른 붕괴는 무시할 수 있다. 즉 수중에서 ^{131}I/^{137}Cs 방사능비의 시계열변화는 8일의 반감기곡선[40)]과 일치한다. 직접 누출의 근원으로 생각되는 2호기 터빈 건물에 고인 물의 2011년 3월 26일의 ^{131}I/^{137}Cs 방사능비는 5.7이었다. ^{131}I/^{137}Cs 방사능비의 시계열변화가 2011년 3월 26일에 5.7이고, 8일의 반감기곡선과 일치할 경우에는 직접 누출이라고 생각할 수 있다. 한편 요오드-131(^{131}I)과 세슘-137(^{137}Cs)은 매우 고온에서 가스와 입자태로 원자로로부터 대기으로 방출된다. 그 후 상온의 대기에서 수송되는 과정에서는 요오드-131(^{131}I)은 가스와 입자태, 세슘-137(^{137}Cs)은 입자태로 존재한다. 대기 중 ^{131}I/^{137}Cs 방사능비는 요오드-131(^{131}I)의 반감기뿐만 아니라 수송과정에도 영향을 받으므로 2011년 3월 26일에 5.7의 8일 반감기곡선상에서 벗어난다. 다만 복잡한 거동 때문에 ^{131}I/^{137}Cs 방사능비가 커지든지 작아지든지 어느쪽으로도 분산된다. 이것은 육지로의 강하의 관측자료와도 잘 일치한다(Kinoshita et al., 2011). 그림 5-3, 5-4, 5-5에 후쿠시마 제1원자력발전소 부근, 후쿠시마 제2원자력발전소 부근, 30km 떨어진 앞바다에서 ^{131}I/^{137}Cs 방사능비를 나타내었다. 또한 농도분포는 계산결과와 함께 뒤의 그림 5-8, 5-9, 5-10에 나타내었다. 이들의 결과를 정리하면 아래와 같이 된다.

후쿠시마 제1원자력발전소로부터의 직접 누출은 2011년 3월 26일 이후에 발생했다. 그 영향은 후쿠시마 제2원자력발전소 부근에 2011년 3월 27일 이후, 30km 앞바다에는 2011년 4월 9일 이후에 도달하였다. 직접 누출의 영향에 의해 후쿠시마 제1원자력발전소 부근에서는 2011년 4월 7일에 6.8×10^{7}Bq/㎥의 세슘-137(^{137}Cs) 농도가 관측되었지만 그 후 감소로 전환되었다. 또한 후쿠시마 제2원자력발전소 부근에서는 2011년

40) 반감기곡선 : 제1장의 방사성물질에 관한 설명을 참조할 것.

4월 5일에 1.4×10^{6}Bq/㎥의 세슘-137(^{137}Cs) 농도가 관측되었지만 그 후 감소로 전환되었다. 게다가 30km 앞바다에서는 2011년 4월 15일에 1.8×10^{5}Bq/㎥의 최대농도값이 관측되었지만 그 후 감소로 전환되었다. 직접 누출의 영향은 2011년 4월 중순 이후에 여기서 대상으로 한 모든 모니터링 지점에서 감소하였다.

1) 직접 누출량의 추정

직접 누출은 2011년 3월 26일부터 발생한 것으로 추정할 수 있지만 누출율의 시간변화를 추정할 필요가 있다. 시뮬레이션과 관측자료를 조합하여 직접 누출량의 추정이 이루어졌다. 이것은 시뮬레이션을 도입한 큰 성과로 말할 수 있다. 하나의 예로서 추정방법을 나타내어 다른 추정방법에 의한 결과와 비교한다. 해양으로의 영향은 세슘-137(^{137}Cs)이 크므로 여기서는 세슘-137(^{137}Cs)을 대상으로 한다.

단위량의 누출을 설정한 세슘-137(^{137}Cs) 농도의 수치 시뮬레이션 결과와 후쿠시마 제1원자력발전소 부근의 모니터링 값을 비교하여 누출율을 역추정하였다(津旨 등, 2011; Tsumune et al., 2012; 2013). 식으로 표현하면 아래와 같이 된다.

$$\text{누출율}\left(\frac{Bq}{day}\right)=\frac{\text{관측결과}(Bq/m^3)}{\text{단위량을 가정한 시뮬레이션 결과}\dfrac{(Bq/m^3)}{(Bq/day)}}$$

이 방법은 대기로의 방출량 추정과 본질적으로는 같다(Chino et al., 2011). 대기로 방출의 경우는 변동하는 바람 방향에 대하여 각각의 바람에 대한 자료가 없으면 추정할 수 없지만 해양으로 누출의 경우는 후쿠시마 제1원자력발전소 부근에서 누출의 영향이 관측되어 있을 것으로 생각된다. 시뮬레이션의 격자 크기는 사방 약 1km이기 때문에 그림 5-6에 나타낸 것처럼 부근의 격자 크기의 시뮬레이션 결과와 5-6 방수구와 남쪽 방수구의 모니터링 결과의 평균값이 일치하도록 누출율을 구하게 된다.

후쿠시마 제1원자력발전소 부근의 관측결과로부터 대규모의 직접 누출은 2011년 3월 26일부터 4월 6일에 걸쳐 발생한 것으로 추정하였다. 사실 4월 6일에 물유리의 봉입에 의해 관측결과는 급격하게 감소하였다. 2011년 3월 26일부터 4월 6일의 후쿠시마 제1원자력발전소 부근의 관측값의 평균값은 $1.1 \times 10^7 Bq/m^3$ 이었다. 누출율의 추정을 목적으로하여 우선은 단순화하기 위해 2011년 3월 26일부터 4월 6일에 걸쳐 단위량 1Bq/day의 일정한 누출율을 후쿠시마 제1원자력발전소의 전면 해역의 격자(위도 경도, 전층에 동일하게)에 대하여 주어진 시뮬레이션을 수행했다. 2011년 3월 26일부터 4월 6일의 누출을 설정한 격자의 단위량을 가정한 시뮬레이션 결과의 평균값[(Bq/m^3)/(Bq/day)]이 관측결과의 평균값(Bq/m^3)과 일치하도록 누출율(Bq/day)을 역추정했다. 2011년 4월 6일 이후는 농도의 감소 비율과 일치하도록 누출율을 지수함수적으로 감소시켰다. 후쿠시마 제1원자력발전소 부근의 관측결과와 시뮬레이션에 의해 계산한 누출율(Bq/day)의 시계열변화를 그림 5-7에 나타내었다. 즉, 후쿠시마 제1원자력발전소 부근의 관측결과와 누출율은 3-4일 주기의 유동변화에 의한 변동은 있지만 비례관계에 있는 것으로 생각된다. 요오드-131(^{131}I)과 세슘-134(^{134}Cs)에 대해서는 3월 26일 시점의 방사능비($^{131}I/^{137}Cs$ 방사능비는 5.7, $^{134}Cs/^{137}Cs$ 방사능비는 1)로부터 추정하였다. 계산의 오차도 고려한 1년간의 적분값으로서 세슘-137(^{137}Cs)과 요오드-131(^{131}I)과 세슘-134(^{134}Cs)의 누출양은 각각 3.6±0.7, 3.5±0.7, 11.1±2.2 PBq이라고 추정되었다. 다만 시계열변화로부터도 알 수 있듯이 이들의 대부분은 최초의 1개월 동안에 일어났다. 이 추정에 대해서는 부근의 평균농도를 재현하기 위한 격자 크기(여기서는 약 1km × 1km)가 충분히 작은지 어떤지를 다른 관측점의 결과와 비교 검정할 필요가 있다. 이 검증에 대해서는 재현 시뮬레이션 결과로서 다음에 설명하겠다.

2) 다른 추정결과와의 비교

Tsumune et al.(2012)에 의해 세슘-137(^{137}Cs)의 누출량에 관하여 다른 측정 결과와의 비교가 정리되어 있다(표 5-1). 시뮬레이션에 의해 검증된 추정 결과(Kawamura et al., 2011; 동경전력, 2012; Miyazawa et al., 2013; Tsumune et al., 2012; 2013; Estournal et al., 2012)는 3~6PBq의 범위로 좁혀졌다고 한다.

최초에 보고된 누출량은 동경전력에 의한 것으로 2011년 4월 1일 낮부터 6일 낮에 걸쳐 발생한 고농도 오염수의 유출에 의해 0.94 PBq의 세슘-137(^{137}Cs)이 해양으로 직접 누출된 것으로 계산되어 있다(일본정부, 2011). 추정된 기간은 과소평가되어 있지만 그 기간의 누출율은 0.19 PBq/day이며, 전력중앙연구소의 추정결과 0.2 PBq/day와 잘 일치한다. 평가기간에 문제가 있기는 하지만 서로 다른 자료를 이용한 평가결과가 일치한다는 것은 양쪽의 타당성을 나타내는 것으로 생각된다.

IRSN(Bailly du Bois et al., 2012)와 Rypina et al.(2013)은 각각 27 PBq과 16.2PBq이라는 큰 추정값을 보고하고 있다. 그들이 사용한 관측결과는 각각 2011년 4월 11일~6월 30일과 2011년 6월 4일~18일 기간의 것이고, 큰 누출이 발생한 2011년 3월 26일~4월 6일 기간의 자료를 이용하지 않는 것이 과대평가의 원인이 된 것으로 생각된다.

3) 대기로부터의 강하

해양의 세슘-137(^{137}Cs) 농도 평가에서 대기로부터의 강하도 고려할 필요가 있다. 대기로 방출된 세슘-137(^{137}Cs)의 약 80%가 해양으로 강하되었다는 보고도 있다(Morino et al., 2013). 다만 $^{131}I/^{137}Cs$ 방사능비의 해석에서 알 수 있듯이 후쿠시마 앞바다로의 영향은 직접 누출 쪽이 클 것으로 생각된다.

영역대기모델에 의한 강하량의 재현 계산결과는 몇가지 수행되어 있지만 자료가 있는 육지로의 강하량 추정이 주된 대상으로 되어 있고(Morino et al., 2011; 2013; 日本学術回議, 2014), 해양으로의 강하량 추정의 타당성에 대해서는 아직 상세하게 논의되어 있지 않다. 대기로의 방출량과 해양으로의 강하 과정을 보다 정확하게 추정할 필요가 있다. 강하에는 강우의 영향이 크겠지만 해양으로의 강하량에 대해서는 관측자료도 없어 추정의 불확실성이 커져 있다.

후에 서술하겠지만 해양으로의 강하량에 대해서는 대기로의 방출량 추정에 있어 바다쪽으로 바람이 불었을 때의 불확실성이 크기 때문에 과소평가 되었다라고 하는 지적이 있다(Tsumune et al., 2013).

표 5-1 해양으로 직접 누출량의 추정결과(Tsumune et al., 2013)

기관	기간	^{137}Cs의 누출량 (PBq = 10^{15} Bq)	방법	참고문헌
동경전력	4/1-4/6	0.94(2.8 for ^{131}I, 0.94 for ^{134}Cs)	목시에 의한 관측결과	Japanese Goverment (2011)
동경전력	3/26-9/30	3.6(11 for ^{131}I, 3.5 for ^{134}Cs)	수치계산과 관측결과의 비교(전력중앙연구소 방법)	동경전력사고조사보고서 (2012)
일본원자력연구개발기구	3/21-4/30	3.6(11 for ^{131}I)	동경전력의 관측결과를 바탕으로 추정	Kawamura et al.(2011)
해양연구개발기구	3/21-5/6	5.5-5.9	수치계산과 관측결과의 비교(역추정법)	Miyazawa et al.(2013)
전력중앙연구소	3/26-5/31	3.5±0.7	수치계산과 관측결과의 비교	Tsumune et al.(2012)
전력중앙연구소	2011/3/26-2012/12/29	3.55(11.1 for ^{131}I, 3.52 for ^{134}Cs)	수치계산과 관측결과의 비교	Tsumune et al.(2013)
IRSN	3/25-7/18	27	관측결과(4/11-6/30)에 의한 총량을 바탕으로 추정	Bailly du Bois et al.(2012)
Sirocco	3/20-6/30	5.1-5.5	수치계산과 관측결과의 비교(역추정법)	Estournel et al.(2012)
Rypina et al., 2013	3/21-6/30	16.2±1.6	수치계산과 관측결과의(6/4-18)의 비교	Rypina et al. (2013)

5.3 후쿠시마 앞바다의 재현 시뮬레이션 결과

직접 누출과 대기로부터의 강하에 추가하여 영역 밖으로 강하한 것이 경계를 통한 유입을 고려한 1년간의 세슘-137(^{137}Cs) 재현 시뮬레이션 결과(Tsumune et al., 2013)를 가지고 후쿠시마 앞바다에서의 방사성물질의 거동 특성에 대해 정리하였다.

1) 시계열변화

(1) 후쿠시마 제1원자력발전소 부근

후쿠시마 제1원자력발전소 부근의 세슘-137(^{137}Cs) 농도의 관측결과(5-6방수구와 남쪽 방수구)와 시뮬레이션 결과(누출을 설정한 격자)의 비교를 그림 5-8에 나타내었다. 시뮬레이션 결과는 관측결과의 특징을 잘 재현하고 있다. 관측결과에서 2011년 3월 30일과 4월 7일에 2개의 농도 극대값(peak)이 나타나고 있다. 이 2개의 극대값은 누출율을 일정하게 한 시뮬레이션에서도 재현되어 있다. 이것은 현실적인 바람 응력을 이용한 것에 의해 연안 유동의 변동이 잘 재현되었기 때문으로 생각된다. 즉, 누출율이 일정할 경우에도 누출을 설정한 격자에서 유동이 빠른 경우는 농도가 낮아지고, 유동이 느린 경우는 농도가 높아진다는 결과를 반영하고 있는 것으로 된다. 동경전력의 보고에 의하면 4월 6일에 물유리 봉입에 의해 눈으로 관찰된 오염수의 누출은 멈추었다고 한다(日本政府, 2011). 그 후인 4월 7일의 농도 상승은 누출량이 상승한 영향에 의한 것이 아니라 연안 해류의 약화 영향에 의한 것으로 생각된다. 또한 그 후의 지수함수적인 농도 감소는 항만의 교환율(0.44/day)를 반영한 결과라고 추정되고 있다(Kanda, 2013). 항만이 존재하지 않았다면 농도의 감소율은 훨씬 급격했을 것으로 생각된다. 2011년 4월 하순에 농도의 감소율은 더욱 낮아지게 된다. 이것은 4월 6일까지의 누출과는 별도 경로의 누출이 있었다는 것을 시사하고 있다. 이 누출 플럭스(flux)는 지수함수적인 감소를 나타내면서 1년간 이상 계속되고 있다. 2011년 3월 26일 이후의 시뮬레이션 결과의 재현성이 높은 것은 직접 누출량 추정의 타당성을 시사하고 있다. 한편, 3월 26일 이전은 $^{131}I/^{137}Cs$ 방사능비의 해석으로부터 대기로부터의 강하의 영향으로 추정되지만(津旨 등, 2011; Tsumune et al., 2012), 2 자릿수(oder) 정도 과소평가 되어 있다. 대기로부터의 강하량 추정에는 대기수송모델을 이용하지만(速水

등, 2012), 사용한 대기로의 방출시나리오(Terada et al., 2012)에서 바다쪽의 관측 자료가 존재하지 않기 때문에 대기로부터 해양으로의 강하량 추정에는 불확실성이 커졌기 때문으로 생각된다(茅野, 2012). 북태평양의 관측 자료를 이용한 추정에 따르면 바다쪽으로의 방출은 2배 정도 과소평가되어 있을 가능성도 있어(青山, 2012) 보다 정확한 해양으로의 강하량 추정은 앞으로의 과제이다.

(2) **후쿠시마 제2원자력발전소 부근**

후쿠시마 제2원자력발전소의 북쪽 방수구(후쿠시마 제1원자력발전소로부터 10km 남쪽)와 이와사와岩沢연안(후쿠시마 제1원자력발전소로부터 16km 남쪽)에서 세슘-137(^{137}Cs)의 표층 농도의 관측 결과와 시뮬레이션 결과의 비교를 그림 5-9에 나타내었다. 누출 시작부터 약 1일 후인 2011년 3월 27일부터 1.0×10^{6}Bq/㎥까지 상승하고, 그 후 1.0×10^{5}Bq/㎥ 이하로 낮아지고, 더욱이 2011년 4월 5일에 1.0×10^{6}Bq/㎥까지 상승하는 현상이 잘 재현되어 있다. 세슘-137(^{137}Cs) 농도가 높은 수괴가 2011년 3월 하순에 남하류를 따라서 운반되어 농도가 상승하였다. 그 후 남하류 성분이 감소하였기 때문에 농도가 저하했다. 그 후 2011년 4월 3일 정도부터 다시 남하류가 강화되어 세슘-137(^{137}Cs) 농도가 높은 수괴가 2011년 4월 5일에 관측지점에 도달한 것으로 생각된다. 3~4일 주기 유동의 남북성분의 변동 영향을 받고 있는 것을 시사한다. 그 후 누출량의 감소와 함께 후쿠시마 제2원자력발전소 앞의 모니터링 지점에서도 농도는 감소하고 있다. 특히 높은 농도가 관측된 4월 중순 이전에 시뮬레이션 결과의 재현성이 높은 것은 직접 누출량 추정의 타당성을 시사하고 있다. 3월 27일 이전에는 ^{131}I/^{137}Cs 방사능비의 해석으로부터 대기로부터의 강하의 영향인 것으로 하고 있지만(津旨 등, 2011; Tsumune et al., 2012), 후쿠시마 제1원자력발전소 부근과 마찬가지로 과소평가되었다. 또한 2011년 4월 중순 이후도 이미 1 자릿수(order) 정도 낮아져 있지만 이것도 대기로부터 강하량의 과소평가 영향으로 생각된다.

(3) 30km 앞바다

30km 앞바다의 세슘-137(^{137}Cs) 농도의 모니터링 결과와 시뮬레이션 결과의 비교를 그림 5-10에 나타내었다. 30km 앞바다의 8개 모니터링 지점에 대한 시뮬레이션 결과를 비교하였다. 전체적인 경향으로 4월 중순을 향해서 농도는 상승하고, 그 후 감소하는 경향을 잘 재현하고 있다. 4월 9일 이전은 ^{131}I/^{137}Cs 방사능비의 해석으로부터 대기로부터 강하의 영향으로 추정되었지만(津旨 등, 2011; Tsumune et al., 2012), 후쿠시마 제1원자력발전소 부근 및 후쿠시마 제2원자력발전소 부근과 마찬가지로 과소평가 되어 있다. 이것도 대기로부터 강하량의 과소평가 영향으로 생각된다. 대기로부터 해양으로 강하의 재현성 향상은 향후의 검토 과제이지만 직접 누출의 영향에 대해서는 잘 재현되었다고 생각된다.

2) 공간분포

(1) 공간분포의 변화

시뮬레이션 결과의 공간분포에 대해서 설명하겠다. 오야시오-쿠로시오 혼합역에서 방사성물질의 거동에 관하여 시뮬레이션에 의한 콘터(분포도, contour) 그림 또는 동영상 등은 현상을 이해하는데 유효하다. 농도가 비교적 높은 시기인 4월 1일의 세슘-137(^{137}Cs) 표층 수평분포를 그림 5-11에 나타내었다. 3월 26일부터 시작된 직접 누출의 영향으로 1.0×10^{5}Bq/㎥을 초과한 농도가 보인다. 4월 중순에 30km 앞바다에서도 1.0×10^{5}Bq/㎥을 초과하는 농도가 관측된 것과 일치한다. 5월 1일에 남하성분은 연안을 따라 흐르고, 북상성분은 북동방향으로 퍼져나가고 있다. 이 시기에는 표층 수온분포의 위성자료에서도 관측되는 것처럼 이바라키茨城 앞바다에 시계방향의 중규모 소용돌이(난수괴)가 존재하고 있다(그림 5-11, 좌측 하단). 이 중규모 소용돌이의 움직임에 의해 이바라키 앞바다의 세슘-137(^{137}Cs) 농도는 낮게 유지되었다. 5월말에는 이 중규모 소용돌이가 소멸되고, 고농도의 수괴가 이바라키 앞바다로 남하했다. 쵸시銚子 부근의 하사키波崎에서 세슘-137(^{137}Cs) 농도의 관측 자료는 5월말까지는 낮은 수준에서 변화하지만 6월이 되면 상승한다(Aoyama et al.,

2012). 이것은 중규모 소용돌이의 존재가 특히 이바라키 앞바다의 세슘-137(^{137}Cs)의 분포에 큰 영향을 주었다는 것을 시사하며, 시뮬레이션은 그 영향을 정성적으로 재현하고 있는 것을 나타낸다. 2012년 2월말에는 전체적으로 사고 이전의 대기권 강하(fall out)에 의한 배경(background) 농도[41](1Bq/㎥, Aoyama and Hirose, 2003)에 가까운 수준까지 낮아지고 있는 것을 알 수 있다.

(2) 관측 결과와의 비교

공간분포에서도 관측 결과와의 비교를 시도했다. 그림 5-12에 KOK 항해(2011년 6월 4~18일; Buesseler et al., 2012)에 의한 관측 결과와 시뮬레이션 결과의 비교를 나타내었다. 왼쪽은 직접 누출, 대기로부터의 강하, 경계로부터의 유입을 고려한 경우이며, 오른쪽은 직접 누출만을 고려한 경우이다. 시뮬레이션은 이바키현 앞바다에 존재하는 고농도 수괴를 잘 재현하고 있다. 그러나 쿠로시오 해류 경로와 중규모 소용돌이 등의 영향에서 농도 구배가 커졌기 때문에 관측점과 시뮬레이션 결과와의 1:1 비교에서는 반드시 재현성이 높은 것은 아니다. 외양을 대상으로한 농도분포에서 복잡한 해황이 영향을 미치는 경우에는 1대1의 비교가 아닌 전체적인 특징을 재현하고 있는지의 여부를 판단해야 하는 것으로 생각된다. 그러한 의미에서 여기서의 비교는 재현성이 높다고 해도 좋다고 생각된다. 왼쪽 그림은 직접 누출만을 고려한 시뮬레이션 결과이다. 이들 시뮬레이션 결과의 상호비교는 관측결과가 직접 누출과 대기로부터의 강하 중 어느쪽의 영향에 지배되는지를 추정하는 지표가 된다. 동경 147도선에 따른 관측 라인은 대기로부터의 영향으로 생각되지만 오른쪽 그림으로부터 과소평가 되어 있는 것을 알 수 있다. 대기로부터의 강하량이 과소평가되어 있는 것은 시계열변화의 비교와도 부합한다.

Inomata et al.(2014)는 항공기모니터링에 의해 해양 표층의 방사성

---

41) 배경(background) 농도 : 이 경우는 후쿠시마 원자력발전소 사고의 영향이 없는 시기의 농도

물질[세슘-137(^{137}Cs), 세슘-134(^{134}Cs), 요오드-131(^{131}I)] 농도분포의 파악이 가능하다는 것을 나타내었다. 항공기 모니터링에 의한 2011년 4월 18일 시점의 상세한 세슘-137(^{137}Cs) 농도분포와 하나의 예로서 Tsumune et. al.(2013)에 의한 재현 시뮬레이션 결과와 비교하여 분포의 특징을 재현하고 있는 것을 나타냈다. 항공기 모니터링에 의한 농도분포 자료는 향후의 시뮬레이션 정밀도 향상을 위한 유효한 자료가 될수 있을 것으로 생각된다.

5.4 모델상호비교

Masumoto et. al.(2012)에서는 세슘-137(^{137}Cs)의 해수 중 농도 시뮬레이션의 국내외 5가지 연안모델의 상호비교를 실시하였다. 주로 직접 누출에 의한 기여를 중심으로 정리하였고, 연안을 따른 확산 등의 특징적인 현상은 공통으로 하지만 중규모 소용돌이의 재현 유무 등 모델 사이의 편차에는 주시할 필요가 있다고 정리하였다.

또한 일본학술회의 종합공학위원회 사고대응위원회 원자력발전소사고에 의한 환경오염조사에 관한 검토소위원회 산하의 환경모델링 워킹그룹(대표 : 나카지마 테루유키, 中島映至)에 의해 「후쿠시마 제1원자력발전소 사고에 의해서 환경으로 방출된 방사성물질의 수송 침착 과정에 관한 모델 계산 결과의 비교」가 공표되었다(日本学術会議, 2013). 여기에서는 세슘-137(^{137}Cs)의 해수 중 농도 시뮬레이션에 대하여 국내외의 10개 그룹으로부터 11개의 연안모델이 참가하였다. 해양관측에서 얻어진 세슘-137(^{137}Cs) 농도의 측정값을 재현하기 위해서는 해양으로의 직접 방출과 대기로부터의 침착 양쪽이 필요하다고 지적되어 있다. 2011년 4월 이전에는 해양모델을 구동하기 위한 대기모델에 의한 세슘-137(^{137}Cs)의 침착량은 과소평가 되었다는 것에 대해서도 지적되어 있다. 대양모델에서 세슘-137(^{137}Cs)은 해수와 거동을 같이하는 수동적 추적자로서 취급되고 있지만 모델에 따라서는 해수 중 현탁물질과의 반응을 고려한 것도 있다. 다만 그 거동의 차이에 대해서는 명확하게 나타나 있지 않고, 후쿠시마 제1원자력발전소 사고에 의한 해수의 세슘 농도 재현에서 세슘-137(^{137}Cs)과 현탁물질과의 반응의 영향은 무시할 수 있는 것으로 생각되었다.

모델은 반드시 오차를 포함하고 있으므로 현상의 해명을 위해서는 멀티모델 어프로치(multi-model approch)의 필요가 지적되었다.

5.5 누출시나리오의 연장

후쿠시마 제1원자력발전소 사고 후 1년간의 연안역 시뮬레이션 결과는 공표되어 있지만(Tsumune et. al., 2013), 1년 이후의 결과는 공표되어 있지 않았다. 다만 누출율 추정에 이용된 후쿠시마 제1원자력발전소 부근의 관측은 계속해서 공개되고 있다. 그림 5-13에 2014년 3월까지 세슘-137(^{137}Cs) 농도의 시계열변화를 나타내었다. 2014년 3월 시점에서도 사고전의 대기권 강하(fall out)에 의한 배경(background) 농도(1Bq/m^3)의 수준으로는 돌아오지 않았다.

이것은 일정하게 누출이 계속되고 있는 것을 의미한다. 시뮬레이션에 의해 누출율과 후쿠시마 제1원자력발전소 부근의 모니터링 결과는 비례관계에 있다는 것이 나타내어져 있다. 그 관계로부터 2013년 1월 이후에는 거의 일정한 누출이 있고, 그 누출율은 3.0× 10^{10}Bq/day 인 것으로 생각되었다. 2011년 3월 26일부터 4월 6일까지의 누출율은 2.0×10^{14} Bq/day라고 추정되었기 때문에 일만분의1까지 감소하였다. 이것은 Kanda(2013)에 의한 누출의 계속적 추정과 동경전력이 2013년 8월 30일에 원자력규제위원회의 제5회 특정원자력시설감시 · 평가검토회 오염수대책검토 워킹그룹에 보고한 누출율과 일치한다(https://www.nsr.go.jp/committee/yuushikisya/tokutei-kanshi-wg/data/0005-01.pdf의 30항목).

후쿠시마 제1원자력발전소 사고의 재현 시뮬레이션 결과와 관측 결과와의 비교검증에 의해 계속된 누출이 어느 정도 영향을 미치고 있는 지를 추정하는 것이 가능하게 되었다. 2013년 1월 이후 3.0×10^{10}Bq/day의 누출이 계속된 경우의 시뮬레이션 결과를 그림 5-14에 나타내었다. 사고 전의 배경 농도와 비교하여 검출 가능한 해역은 연안역에 멈추어 있다. 또한 해류의 영향에 의해서 남북으로의 영향도 차이가 있다. 시뮬레이션에는 시계열변동이 파악되고 또한 수일 규모의 예측 계산도 가능하게 되었다. 시뮬레이션 결과는 오차를 포함하고 있으므로 관측 결과와의 비교에 의해 영향을 파악할 필요가 있지만 시뮬레이션은 효과적인 관측 계획의 책정과 관측 결과의 내삽에 의한 현상 파악에 도움이 된다. 연간 평균의 표층 농도분포를 그림 5-15에 나타내었다. 표층 농도분포는 3~4일 주기로 변동하는 유동의 영향을 받고 있으므로 시간변동은 커지지만 연간 평균 규모로 보면 그림 5-15에 나타난 것과 같은 분포가 되는 것을 알 수 있었다. 또한 매년 변동은 작다는 것을 알 수 있었다.

더구나 1950년대 후반부터 1960년대 전반에 걸친 비키니환초의 원폭 실험과 대기권 핵실험의 영향에 의해 북태평양에서는 100Bq/m^{3}의 규모의 세슘-137(^{137}Cs) 농도가 존재하고 있었다(Aoyama and Hirose, 2004; Buesseler et. al., 2011).

5.6 확산예측 시뮬레이션의 가능성

후쿠시마 제1원자력발전소 사고 수습을 향해 오염수에 대한 대책이 세워지고 있다. 그러나 부지내에는 아직 오염수가 존재하고 있기 때문에 앞으로 지진과 쓰나미 등에 의한 오염수의 누출 위험을 고려해 둘 필요가 있다. 또한 삼중수소는 오염수로부터 제거하는 것이 어렵기 때문에 삼중수소수로서 처리를 생각할 필요가 있다. 삼중수소수의 최종적인 처리에 대해서는 경제산업성의 삼중수소수 테스크포스에서 다양한 옵션이 검토되고 있는 상황이지만 해양으로의 희석 방출도 옵션의 한가지로 되어있다.

지금까지 해양오염 실태의 설명을 위한 재현 시뮬레이션에 대해서 서술해 왔지만 여기서는 확산 예측 시뮬레이션 가능성에 대해 서술하겠다.

지금까지의 시뮬레이션과 관측 결과와의 비교로부터 후쿠시마 앞바다의 유동현상에 대해서는 3~4일 주기의 바람에 의한 변동이 지배적이었고, 계절변동과 연간변동은 크지 않다는 것이 알려져 있다. 따라서 향후의 누출에 대한 영향범위는 지금까지의 재현 시뮬레이션으로부터 추정하는 것이 가능하다. 즉 재현 시뮬레이션 결과로부터 방출율(Bq/day)

과 농도분포(Bq/m^3)의 관계를 파악하는 것이 가능하게 되었다.

리스크관리에 있어 향후 고려해야 하는 누출은 농도(Bq/m^3)와 유량율(m^3/day)의 곱셈 결과인 방출율(Bq/day)에 의해서 표현된다. 유량율(m^3/day)은 해양유동에 영향을 미칠 만큼 크지 않다고 추정할 수 있으므로 여기에서는 방출율(Bq/day)과의 관계로 정리할 수 있다. 그림 5-14와 5-15에서 3.0×10^{10}Bq/day에 대응한 농도분포(Bq/m^3)을 나타내었지만, 이 값을 3.0×10^{10}로 나눈 것이 단위방출율 당 공간분포[(Bq/m^3)/(Bq/day)]가 된다. 즉, 이들 그림으로부터 임의의 방출율에 대한 농도분포가 어느 정도 추정 가능한 것을 알 수 있다. 후쿠시마 앞바다의 연간 변동은 작기 때문에 특히 연간 평균의 표층 농도분포 그림은 향후의 누출이 일어났을 때의 농도분포 예측에 도움이 될 것이다.

여기서도 시뮬레이션에 오차가 포함되는 것에는 주의가 필요하다. 시뮬레이션 결과를 효율적인 모니터링 계획의 책정에 활용하면서 관측에 의한 검증도 하면서 영향범위의 파악을 해 나가는 것이 중요하다.

또한 해양 확산 시뮬레이션에 이용한 외력 자료(NuWFS, HCOPE2)는 모두 기상청의 예측 시뮬레이션을 이용하고 있기 때문에 수일간의 예측을 포함한 준실시간 시뮬레이션도 가능하다. 예측 시뮬레이션은 향후의 누출에 대한 모니터링 계획의 책정에 유효한 것이 될 것이다.

5.7 그외의 시뮬레이션

후쿠시마 앞바다의 연안 규모의 해수의 세슘-137(^{137}Cs) 농도 시뮬레이션에 대해서 서술하였지만, 다른 시뮬레이션에 대해서도 설명하였다.

1) 북태평양 규모의 확산

후쿠시마 제1원자력발전소 사고를 대상으로 한 북태평양 규모의 확산 예측도 이루어졌다. 지금까지 서술한 연안역 규모와 비교하여 농도 수준은 낮고, 어업에 영향을 미치는 것은 없었다. 북태평양이 가지고 있는 막대한 희석 능력에 의해 희석이 진행되었다. 또한 중층수[42]의 형성 결

42) 중층수 : 중위도의 해양에서 형성되는 상층수와 심층수에 사이에 있는 해수.

과로서 후쿠시마 제1원자력발전소 기원의 방사성물질이 중층으로 이동하고 있는 것도 관찰되어(Kumamoto et al., 2014) 해양학적인 시점에서도 현상해명이 기대된다.

Rossi et al.(2013)은 북태평양 규모의 시뮬레이션 결과를 보고하였다. 해양학적인 지식에 기반한 북태평양 규모의 물질순환이 잘 기술되어 있지만 한편으로 정량적인 관측 결과와의 비교가 부족하다. 누출 시나리오로서 과대한 20PBq의 누출을 설정하고, 2014년 이후에 미국 대륙 연안에 영향이 나타나는 것으로 하고 있다. 그러나 제시한 농도분포는 후쿠시마 제1원자력발전소 사고 직후부터의 특히 바지선을 이용한 북태평양 규모에서의 관측결과(Aoyama et al., 2013)과 비교하면 과대하게 되어 있다. 관측결과에서는 미국 대륙 인근에서의 영향은 거의 나타나지 않았다. Tsumune et al.(2013)에서 제시하고 있는 북태평양 규모의 시뮬레이션에서도 미국 대륙으로의 영향은 작을 것으로 추정되었다.

그 후 Rossi et al.(2014)의 시뮬레이션에서 입력한 플럭스(flux)가 실수로 1 자릿수(order) 높았던 것에 대한 수정으로 미국 대륙으로의 영향은 과대평가였던 것이 보고되었다. 후쿠시마 제1원자력발전소 사고의 시뮬레이션에서는 오염도의 평가로서 정량적인 결과가 요구되므로 관측결과와의 비교 검정의 필요성이 새롭게 나타났다고 말할 수 있다.

2) 해저퇴적물로의 이동

Misumi et. al.(2014)는 해수의 세슘-137(^{137}Cs) 농도의 시뮬레이션 결과(Tsumune et. al., 2013)를 바탕으로 해저퇴적물로의 흡착·탈착과정에 의한 이동을 고려한 시뮬레이션을 수행하고, 관측 결과(Kusakabe et. al., 2013)와의 비교 검정을 하였다. 해저퇴적물 시뮬레이션에 의해 해저퇴적물로의 이동량은 해양으로 공급된 방사성물질의 10% 이하로 계산하였다. 이것은 해수의 세슘-137(^{137}Cs) 농도를 평가 할때에는 해저퇴적물로의 이동은 무시할 수 있다는 것을 시사하고 있다.

한편으로 Otosaka and Kobayashi(2013)는 해저퇴적물의 방사성물질 농도분포는 매우 복잡하고, 정상상태는 아니라고 지적하였다. 하천으로

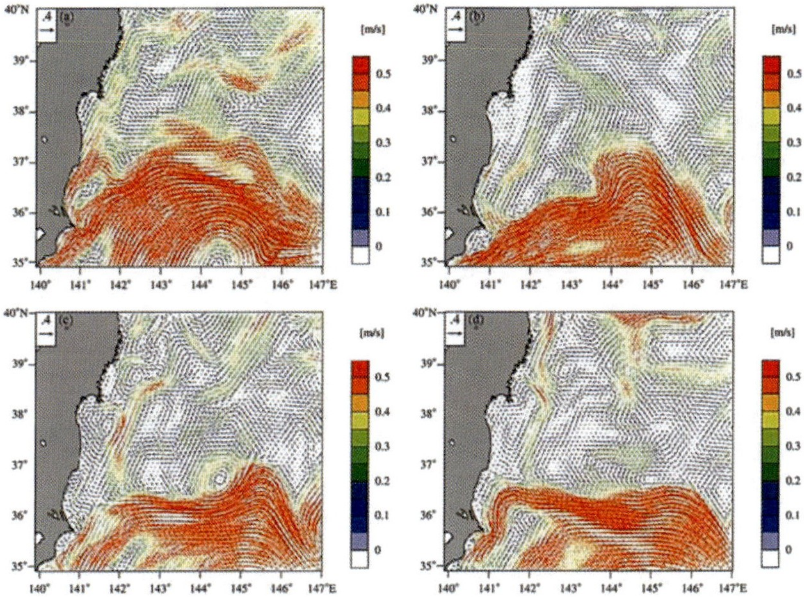

그림 5-1. 유속벡터 분포의 시뮬레이션 결과(m s^{-1}). (a) 2011년 5월 1일, (b) 6월 1일, (c) 6월 15일, (d) 7월 1일(Tsumune et al., 2013)

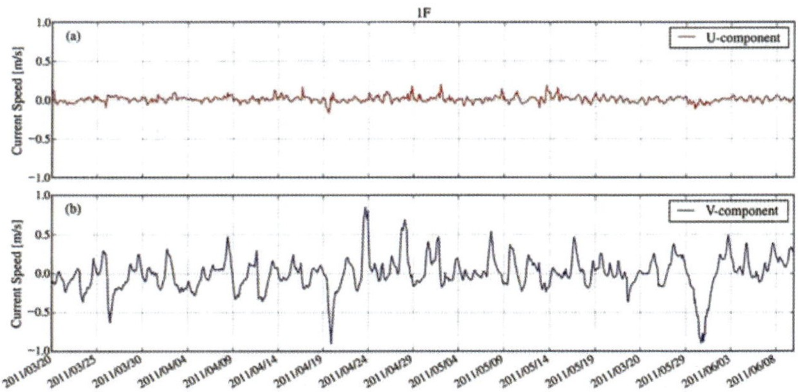

그림 5-2. 후쿠시마 제1원자력발전소 전면의 유속의 시계열변화. (a) 동서성분, (b) 남북성분(Tsumune et al., 2013)

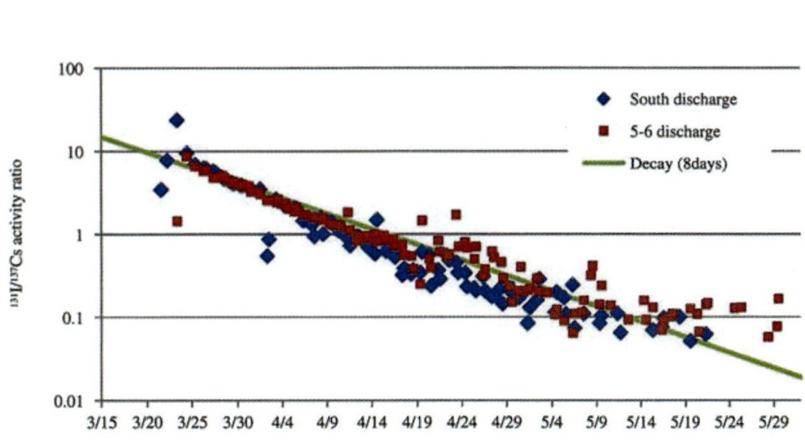

그림 5-3. 후쿠시마 제1원자력발전소 부근의 5-6(북) 방수구와 남방수구에서 $^{131}I/^{137}Cs$ 방사능비의 모니터링 결과(동경전력). 녹색선은 반감기 8일의 감쇠곡선(3월 26일의 시점에서 $^{131}I/^{137}Cs$는 5.7)을 나타냄(津旨 등, 2011)

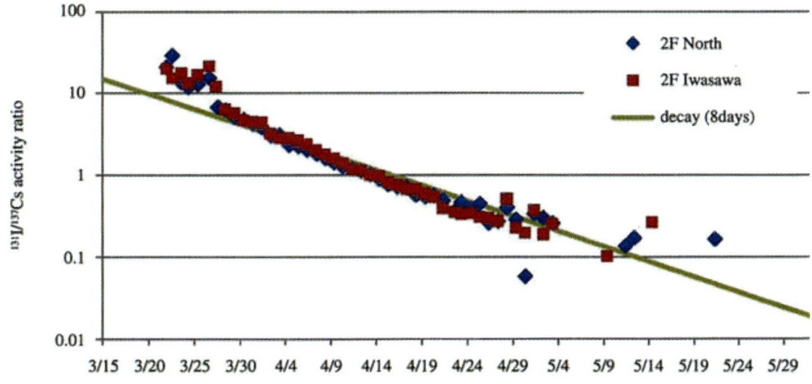

그림 5-4. 후쿠시마 제2자력발전소의 북방수구(후쿠시마 제1원자력발전소로부터 10km 남쪽)과 이와사와(岩沢) 해안(후쿠시마 제1원자력발전소로부터 16km 남쪽)에서 $^{131}I/^{137}Cs$ 방사능비의 모니터링 결과(동경전력). 녹색선은 반감기 8일의 감쇠곡선(3월 26일의 시점에서 $^{131}I/^{137}Cs$는 5.7)을 나타냄(津旨 등, 2011)

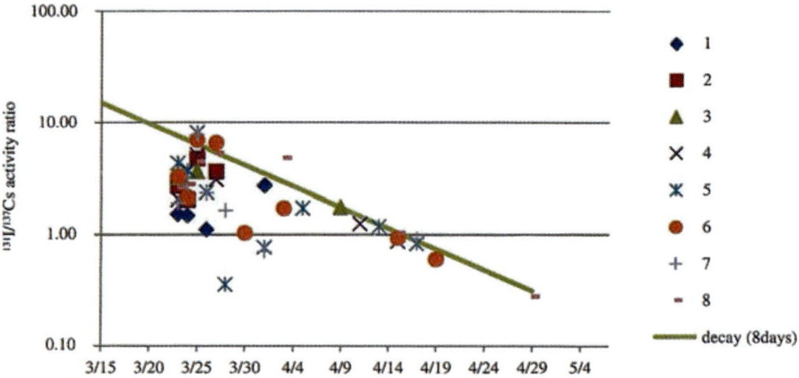

그림 5-5. 후쿠시마 앞바다 30km의 8개 관측점에서 $^{131}I/^{137}Cs$ 방사능비의 모니터링 결과(문부과학성). 녹색선은 반감기 8일의 감쇠곡선(3월 26일 시점에서 $^{131}I/^{137}Cs$가 5.7)을 나타냄(津旨 2011)

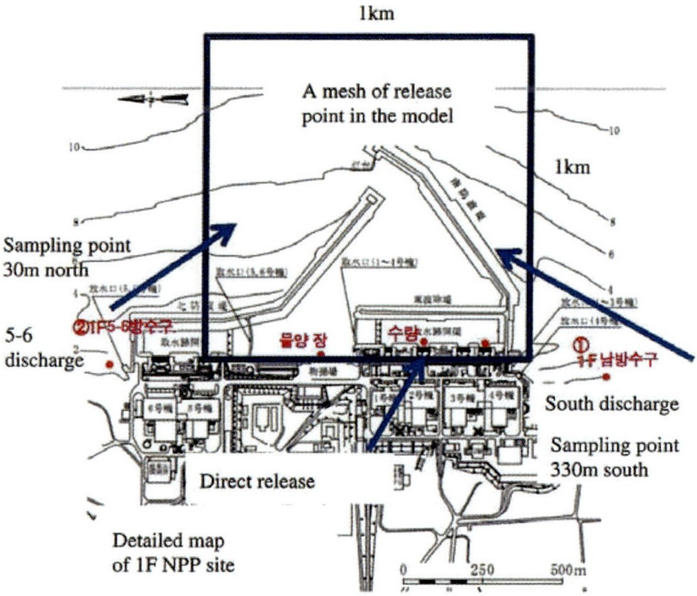

그림 5-6. 후쿠시마 제1원자력발전소 부근의 격자와 모니터링 지점(후쿠시마 제1원자력발전소)

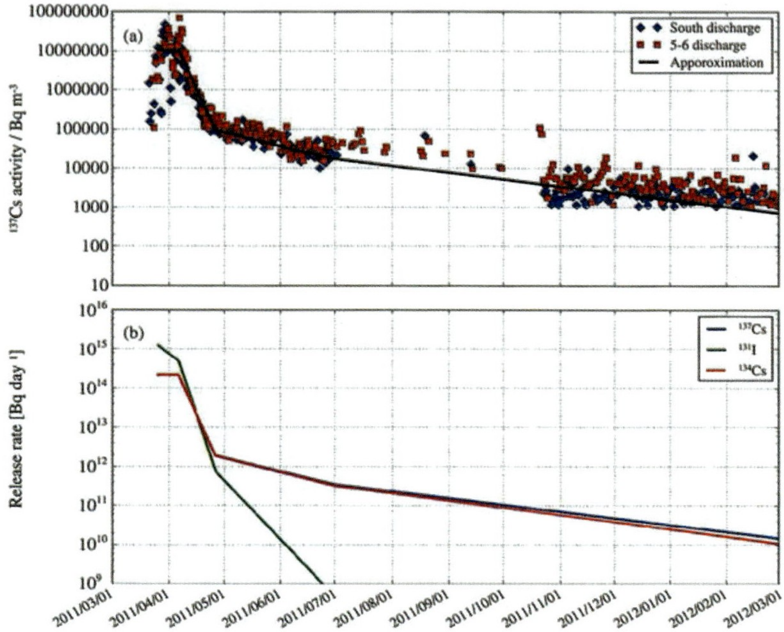

그림 5-7. (a)후쿠시마 제1원자력발전소 부근의 모니터링 결과. 파란색점이 남방수구, 붉은색점이 5-6 방수구를 나타냄. 회색선은 농도변화의 지수함수적 감소의 근사를 나타냄. (b)시뮬레이션에 의해 계산된 누출율(Bq/day)의 시계열 변화 (Tsumune et al., 2013)

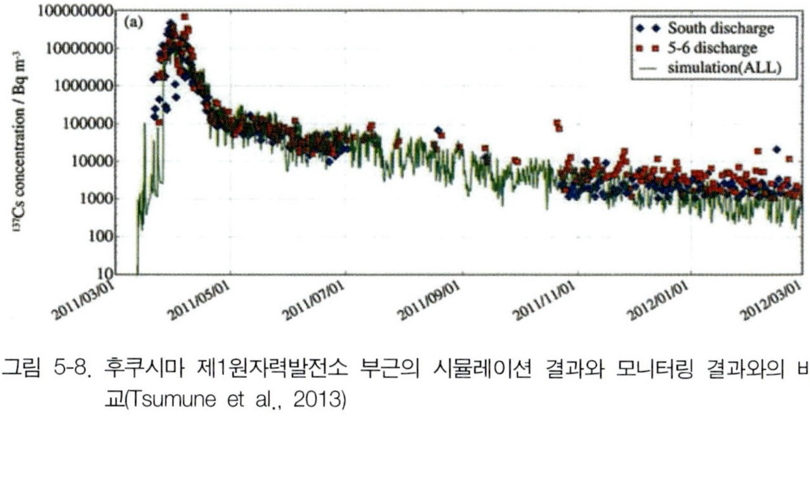

그림 5-8. 후쿠시마 제1원자력발전소 부근의 시뮬레이션 결과와 모니터링 결과와의 비교(Tsumune et al., 2013)

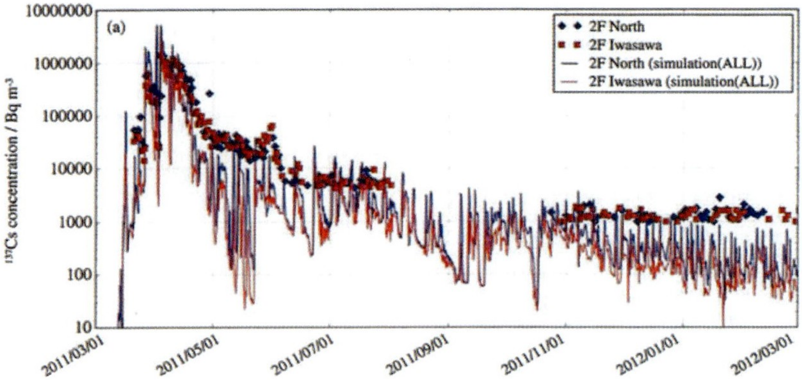

그림 5-9. 후쿠시마 제2원자력발전소 부근의 시뮬레이션 결과와 모니터링 결과와의 비교(Tsumune et al., 2013)

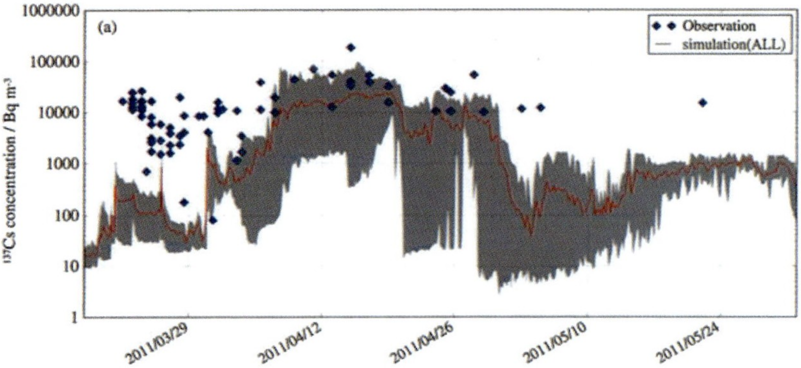

그림 5-10. 30km 앞바다의 시뮬레이션 결과와 모니터링 결과와의 비교(Tsumune et al., 2013)

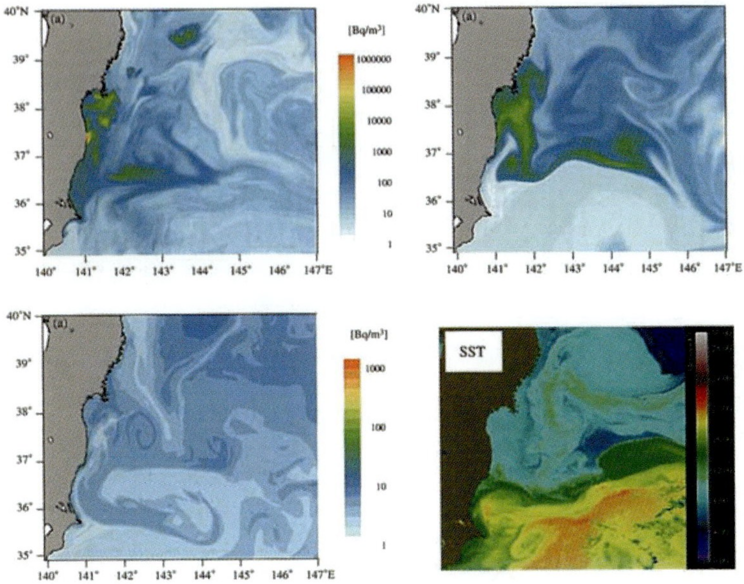

그림 5-11. ^{137}Cs 표층 농도분포의 시뮬레이션 결과. 왼쪽 윗 그림은 2011년 4월 1일, 오른쪽 윗 그림은 2011년 5월 1일, 왼쪽 아랫 그림은 2012년 2월 29일(컬러 콘터가 다름), 오른쪽 아랫 그림은 2011년 4월 14일의 표층 수온분포(위성 자료) (Tsumune et al., 2013)

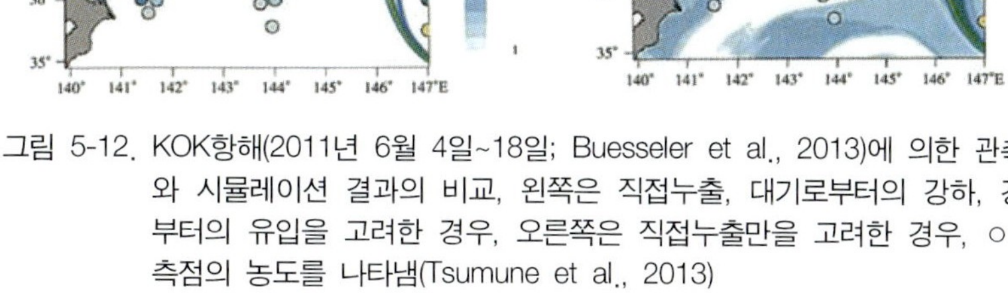

그림 5-12. KOK항해(2011년 6월 4일~18일; Buesseler et al., 2013)에 의한 관측결과와 시뮬레이션 결과의 비교, 왼쪽은 직접누출, 대기로부터의 강하, 경계로부터의 유입을 고려한 경우, 오른쪽은 직접누출만을 고려한 경우, ○은 관측점의 농도를 나타냄(Tsumune et al., 2013)

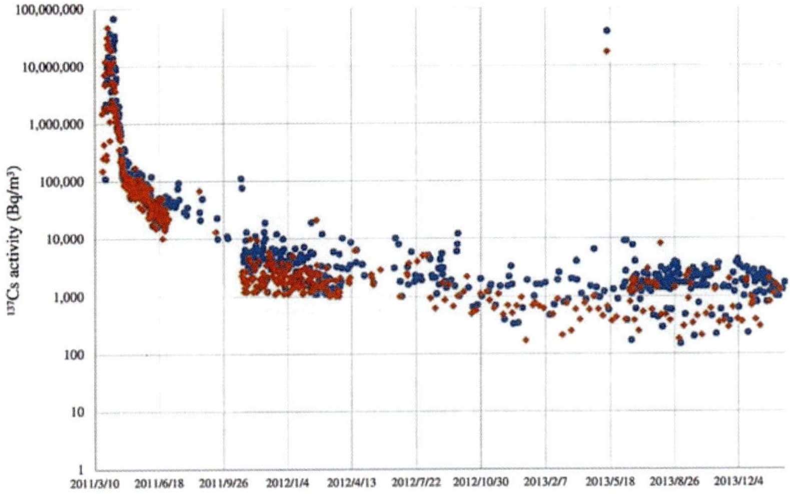

그림 5-13. 후쿠시마 제1발전소 부근 ^{137}Cs 농도의 시뮬레이션 결과. 장기적인 변동

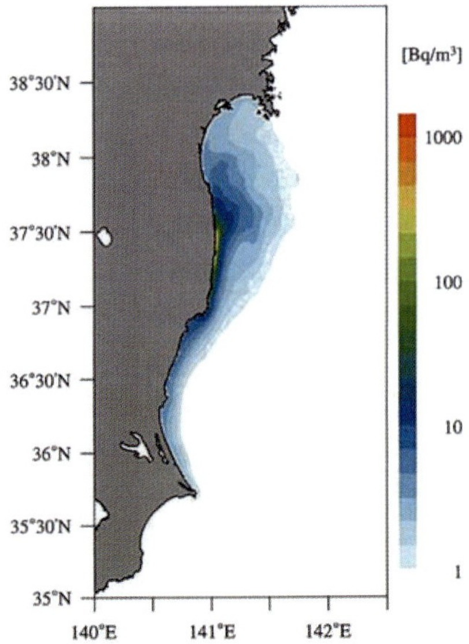

그림 5-15. 2013년 1월부터 2013년 3월까지 일정한 누출(3×10^{13}Bq/day)을 가정한 경우의 연간평균 농도분포(Bq/m^3)

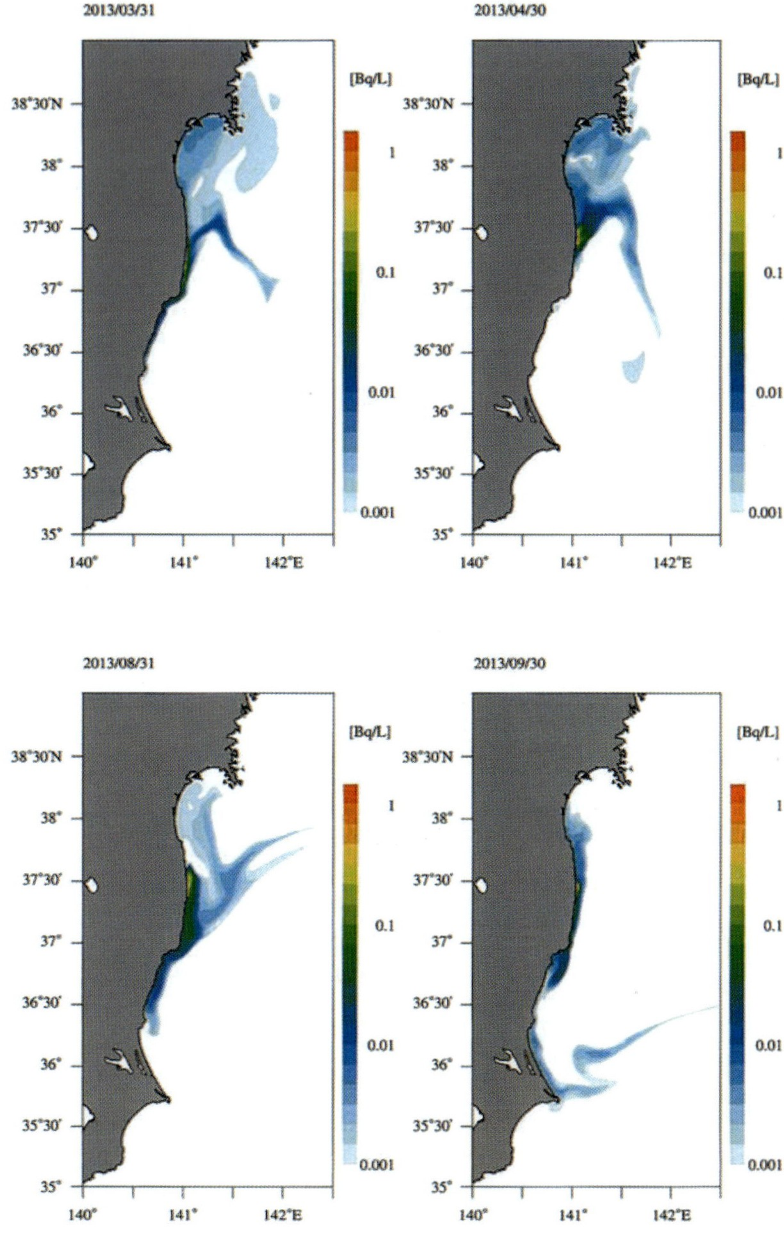

그림 5-14. 2013년 1월 이후 ^{137}Cs이 3×10^{10}Bq/day로 누출된 경우의 농도분포. 2013년 3월 31일, 4월 30일, 8월 31일, 9월 30일

부터의 공급과 해양에서 이동에 관해서는 니쿠야마肉山 등(2014)에 의해 해저퇴적물의 이동에 관한 시뮬레이션 작업이 되어 침식역과 퇴적역의 차이가 계산되어 있다. 해저퇴적물로부터 해양생물로의 이동도 고려할 필요가 있다는 지적도 있어 향후 보다 상세한 논의를 기대한다.

3) 해양생물로의 이동

Tateda et al.(2013)은 해수의 세슘-137(^{137}Cs) 농도의 시뮬레이션 결과(Tsumune et. al., 2013)를 바탕으로 동적 해양생물 이동 시뮬레이션을 수행하였다. 먹이사슬과 대사도 고려하여 해양생물의 세슘-137(^{137}Cs) 농도변화를 잘 재현하고 있다. 후쿠시마 제1원자력발전소 사고와 같이 해수의 세슘-137(^{137}Cs) 농도가 급격하게 변화하는 경우에는 기존의 정상상태를 가정한 농축계수에 의한 접근이 아닌 생물의 흡수·배출속도와 먹이사슬을 경유한 이동을 고려할 필요가 있다는 것을 지적하고 있다. 이 시뮬레이션에 의해 후쿠시마 앞바다의 해양생물의 농도변화를 잘 재현하고 있다. 한편으로 이 시뮬레이션에서 재현할 수 없는 어종(찰가자미, 참가자미, 홍어) 등에 대해서는 해저퇴적물의 영향 가능성이 지적되고 있다(立田, 2014).

5.8 요약

후쿠시마 제1원자력발전소 사고를 대상으로 한 세슘-137(^{137}Cs)의 해양확산 시뮬레이션이 이루어졌고, 관측 결과와의 비교 검증에 의해 직접 누출과 관측된 농도와의 관계가 나타나게 되었다. 현재(2014년 12월)에도 후쿠시마 제1원자력발전소 부지로부터 해양으로 세슘-137(^{137}Cs)의 누출은 계속되고 있지만 영향은 연안역에 한정적으로 나타나있다.

이 시뮬레이션은 해수 속에서 수괴와 함께 이동하는 삼중수소수의 확산예측에도 적용가능하다. 다만 시뮬레이션에는 오차가 포함되는 것에 주의가 필요하다. 시뮬레이션 결과를 효율적인 모니터링 계획 책정에 활용하면서 관측에 의한 검증도 하면서 영향 범위의 파악을 해 나가는 것이 중요할 것으로 생각된다.

참고문헌

青山道夫 (2012) : 北太平洋広域観測結果から推定される福島事故由來の人工放射能の分布と放出総量について, 公開ワークショップ「福島第一原子力発電所事故による環境放出と拡散プロセスの再構築」, http://nsed.jaea.go.jp/ers/environment/envs/FukushimaWS/index.html

Aoyama, M., and Hirose K. (2004) : Artificial radionuclides database in the Pacific Ocean: Ham database, *Scientific World Journal,* 4, 200-214.

Aoyama, M., Tsumune D., Uematsu M., Kondo F., and Hamajima Y. (2012) : Temporal variation of ^{134}Cs and ^{137}Cs activities in surface water at stations along the coastaline near the Fukushima Dai-ichi Nuclear Power Plant accident site, Japan, *Geochem, J.*, 46, 321-325.

Aoyama, M., Uematsu M., Tsumune D., and Hamajima Y. (2013) : Surface pathway of radioactive plume of TEPCO Fukushima NPPI freleased ^{134}Cs and ^{137}Cs, Biogeosciences, 10, 3067-3078, doi: 10.5194/bg- 10-3067-2013.

Bailly du Bois P., Laguionie P., Boust D., Korsakissok I., Didier D. and Fievet B. (2012) : Estimation of marine source-term following Fukushima Dai-ichi accident, *J. Environ. Radioact.*, 114, 2-9, 10.1016/j.jenvrad.2011.11.015.

Buesseler K., Aoyama, M., and Fukasawa M. (2011) : Impacts of the Fukushima nuclear power plants on marine radioactivity, *Environ. Sci. Technol.*, 45, 9931-9935, 10.1021/es202816c.

Buesseler K.O., Jayne S.R., Fisher N.S., Rypiaa I.I., Baumann H., Baumann Z., Breier C.F., Douglass E.M., George J., and Macdonald A.M. (2012) : Fukushima-derived radionuclides in the ocean and biota off Japan, *Proc. Natl. Acad. Sci. USA,* 109, 5984-5988.

Estournel C., Bosc E., Bocquet M., Ulses C., Marsaleix P., Winiar다 V., Osvath I., Nguyen C., Duhaut T, Lyard F., Michaud H., and Auclair F. (2012) Assessment of the amount of Cesium-137 released into the Pacific Ocean after the Fukushima accident and analysis of its dispersion in Japanese coastal waters, *J. Geophys. Res.*, 117, C11014, doi:10.1029/2012JC007933.

橋 本篤・平口博丸・豊田康嗣・中室耕 (2010) : 温暖化に半う日本の気象変化予測(その1)-気象予測・解析システムNuWFSの長期気候予測への適用-, 電中研報, N10044.

速水 洋・佐藤 歩・津崎昌東・嶋寺 光 (2012) : 福島第一原子力発電所から放出された放射性物質の大気中輸送・沈着計算. 電力中央研究所報告書, V11054.

Inomata Y., Aoyama K., Hirose Y., Sanada T. Torii T., Tsubono D. (2014): Dostribution of radionuclides in surface seeawater obtained by an aerial radiological survey, *Journal of Nuclear Science and Technology*, doi:

10.1080/002231331.2014.914451.

Kanda J. (2013) : Continuing ^{137}Cs release to the sea from the Fukushima Dai-ichi Nuclear Power Plant through 2012, *Biogeosciences*, 10, 6107-6113, doi: 10.5194/bg-10-6107-2013.

芽野政道 (2012) : 大気放出量推定, 公開ワーシクョップ「福島第一原子力発電所事故による環境放出と拡散プロセスの再構築」, 2012年3月(東京), http://nsed.jaea.go.jp/ers/environment/envs/FukushimaWS/index.html.

Kawamura H., Kobayasi T., Furuno A. In, T., Iishikawa Y., Nakayama T., Shima, S., and Awaji T., (2011) : Preliminary Numerical Experiments on Oceanic Dispersion of ^{131}I and ^{137}Cs Discharged into the Ocean because of the Fukushima Daiichi Nuclear Power Plant Disaster, *Journal of Nuclear Science and Technology*, 48, 1349-1356, 80/18811248.2011.9711826.

Kinoshita N., Sueki K., Sasa K., Kitagawa J., Ikarashi S., Nishimura T., Wong Y. S., Satou Y., Handa K., Takahashi T., Sato M., and Yamagata T. (2001) : Assessment of individual radionuclide distributions from the Fukushima nuclear accident covering central-east Japan, Proc. *Natl. Acad. Sci.* USA, 108, 19526-19529, 2011.

Kumamoto Y., Aoyama M., Hamajima Y., Aono T., Kouketsu S., Murata A., and Kawano T. (2014) : Southward spreading of the Fukushima-derived radiocesium across the Kuroshio Extension in the North Pacific, *Sci. Rep.*, 4, 4276, doi:10.1038/srep04276.

Kusakabe M., Oikawa S., Takata H., and Misonoo (2013) : Spatiotemporal distributions of Fukushima-derived radionuclides in nearby marine surface sediments, *Biogeosciences*, 10, 5019-5030, doi:10.5194/bg- 10-5019-2013.

Masumoto Y., Miyazawa Y., Tsumune D., Tsubono T., KobayaKobashi T., Kawamura H., Estournel C., Marsaleix P., Lanerolle L., Mehra A., and Garraffo Z. D. (2012) : Oceanic Dispersion Simulations of ^{137}Cs Released from the Fukushima Daiichi Nuclear Power Plant, doi: 10.2113/gselments.8.3.207, *ELEMENTS*, 8, 207-212.

Mellor G., Hakkinen S., Ezer T., and Patchen R. (2002) : A generalization of a sigma coordinate ocean model and an intercomparison of model vertical grids, in: Ocean Forecasting: Conceptual Basis and Applications, edited by: Pinardi, N. and Woods J. D., Springer, New York, 55-72, http: //www.aos.princetion.edu/WWWPUBLIC/PROFS /NewPOM Page.html.

Misumi K., Tsumune D., Tsubono T.,Tateda Y., Aoyama M., Kobayasi T., and Hirose K. (2014) : Factors controlling the Spatiotemporal variation of ^{137}Cs in seabed sediment off the Fukushima coast: Implications from numerical simulations, *J. Environ. Radioact.*, in revision.

Miyazawa Y., Zhang R., Guo X., Tamura H., Ambe D., Lee J. S., Okuno A., Yoshinari H., Setou T., and Komatsu K. (2009) : Water mass variability in the western North Pacific detected in a 15-year eddy revolving ocean analysis, *J. Oceanogr.*, 65, 737-756.

Miyazawa Y., Masumoto Y., Varlamov S.M., Miyama T., Takigawa M., Honda M., and Saino T. (2013) : Universe estimation of source parameters of oceanic radioactivity dispersion models associated with the Fukushima accident, *Biogeosciences*, 10,2349-2363, doi:10.5194/bg-10- 2349-2013.

Morino Y., Ohara T., and Nishizawa M. (2011) : Atmospheric behavior, deposition, and budget of radioactive materials from the Fukushima Daiichi nuclear power plant in March 2011, *Geophys. Res. Lett.*, 38, L00G11, doi:10.1029/2011GL048689.

Morino Y., Ohara T., Watanabe Mirai., Hayashi S., Nishizawa T. (2013) : Episode Analysis of Deposition of Radiocesium from the Fukushima Daiichi Nuclear Power Plant Accident, *Environ. Sci. Technol.*, 47, 2314-2322.

中村義治 (1990) : 解放性浅海域の物理環境, 大に態海岸おける各種境界層について, 水産土木, 26(1), 45-60.

日本学術会議 (2014) : 福島第一原子力発電所事故によって環境中に放出された放射性物質の輸送沈着過程に関するモデル計算結果の比較, 総合工学委員会事故対応委員会, 原発事故による環境汚染に関する検討小委員会, 環境モデリングワーキンググループ, 報告, http://www.jpgu.org/scj(report/20140902scj_report_j.pdf).

日本国政府 (2011) : 原子力安全に関するIAEA閣僚会議に対する日本国政府の報告, http://www.kantei.go.jp/topics/2011/iaea_houkokusho.html.

Otosaka S., Kobayasi T. (2013) : Sedimentation and remobilization of radiocesium in the coastal area of Ibaraki, 70 km south of the Fukushima Daiichi Nuclear Power Plant, *Environ. Monit. Assess.*, 185, 5419-5433.

Rossi V., Sebille E.V., Gupta A.S., Garcon V., and England M.H. (2013) : Multi-decadal projections of surface and interior pathways of the Fukushima Cesium- 137 radioactive plume, *Deap-Sea Research* I, 80, 37-46.

Rossi V., Sebille E.V., Gupta A.S., Garcon V., England M.H. (2014) : Corrigendumto 「Multi- decadal projections of surface and interior pathways of the Fukushima cesium-137 radioactive plume, Deap-Sea Research I, 80(2013) 38-46. Deap-Sea Research I, http: //dx.doi.org/ 10.1016/ j.dsr.2014. 08.007.

Rypina I.I., Jayne S.R., Yoshida S., MacDonald A.M., Douglass E., and Buesseler K. (2013) : Short-term dispersal of Fukushima-derived radionuclides off Japan: modelling efforts and model-data intercomparison, *Biogeosciences*, 10, 4973-4990, doi: 10.5194/bg-10-4973 -2013.

Skamarock W.C., Klemp J.B., Dudhia J., Gill D.O., Barker D.M., Duda M., Huang H., Wang W., and Powers J.G. (2008) : A description of the advanced research WRF version 3. NCAR Tech. Note NCAR/TN- 475+STR, 113pp.

Shchepetkin A.F. and McWilliams J.C. (2005) : The Regional Ocean Modelling System (ROMS): a split-explicit, free- surface, topography following coordinates oceanic model, *Ocean Modell.*, 9, 347-404, https://www. myroms.org/

立田　穣(2014) : 海洋生物への放射性セシウム移行に関するモデル解析について, Isotope News, 719, 32-36.

Tateda Y., Tsumune D., and Tsubono T. (2013) : Simulation of radioactive Cs transfer in the southern Fukushima coastal biota by dynamic food chain transfer model, *Journal of Environmental Radioactivity,* 124, 1-12,10.1016/j. jenvrad.2013.03.007.

Terada H., Katata G., Chino M., and H. Nagai (2012) : Atmospheric discharge and dispersion of radionuclides during the Fukushima Daiichi Nuclear Power Plant accident. Part II: verification of the source term and analysis of regional-scale atmospheric dispersion, *J. Environ. Radioact.*, 112, 141-154.

東京電力 (2012) : 福島原子力事故調査報告書, http://www.tepco.co.jp/nu/fukushima-np/interim/index-j-html.

坪野考樹・津旨大輔・三角和弘・吉田義勝 (2010) : 地域海洋モデルROMSを用いた物質拡散の計算法, 電力中央研究所報告書, V09040.

Tsumune D., Aoyama M., and Hirose K. (2003) : Numerical simulation of ^{137}Cs and ^{239,240}Pu concentrations by an ocean general circulation model, *J. Environ. Radioact.*, 69, 61-84.

Tsumune D., Aoyama M., Hirose K., Bryan F.O., Lindsay K., and Danabasoglu G. (2011) : Transport of ^{137}Cs to the Southern Hemisphere in an ocean general circulation model, *Prog. Oceanogr.*, 89, 38-48, 10.1016/j.pocean.2010. 12.006.

津旨大輔・坪野考樹・青山道夫・広瀬勝巳 (2011) : 福島第一原子力発電所から漏洩した^{137}Csの海洋拡散シミュレーション, 電中研報, V11002.

Tsumune D., Tsubono T., Aoyama M., and Hirose K. (2012) : Distribution of oceanic ^{137}Cs from the Fukushima Daiichi Nuclear Power Plant simulated numerically by a regional ocean model, *J. Environ. Radioact.*, 111, 100-108, 10.1016/ j.jenvrad.2011.10.007.

Tsumune D., Tsubono T., Aoyama M., Uematsu M., Misumi k., Maeda Y., Yoshida Y., and Hayami H. (2013) : One- year, regional- scale simulation of ^{137}Cs radioactivity in the ocean following the Fukushima Daiichi Nuclear Power Plant accident, *Biogeosciences*, 10, 5601-5617, doi:10.5194/bg-10- 5601-2013.

内山雄介・山西琢文・津旨大輔・宮沢泰正 (2014) : 放射性核種の海域移行解析のための河口・沿岸域土砂輸送モデルの開発, 日本地球惑星科学聯合 2014 年大会パシフィコ横浜.

제6장 후쿠시마 어업의 부활 과정(process)

야기 노부유키 (八木信行)

6.1 어업 피해상황

2011년 3월 11일 동일본 대지진 재해가 초래한 쓰나미에 의해 전국에서 약 2만 9,000척의 어선과 319개 항만이 피해를 입었다(水産庁, 2013). 이 숫자는 일본의 총 어선 척수와 어항 총 수의 각각 약 10%에 해당한다. 지진 재해로부터 3년이 경과한 2014년 1월말 시점에서는 전국에서 어선은 약 1만 7,000척이 복구되고, 또한 같은 해 3월말에는 육양陸揚기능이 모두 또는 부분적으로 회복된 어항의 수는 289개가 되었다(水産庁, 2013). 미증유의 대재난임에도 불구하고 하드웨어 측면에서는 의외로 급속도로 회복되었다고 할 수 있을 것이다.

그렇지만 후쿠시마현의 상황은 이것과는 달랐다. 동경전력 후쿠시마 제1원자력발전소로부터 대량의 방사성물질이 환경으로 방출되는 사고가 발생하여 그것에 의해서 후쿠시마의 어업이 받은 피해는 막대한 것이기 때문이다.

후쿠시마현에서는 어선 873척이 쓰나미에 의해 피해를 입었다(農林水産省 大臣宮房統計部, 2012). 2011년 3월 11일은 소우바후타바相馬双葉 지구의 휴어일로 어선이 어항에 계류하고 있었고, 그 때문에 결과적으로 많은 어선이 쓰나미에 의해서 피해를 입었다는 이야기도 들었다. 쓰나미로 가족을 잃은 어민도 있었지만 남아 있는 선박을 정비하여 보다 빨리 조업을 시작하자고 하는 움직임도 있었다. 후쿠시마 제1원자력발전소 사고는 바로 그 직후였다. 2011년 3월 15일 후쿠시마현 어업협동조합 연합회는 조합장회의를 개최하여 후쿠시마현의 연안 및 앞바다에서의 어업조업의 자숙을 결정하였다. 정부로부터 후쿠시마현 수역에서 어획되는 복수의 어패류를 출하제한 대상으로 하는 지시 등이 나오게 된 것은 그 후의 일이다.

후쿠시마현에서 조업이 자숙되고 있는 동안 어민의 배상에 대해서는 원자력 손해 배상에 관한 법률에 따라 원자력 사업자인 동경전력이 그 책임을 져야 한다고 되어 있으며, 실제 동경전력은 어민에게 배상금을 지불하였다. 그렇지만 ①사고 이전의 어획물의 매상전표가 쓰나미 등으로 소실되어 매상감소액과 실손액 등을 계산할 증거자료가 준비되지 않은 어민도 있고, 그와 같은 어민에게는 반드시 적절한 배상이 이루어진 것은 아닌 것, ②배상이 불충분한 수산가공업과 유통업은 업자가 후쿠시마를 떠날 움직임을 보이는 것, ③조업자숙이 어느 정도 장기화될지의 불확실 속에서 장래 계획을 세울 수 없는 것 등 많은 불만이 존재하고 있다(八木, 2013).

6.2 후쿠시마현 지역 어업부흥협의회

이상의 상황에서 후쿠시마현 어업협동조합연합회는 수산업의 부흥과 어업의 재개를 목표로 후쿠시마현 지역 어업부흥협의회를 설립하였다. 2012년 3월에 제1회 회의를 개최하고, 이후 거의 매월 후쿠시마현 내에서 협의회를 개최하고 있다(2014년 5월 현재).

필자도 2012년 설립 당초부터 협의회의 회원으로서 논의에 참가하고 있지만 당초에는 출석자 일동이 고충을 씹어 삼킨 듯한 표정으로 의논을 하는 어두운 분위기의 회의였다. 특히 후쿠시마현의 연안이나 앞바다에서의 어업재개에는 매우 큰 장애가 존재하고 있다는 비관적인 논의가 몇 번이나 이루어 졌다. 「후쿠시마에서 어업을 재개하여도 물고기를 구매 할 소비자는 없을 것이다. 자칫 잘못하면 일본산 물고기 전부에 소문 피해가 미친다. 그러나 이대로는 후쿠시마에서는 어업뿐만 아니라 관련된 유통도매업, 식품소매업, 외식산업이라고 하는 후쿠시마 연안의 지역산업 자체가 사라져버린다. 도대체 어떻게 해야 좋을 것인가?」라는 논의였다.

그 중에서 세슘(Cs)이 체내에 축적되기 어려운 수산물에 한정한 어업의 재개에 대해서 논의가 이루어지게 되었다. 특히 후쿠시마 원자력발전소 사고 이전부터 공표된 IAEA(International Atomic Energy Agency, 국제원자력기구)의 보고에는 생물 종류에 따라 세슘 등의 방사성물질이 체내에 축적되기 쉬운 것과 그렇지 않은 것이 있다고 하는 정보는 중요하였다. 구체적으로는 바다에 서식하는 생물 중에서도 특히 오징어, 문어, 패류 등은 어류 보다도 방사성세슘(Cs)의 농축계수(생물체내에 포함된 세슘 농도를 해수 중에 포함된 세슘 농도로 나누어 얻어진 숫자)가 낮다고 하는 정보이다(IAEA, 2004).

후쿠시마현 등이 이번 사고 후에 실시한 모니터링 조사에서도 후쿠시마현의 수역에서 채집한 어패류 중 오징어와 문어 등은 초기에 방사성세슘이 검출되었지만 그 후 해수의 방사능 준위가 감소하면서 검출되지 않게 된 것을 알았다(根本 등, 2012). 게다가 이 모니터링 조사에서는 해역에 따라 어체내의 방사성세슘 농도가 서로 다른 경향이 있는 것, 구체적으로는 후쿠시마 제1원자력발전소에 가까이 갈수록 높고, 또한 제1원자력발전소 남쪽이 북쪽보다도 높은 것이 밝혀졌다(根本 등, 2012). 후쿠시마현의 수산시험장은 수심 7m, 10m, 20m의 천해역에서 6개의 조사 정선을 설정하여 2011년 5월 이후 매월 해수의 방사성세슘을 측정하였다. 사고 직후는 원자력발전소 남측의 천해역에서 방사성세슘이 검출되었지만 2011년 9월에는 모든 관측점에서 불검출되었다(根本 등, 2012).

병행하여 해수어海水魚가 세슘을 배출하는 기구도 해명되었다. 해수어는 주위의 물(해수) 보다도 체액의 삼투압이 낮아 몸체로부터 물이 소실되기 쉽기 때문에 해수를 마시는 것으로 해수에 포함되어 있는 세슘을 함유한 염과 미네랄을 아가미 등에서 적극적으로 배출하여 평형을 유지하고 있다. 해수어의 아가미 표면에는 몸 속과 바깥과의 사이에 염분과 미네랄을 교환하는(이온수송하는) 「염류세포」가 매우 많이 분포하며, 세슘은 염류세포에 있는 칼륨의 배출경로를 통하여 체외로 배출된다(Furukawa et al., 2012).

한편으로 2012년 6월 시점에서도 흰볼락, 문치가자미, 농어, 쥐노래미 등 연안역에 서식하는 많은 어류로부터 100Bq/kg을 초과하는 방사성세슘이 검출되고 있었다. 2012년 5월의 조사결과에서는 검사한 475검체 중 방사성세슘이 불검출인 것은 183검체이고, 100Bq/kg을 초과한 검체수가 93검체 존재하였다[43]. 사고로부터의 일수가 경과함에 따라 방사성세슘 농도가 명확하게 낮아지는 종류의 어종도 있는 한편 경향이 명확하지 않는 어종도 많이 남아 있었다(根本 등, 2012).

이 상황에서 시험적으로도 어업을 재개하는 것이 적절한지의 여부가 다각적인 견해로 논의가 거듭되었다. 애초부터 이번 원자력발전소 사고에서 어업관계자는 피해자이다. 그러나 어업재개를 우선하는 것이 지나쳐 소비자를 위험에 노출시키는 것은 미연에 방지해야 한다. 따라서 어업을 시험적으로 재개하는 경우에도 어종과 해역의 선정에 있어 안전을 예측하여 신중하게 설정하는 것은 물론 얻어진 어획물을 시장에 유통시킬 때에 추적가능성(traceability)을 확보하여 긴급시에는 제품의 회수가 가능한 체제를 마련하는 등 소비자의 시점에 입각하여 제품의 검사와 유통판매를 재정비할 필요성이 협의회에서 반복적으로 논의되었다.

이상과 같은 논의 결과 2012년 6월 12일 후쿠시마지역 어업부흥위원회 회의에서 다음과 같은 조건 하에서 시험적으로 어업조업을 재개하게 되었다.

- 후쿠시마현의 물고기에 관한 현상을 이해할 수 있는 구매자로 한정하여 판매한다(이것을 가능하게 하기 위하여 구매자를 위한 표시와 추적가능성(traceability)을 정비한다).
- 출하전에 방사성물질의 검사를 충분히 한다. 또한 출하된 곳에서 기준값을 초과한 것이 발견되는 경우는 모든 상품을 회수한다.
- 어획대상을 문어의 종류인 「밤나무문어(학명 octopus conispadiceus, chestnut octopus로도 불림, 한국에는 서식하지 않음)」와 「문어」 또는 고둥류인 시라이트마키바이(학명 Buccinum isaotakii Kira, 한국에는 서식하지 않는 물레고둥류) 3종류에 한정한다. 또한 어획하는 수심은 150m 이심으로 한다.

---

43) 후쿠시마현 작성자료에 의한 것. https://www.pref.fukushima.lg.jp/uploaded/attachment/62953.pdf로부터 입수 가능

- 9척의 어선만을 사용하여 앞바다에서 어획하고, 그것을 소우바후타바相馬双葉어협 1개소에서만 하역한다.
- 구매자에 대하여 정보를 속이지 않고 제공하며, 또한 구매자로부터의 반응이 생산자에게 전달되도록 구조를 갖춘다.
- 정기적으로 계획을 재검토한다.

그 후 후쿠시마현 어업협동조합연합회는 조합장회의의 합의를 거친 후 2012년 6월부터 시험조업을 실시하였다.

6.3 시험조업 개시

2012년 6월 23일 지진 재해 후 처음으로 시험조업이 실시되어 야나기낚지 9kg, 문어831 kg, 시라이트마키바이(학명 Buccinum isaotakii Kira, 한국에는 서식하지 않는 물레고둥류) 471kg이 어획되었다[44]. 어획물은 소우바후타바어협이 방사성물질을 검사했지만 기준값을 초과한 시료는 없었다. 그 후 어획물은 중매인을 통하여 지역의 슈퍼 등으로 도매되어 바로 모두 판매되었다. 지역의 소비자 사이에 후쿠시마현산의 수산물을 구매할 의욕이 존재하고 있었다는 것이 확인되었다고 할 수 있다.

이후 1개월에 4회 정도의 빈도로 시험조업이 계속되고 있다. 후쿠시마현 어업협동조합은 시험어업 날짜별, 어종별 어획량 kg수를 기록해 두었고, 이 자료를 바탕으로 경과를 정리하면 표 6-1과 같이 된다. 1일 당 어획량은 5톤 전후이고, 많더라도 10톤 정도이다. 모든 어획물은 방사성물질 검사가 이루어졌고, 지정한 중매인에 의해서 시장에 유통되었다.

시험조업의 대상 어종도 서서히 추가되었다. 추가할 경우의 과정은 아래와 같다. 우선 후보로서 원자력 재해 특별조치법에 따라 국가의 출하제한 지시의 대상이 되지 않는 어종이며, 또한 모니터링 조사에서 방사성세슘 농도 값이 안정하여 검출한계 이하가 되는 어종이 선정된다. 이 후보 어종 각각에 대해 후쿠시마현 지역어업부흥협의회에서 그 시비

44) 후쿠시마현 어업협동조합연합회의 자료를 필자가 집계.

45) 쏨뱅이(눈볼대)는 2014년 3월부터 같은해 8월까지 어획대상으로부터 한때는 제외되어 있었다. 이것은 2월에 어업협동조합이 수행한 검사에서 112Bq/kg으로 기준

표 6-1. 후쿠시마현의 시험조업 실시상황(후쿠시마현 어업협동조합연합회 및 후쿠시마현청의 자료를 바탕으로 필자가 작성). 어획량은 소수점 첫째자리를 사사오입하였음

조업월	출어 일수	어획량 (톤)	어획대상어종(실제로 어획한 어종의 내역)[45]
2012/6	2	4	밤나무문어, 문어, 시라이트마키바이 후쿠시마 소우바 시장에서는 마키쯔부라고 부름)
2012/7	5	30	전월과 같음
2012/8	4	16	전월과 같음
2012/9	3	13	살오징어(마이카(참오징어)는 지역에서 부르는 명칭)와 털게가 추가
2012/10	3	19	전월과 같음
2012/11	2	16	화살오징어, 조각매물고둥(학명, Neptunea intersculpta) 추가
2012/12	3	24	명주매물고둥(학명, Neptunea constricta, 파랑눈매퉁이(학명, Chlorophthalmus albatrossis Jordan and Starks, 눈가자미(학명, Dexistes rikuzenius Jordan and Starks) 추가
2013/1	3	13	왕부채게(학명, Hypothalassia armata), 암컷대게(통칭 빵게), 홍살치(학명, Sebastolobus macrochir) 추가
2013/2	2	8	전월과 같음
2013/3	4	23	까나리 추가
2013/4	10	118	전월과 같음
2013/5	4	10	홍감팽(학명, Helicolenus hilgendorfi), 눈볼대 추가
2013/6	3	12	전월과 같음
2013/7	10	78	전월과 같음
2013/8	3	24	전월과 같음
2013/9	2	9	황아귀(학명, Lophius litulon), 갈가자미(학명, Tanakius kitaharae) 추가
2013/10	7	34	멸치, 정어리 등의 치어 추가
2013/11	5	35	줄가자미(학명, Clidoderma asperrimum), 홍가자미(학명, Hippoglossoides dubius Schmidt), 눈볼데, 전갱이 추가
2013/12	5	44	연어병치(학명, Hyperoglyphe japonica) 추가

값 이상의 세슘을 함유한 것이 발견되었기 때문이다[현재 어획대상종은 94종으로 되어있다(2016년 11월 말일 현재)].

2014/1	6	22	히고로모에비(학명, Pandalopsis coccinata Urita, 한국에는 서식하지 않는 종, 새우종류), 반원니꼴뚜기(학명, Loliolus japonica) 추가
2014/2	4	10	명태 추가
2014/3	11	29	뱅어류 추가
2014/4	17	186	전월과 같음
2014/5	8	31	전복 추가
2014/6	9	26	깨다시꽃게(학명, Ovalipes punctatus), 꽃게, 사할린북방대합
2014/7	15	92	전월과 같음
2014/8	10	90	전월과 같음
2014/9	18	75	삼치, 방어, 민달고기, 참가자미, 달강어, 성대, 오키나마코(학명 Parastichopus nigripunctatus, 해삼종류), 붉은대게 추가

※ 독자의 이해를 돕기위하여 우리나라에 서식하지 않거나 일반적이지 않는 수산물은 학명을 괄호안에 표기 하였음

가 논의되고, 다시 한번 더 결과를 조합장회의에 의견을 묻는 수순이다.

시험조업에 의한 2012년 6월부터 2013년 12월까지 양육량은 합계 528톤이고, 그 중 소우바후타바相馬双葉 지역의 어획량은 515톤, 이와키いわき 오나하마小名浜 지역의 어획량은 13톤이다[46]. 두 지역 합하여 2013년 1월부터 12월까지의 시험조업에 의한 총 어획량은 406톤이고[47], 이것은 지진 피해 전의 같은 종의 어업에 의한 어획량의 약 1/30 정도의 어획량에 해당한다.

후쿠시마현의 어업은 저인망, 선망, 쌍끌이, 박망, 부망(봉수망), 정치망, 주낙, 주낙 이외의 낚시, 기타어업(근해 낙지통발어업을 포함)으로 구분된다. 그 중에서 시험조업을 하고 있는 것은 저인망어업, 선망어업, 근해 낙지통발어업 3가지 어업종류 뿐이다.

지금까지 시험조업을 해온 어선이 소속한 지역으로는 현 북부의 소우바후타바相馬双葉 지역과 현 남부의 이와키 및 오나하마小名浜 지역이며,

46) 후쿠시마현 어업협동조합연합회의 자료를 필자가 집계.
47) 후쿠시마현청 및 후쿠시마현 어업협동조합연합회의 자료를 필자가 집계.

저인망어업에 대해서는 그 두 지역으로부터 어선이 참가하고 있다. 다만 소우바후타바지역의 어선이 시험조업 개시 당시인 2012년 6월부터 참가한 것에 비해 이와기 및 오나하마의 어선은 2013년 10월부터 참가하였다. 저인망어업은 2012년 6월의 시험조업 개시부터 2013년 12월까지의 기간(금어기인 7월과 8월을 제외)에 합계 230톤을 어획하였다[48].

근해 낙지통발어업은 모두 소우바후타바 지역의 어선이다. 이들은 2012년 7월과 8월 그리고 2013년 7월과 8월에 조업하여 문어, 밤나무문어, 시라이트마키바이의 3종류로 합계 147톤을 어획하였다[49].

선망 어업도 2013년 12월까지의 시점에서 시험조업에 참가한 것은 모두 소우바후타바지역의 어선이다. 선망은 봄에 까나리, 가을에 멸치, 정어리 등의 치어에 종사하는 어업이다. 봄에는 2013년 3월 29일부터 5월 1일까지 합계 10회 출어하여 까나리를 137톤 어획하고[50], 가을에는 2013년 10월 11일부터 11월 9일까지 합계 5회 출어하여 멸치 치어를 13톤 어획하였다[51].

그림 6-1에 시험조업을 실시한 해역을 나타내었다[52]. 시험조업에서는 대상 어종뿐만 아니라 실시해역에 대해서도 후쿠시마현 지역 어업부흥협의회에서 우선 논의를 한 후 조합장 회의에서 합의를 거치는 과정에 의해 설정된다. 또한 시험조업에서 얻어진 어획물의 방사성물질에 관한 조사결과를 검토한 후 서서히 조업 가능한 해역의 확대를 인정하고 있다.

저인망에 대한 시험조업은 당초 2012년 6월에 개시했을 때에는 그림 속의 해역①에 한정하여 조업을 하기로 되어 있었다[53]. 이것은 후쿠시마현 수산시험장 등이 실시한 조사결과에서 어패류중의 방사성세슘(Cs)의 농도가 현의 북부 쪽이 남부 보다도 낮으며, 또한 수심이 깊어짐에 따라 낮아지는 경향이 나타났기 때문이다.

---

48) 후쿠시마현청 및 후쿠시마현 어업협동조합연합회의 지료를 필자가 집계.
49) 후쿠시마현청 및 후쿠시마현 어업협동조합연합회의 지료를 필자가 집계.
50) 후쿠시마현청 및 후쿠시마현 어업협동조합연합회의 지료를 필자가 집계.
51) 후쿠시마현청 및 후쿠시마현 어업협동조합연합회의 지료를 필자가 집계.
52) fsgyoren_jf_net.ne.jp (후쿠시마현 어업협동조합연합회 자료에 의해 발췌).
53) fsgyoren_jf_net.ne.jp (후쿠시마현 어업협동조합연합회 자료에 의해 발췌).

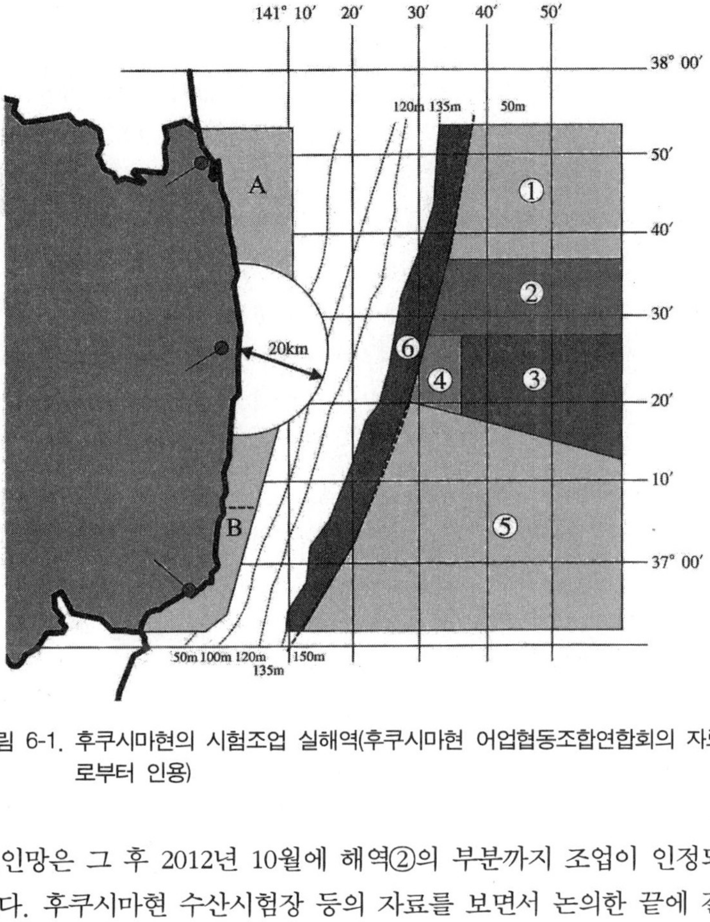

그림 6-1. 후쿠시마현의 시험조업 실해역(후쿠시마현 어업협동조합연합회의 자료로부터 인용)

저인망은 그 후 2012년 10월에 해역②의 부분까지 조업이 인정되게 되었다. 후쿠시마현 수산시험장 등의 자료를 보면서 논의한 끝에 결정하였다. 더구나 근해 낙지통발에 대해서는 2012년에 해역①에 한정하여 조업하였다[54].

2013년에 들어서 저인망의 시험조업해역은 서서히 확대되었다. 구체적으로는 같은해 2월에는 해역③을, 같은해 5월에는 해역④를, 같은해 8월에는 해역⑤를, 같은해 12월에는 해역⑥을 각각 추가하였다[55]. 또한 근해 낙지통발어업은 2013년에는 ①~④해역에서 조업 하였다[56].

54) fsgyoren_jf_net.ne.jp (후쿠시마현 어업협동조합연합회 자료에 의해 발췌).
55) fsgyoren_jf_net.ne.jp (후쿠시마현 어업협동조합연합회 자료에 의해 발췌).

선망에 대해서는 어획대상이 까나리 및 멸치 치어이고, 연안역이 이들 어종의 분포해역으로 되어 있다. 까나리는 2011년에 14,400Bq/kg의 방사성세슘이 검출되었다(根本 등, 2012). 까나리는 매년 새로 태어난 치어를 어획대상으로하고 있다. 2013년에 어획대상으로 된 것은 사고 후에 새로 태어난 세대이다. 실제 시료 조사에서도 방사성세슘(Cs)은 검출한계 이하였다. 이것으로부터 2013년 3월부터 A 해역에서 까나리를 대상으로 한 선망의 시험조업이 인정되게 되었다. 또한 A 해역은 소우바후타바相馬双葉 지구의 어선이 시험조업 하는 해역으로 되어 1년 늦은 2014년 2월부터 B해역에서 오나하마의 어선이 시험조업을 하였다.

또한 후쿠시마현에 소속된 쌍끌이 어업과 꽁치(봉수망) 어업은 후쿠시마현 해역 이외에서 조업을 하고 있다. 이들은 시험조업이 아닌 통상의 어업이며, 2012년에는 가다랑어, 참지류와 꽁치 등 합계 4,500톤을 어획하였다[57]. 어획된 가다랑어류는 후쿠시마현(오나하마)에서 하역되었지만 다른 현에서 하역되었을 때 보다도 부두에서 거래되는 수산물 가격이 낮아진다는 이야기도 어업관계자로부터 들었다.

6.4 후쿠시마현의 연안 및 앞바다 어업의 미래 전망

이상에서 개략적으로 살펴본 것 처럼 후쿠시마현의 연안 및 앞바다에서의 어업은 후쿠시마 제1원자력발전소 사고에 의해 극히 심각한 영향을 받았고, 지진 피해 후 3년이 경과한 2014년 현재에도 본격적인 부흥에서 멀리 떨어진 상황이라고 하지 않을 수 없다.

지진 피해 전 후쿠시마현의 어업은 전국 평균과 비교하여 판매면이나 후계자의 확보 면에서 우등생이었다. 2008년 어업 총조사에 의하면 어업취업자 중 60세 이상의 사람이 차지하는 비율은 전국 평균으로는 약 47%였던 것에 비해 후쿠시마현에서는 약 36%로 낮은 비율이었다. 어선측과 육지측에서 제휴를 취하면서 생선의 시장가치를 올린다는 소프트

---

56) fsgyoren_jf_net.ne.jp (후쿠시마현 어업협동조합연합회 자료에 의해 발췌).

57) 후쿠시마현청에 의한 「평성 24년도(2012년)판 후쿠시마현 해면어업어획고 통계」로부터 인용.

웨어의 노력이 있었으며, 그 때문에 생산이 안정되어 있었다고 생각된다(八木, 2013). 예를들면 저인망어업은 짧은 기간에 효율적으로 어획하는 기술이 있었기 때문에 금어일을 많이 설정하는 것이 가능하고, 어획이 있는 날에는 금어일의 설정한 만큼 육상 측에서 수수료를 올려서 생선을 처리할 수 있다는 선순환이 있고, 이것이 수익이 좋은 어업으로 이어져서 젊은 사람도 어업에 종사하고 있었던 것으로 보인다(八木, 2013).

그러나 이와 같은 선순환은 원자력발전소 사고에 의해서 붕괴하여 미래의 전망도 불확실한 상황에 빠져있는 상태이다. 더욱이 일본 어업이 안고 있는 구조적인 문제도 걸려있다. 일본의 수산업은 1990년대 무렵부터 생산이 급속히 감소하고, 이와 병행하여 수산물의 수입이 급증하였다. 일본의 수산물 관세율이 낮은(평균세율 4%) 속에서 일본 화폐의 환율 상승이 진행되어 외국산 수산물의 수입이 확대된 것, 또한 국제적으로 어업관리가 강화되어 200해리 체제가 확립되었기 때문에 일본 어선이 외국 어장을 잃어버린 것, 일본 근해에서 정어리의 대발생기가 종료된 것 등이 그 배경으로 되어 있다(島 등, 2012). 남아 있던 어업경영체도 국제경쟁의 격렬화와 연료유 등의 자재 가격 상승 때문에 수익은 낮아지고, 취업자 인구도 전국적으로 감소하고 있다(농림수산성, 2012). 더욱이 어획규제를 엄수하여 비용을 들여서 엄격한 자원관리를 하고 있어도 그 한편으로 불법어업 생선이 싼 가격으로 시장에 나돌아 그쪽이 가격 경쟁력이 있기 때문에 자원의 보전관리를 실시하고 있는 어업자가 시장으로부터 도태된다는 역선택 문제도 국제 수준으로 존재하고 있다(OECD, 2004). 원자력발전소 사고가 만일 극복되었다고 하더라도 이들 문제에도 근본적인 대응이 요구되고 있다.

이상을 감안하여 향후 피해지역 어업 부흥에 관한 전망에 대해서 마지막으로 언급한다.

1) 수산판 just-intime 방식

지금 어업자원의 남획과 어획 후에도 바다로부터 식탁까지 모든 단계에서 생선이 버려지는 것이 문제가 되어 있지만 이 한가지 원인은 구매자의 구매 여부가 확실하지 않은 채로 일단 다양한 종류와 크기의 생선을 대량으로 어획하여 가게 앞에 늘어 놓는 비즈니스 스타일에 있다고 필자는 생각한다. 문제의 해결책은 미리 소비자의 소비동향을 파악한 후에 어업을 하고, 낭비 없는 조업을 하면서 재고의 위험을 줄이는 것이다. 이것을 수산판 just-intime 방식이라고 부르도록 하겠다. 생산 측면에 대해서는 후쿠시마현에서 저인망 어업 등은 기술 수준이 높기 때문에 소비자 측의 수요에 맞추어 선택적으로 생선을 잡는 것은 어느 정도 가능한 기초가 있을 것으로 생각된다.

이 경우 다음으로 문제가 되는 것은 유통과정의 단축화이다. 일본산 수산물은 산지시장, 중매, 소비지 도매, 소비지 중매, 소매점이라는 다단계의 유통을 거치고 있어 각각의 중간업자가 이익을 취한다. 그 중간이익에 알맞은 부가가치를 올리고 있는 것이라면 문제는 없지만 실제로는 역으로 중간업자가 많기 때문에 산지로부터 소비자까지 거의 2일 정도 시간이 경과하거나 산지의 정보가 소비자에게 전해지기 어려워지거나 하는 부정적인 측면도 있다. 대책으로서는 전자상거래 시스템 등 새로운 기술을 도입한 새로운 유통 채널의 설립을 들 수 있다. 다른 지진피해지역에서도 수산업은 부흥해도 소비지에서 상점 앞 판매 공간을 확보하는 것이 곤란하다는 예가 있지만 이와같은 경우는 기존의 시장유통과 병행하여 새로운 유통 체널을 설립하는 것이 하나의 해결책이 된다. 그 경우 구체적인 주문을 하는 구매자를 소중히 하고, 자원을 지키면서 효율적인 생산과 시간을 절약한 유통을 하는 새로운 스타일의 푸드 시스템 (food system)을 새롭게 구축하는 것이 바람직하다고 생각한다. 이와같은 스타일을 향후 성공적으로 유도하기 위해서는 고객의 수요 동향을 단기적으로 예측하는 체계, 또한 수요에 맞추어 어획하는 기술, 그것을 정당한 가격을 매기는 체계, 효율적인 운송체계, 게다가 정확한 어획장소와 방사능 검사 결과 등의 부가적인 정보 등을 전달하는 체계 등 하나하나 과제를 해결해 가는 것이 필요하다.

2) 소비자의 이익을 생각한 대응

2012년 6월에 시험조업을 개시했을 때에는 비판의 목소리도 존재하였다. 부두에 하역할 때 검사를 하고 있다고는 해도 그것은 전량 검사가 아닌 추출검사였다. 방사성물질을 기준치 이상으로 함유한 수산물이 유통될 가능성이 있는 도중에는 시험조업도 시기상조라고 하는 비판이었다.

후쿠시마현 지역 어업부흥협의회에서는 그와 같은 비판을 하고 있는 소비자를 어떻게 설득해야 할 것인가라는 논의도 이루어졌다. 그 때 이야기한 필자의 생각은 기본적으로 설득할 수 없다고 생각하고 행동하는 쪽이 좋다는 것이다. 후쿠시마현산의 수산물을 구입하고 싶지 않다고 하는 것은 개인의 자유이며, 그것을 무리하게 설득할 필요는 없다. 오히려 후쿠시마현 산이라고 표시를 철저하게 하고, 게다가 검사방법도 표시한다. 그래서 대부분의 소비자가 그것을 알고 구입할 수 있는 체제를 정비하는 것이 중요한 것이다. 그렇게 한 후 만일 비판이 있는 경우에는 「후쿠시마산 수산물을 구입하고 싶다는 층도 한편으로 존재하고 있고, 그것은 그들의 자유이다. 당신에게 그들의 자유를 침해할 권한이 없다」라고 말하면 좋을 것으로 협의회에서 설명하였다. 실제로 필자들이 별도로 실시한 소비자에 대한 조사에서는 수산물의 방사성물질 오염을 염려하는 목소리가 많았던 한편으로 피해지 부흥을 돕기 위해 적극적으로 피해지의 수산물을 구입하고 싶다는 목소리도 많이 있었다(현재 발표 준비 중).

다만 여기서 문제가 되는 것은 중매인과 소매점 등이 위험 회피를 위해 억지로 후쿠시마현산 수산물을 취급하지 않는 경향이 존재하는 경우이다. 비즈니스상의 판단이긴 하지만 생산자와 소비자의 사이에 위치한 그들의 행위가 결과적으로 후쿠시마현산을 구입하고 싶어하는 소비자층의 자유를 침해하고 있다면 문제이다.

대책으로는 여기에서도 유통과정을 단축하여 추적가능성(tracability)를 확보한 유통체제를 재구축하는 것이 유효할 것이다.

일본의 어업 전체가 장기간의 축소 경향 속에서 후쿠시마현의 어업은 극히 큰 핸디캡을 짊어져버린 상황에 있지만 수산물 소비자의 이익을 생각한 대담한 대응을 하는 것으로 미래로의 희망을 연결하는 길이 찾아질 것으로 생각한다.

사사

본 원고의 작성에 있어서 후쿠시마현 어업협동조합연합회 재해부흥 프로젝트의 노구치 카즈노무野口和伸씨로부터 귀중한 정보나 자료를 받았습니다. 여기에서 감사의 말씀을 드립니다.

참고문헌

Furukawa F., Watanabe S., and Kaneko T. (2012) : Excretion of cesium and rhodium via the branchial potassium- transporting pathway in Mozambique tilapia, *Fish. Sci.*, 78, 597-602.

IAEA (2004) : Sediment distribution coefficients and concentration factors for biota in marine environment, *Technical Report,* 422, International Atomic Energy Agency, Vienna.

OECD (2003) : Liberalising fisheries markets: scope and effects, OECD Puublication, Paris.

OECD (2004) : Fish Piracy: Combating Illegal, Unreported and Unregulated Fishing, OECD Publication, Paris.

水産庁 (2013) : 水産業復興に向けた現狀と課題, 平成26年 3月11日

阪井裕太郎・中島 亨・松井隆弘・八木信行 (2012) : 日本の水産物流通における非対称価格伝達, 日水誌, 78(3), 468-478.

島 一雄ほか編 (2012) : 最新水産ハンドブック, 講談社, 720pp.

根本芳春・島村信也・五十嵐敏 (2012) : 福島県における水産生物等への放射性物質の影響, 日水誌, 78(3), 514-519.

農林水産省 (2012) : 平成24年度水産施策, 農林水産省

農林水産省大臣官房統計 (2012) : 東日本大地震と農林水産業基礎統計データ(図設)-岩手・宮城・福島を中心に- 平成24年6月 改訂版(http://www.maff.go.jp/j/tokei/joho/zusetu/pd/00_2406all.pdf).

八木信行 (2013) : 福島県漁業の復興に向けた課題と長期ビジョン, 水誌, 79(1), 88-90.

八木信行 (2009) : 水産物の国際貿易と資源保全, 水圏生物科学入門(会田勝美編), 恒星社厚生閣, pp234-238.

八木信行 (2011) : 食卓に迫る危機・グローバル社会における漁業資源の未來, 講談社, 184pp.

제7장 방사성물질의 리스크 계산

마츠다 히로유키 · 카지 케이스케 (松田裕之 · 梶圭佑)

7.1 예방원칙[58]과 리스크

1) 토양오염과 해수오염의 차이

지금까지 살펴본 것과 같이 동경전력 후쿠시마 제1원자력발전소(이하 후쿠시마 제1원전) 사고에 의한 식품 방사능 오염의 주요 핵종은 세슘-137(^{137}Cs)과 세슘-134(^{134}Cs)이다. 이것도 이미 설명한 것처럼 해수의 주요한 오염원의 하나는 대기 경유이지만 이러한 것들은 주로 태평양으로 넓게 확산되어 강하하였다. 후쿠시마와 토호쿠東北 근해의 수산물에 있어 심각한 오염원은 위에서 말한 것에 추가하여 후쿠시마 제1원전 시설로부터 직접 누출된 오염수이다. 주요한 오염원은 2011년 4월 6일에 봉쇄한 2호기 취수구 부근의 피트 균열로부터의 오염수였다. 봉쇄한 당시는 그 외에도 유출 경로가 있을 것으로 염려했었지만 그 후 원전시설

---

58) 예방원칙 : precautionary principle, 화학물질의 안전성과 환경의 보호에 관하여 사람들에게 중대한 유해성과 불가역적인 피해를 줄 가능성이 있는 경우에 그 유해성의 인과관계가 과학적으로 증명할 수 없는 경우에도 예방적으로 규제를 하는 것이 좋다고 판단할 수 있으면 규제조치를 취해야 한다는 사고방식. 일본의 국내법에서 사용되고 있는 미연방지(preventive principle, 관계가 과학적으로 증명되어 있고, 리스크 평가의 결과 피해를 피하기 위해 미연에 규제를 함) 보다는 안전쪽에 더욱 무게를 두고 있음. 리우데자네이루 선언에서는 「…중대하거나 또는 되돌릴 수 없는 손해의 두려움이 있는 곳에는 충분한 과학적인 확실성이 없는 것을 환경악화를 방지하는 비용대비 효과가 높은 대책을 지연시키는 이유로 하면 안됨」 (제15원칙)으로 하고 있다. 「예방원칙」은 정의正義가 반드시 통일되어 있지 않지만 리스크 어세스먼트(risk assessment)의 중요성과 비용대비 효과라고 하는 사고방식을 부정하는 생각은 아니다. 그러한 의미에서는 「의심스러운 것을 모두 금지함」이라고 하는 극론과는 차이가 있다. 그러한 오해를 피하기 위해 예방적 조치(precautionary approch)라고 하는 어휘가 사용되는 경우도 있다.

주변의 오염 농도로부터 파악된 것과 같이 그 후의 유출량은 3자리수 이상 줄었다. 즉 주요한 오염원은 지진 재해 직후의 수소폭발59) 및 용기배관의 손상, 원자로 내부압력을 낮추기 위해 이루어진 벤트 조작 등에 의한 대기로의 방사성물질의 방출과 그 후의 2호기로부터의 오염수 대량유출에 의한 것이고, 균열을 봉쇄한 후인 2011년 6월부터 2012년 9월까지 유출된 양은 사고 당시 유출량의 1% 이하로 계산되어 있다(神田, 2014). 균열을 봉쇄한 후에는 후쿠시마 제1원전 항만내를 제외하면 부근 해수의 오염 농도는 확실하게 낮아졌다.

다음으로 반감기의 이야기를 하겠다. 이 장에서 문제가 되는 반감기는 물리학적 반감기와 생물학적 반감기가 있다. 물리학적 반감기라고 하는 것은 방사성물질이 붕괴하여 다른 물질로 바뀌어 원래 물질이 절반으로 감소할 때 까지의 시간이다. 세슘-137(^{137}Cs)과 세슘-134(^{134}Cs)의 경우 각각 30년과 2년이다. 이들은 최종적으로 바륨-137(^{137}Ba) 및 바륨-134(^{134}Ba)로 되지만 모두 안정동위원소이다. 이 물리학적 반감기는 세슘이 화합물60)이더라도 단체로 토양과 물과 생물 속에 있어도 변하지 않는다. 즉 방사성세슘을 처리하여도 방사능이 없어지는 것이 아니고 어떤 장소에서 다른 장소로 옮긴 것 뿐이다.

후쿠시마 제1원전 사고의 경우, 사고 직후에는 오염원 중에 세슘-137(^{137}Cs)과 세슘-134(^{134}Cs)는 같은 정도의 분량으로 있었다고 생각된다. 반감기가 8일로 짧은 요오드-131(^{131}I)도 유출된 것 같지만 반감기가 짧기 때문에 큰 문제는 되지 않았다.

생물학적 반감기라고 하는 것은 방사성물질이 물고기나 인체에 흡수되면 신진대사에 의해 체외로 절반이 배출되는 시간이다. 스트론튬은 칼슘과 생리적 · 화학적 거동이 유사하기 때문에 만약 체내로 흡수되면 뼈에 축적되어 오랫동안 생물체내에 머문다. 그 때문에 방사성 스트론

59) 수소폭발 : 기체의 수소가 산소와 급격하게 반응하여 일어나는 폭발. 후쿠시마 제1원전의 경우는 고온에 의해 수증기로 된 물이 연료피복관의 질카로이가 고온화되어 수증기와 반응하여 수소가 발생한 것으로 생각된다. 수소원자의 핵융합에 의한 폭발은 아님.

60) 화합물 : 2종류 이상의 원소가 화학결합하여 이루어진 물질.

튬은 방사성세슘 보다도 위험하다는 생각도 있다[61]. 후쿠시마 제1원전 사고의 경우 방사성스트론튬(Sr)의 방출량은 세슘(Cs)의 1/1000 정도로 추정되고 있다. 바다로의 유출량으로는 스트론튬 등 β선을 방출하는 방사성물질이 최대 1리터당 8×10^7Bq의 농도로 520톤 정도 누출된 것으로 추정되어 있다. 이 양은 50미터 수영장 정도의 수량이다. 이에 비해 후쿠시마 제1원전의 항만시설(방조제의 안쪽)의 면적은 지도에서 보면 2.5×10^5㎡은 족히 될 것이다. 면적만으로도 500배 이상의 크기이다. 수량으로는 더욱 클 것이다. 그 바깥쪽은 더욱 광대한 바다가 펼쳐져 있다. 정어리 뼈로의 축적은 미미하다[62]. 그렇지만 높은 단계의 포식자인 다랑어의 뼈에서는 축적될 지도 모르겠지만 다랑어의 뼈는 그다지 먹지 않을 것이다.

세슘(Cs)은 물고기와 인체의 근육에 일단 흡수된 후 배출되며, 그 생물학적 반감기는 30일 정도로 알려져 있다. 그 때문에 먹이사슬에 의한 생물농축은 수은과 다이옥신[63] 만큼 큰 것은 아니다. 그렇지만 종에 따라서는 오랫동안 오염이 계속 검출된 어종이 있다(그림 7-1, 7-2). 이들 어종에서는 흡수가 오랫동안 계속된 것으로 생각된다.

토양의 방사선량은 세슘이 씻겨 내려가지 않으면 세슘-134(^{134}Cs)는 2년 마다 반감하고, 세슘-137(^{137}Cs)은 30년 마다 반감한다. 양쪽을 합한 피폭선량이 절반으로 줄어드는데 6년이 걸린다. 오염된 토양이 움직이지 않고 토양 오염량만에 의해 농작물의 오염량이 결정된다고 하면 농산물의 경우 토양의 오염량이 반감하면 대략 거기서 자라는 농작물의 오염량도 반감될 것으로 생각된다.

---

61) 다만 생물종에 의하지만 Sr은 흡수가 잘 되지 않기 때문에 생물이 다른 생물종을 섭취하는 관계로부터 먹이사슬의 높은 단계의 생물로 높은 농도의 오염물질이 축적된다고 하는 생물농축은 물고기에 있어서는 일어나기 어렵다.

62) 2011년 8월 30일에 발표된 수산청의 자료에 의하면 정어리(2011년 6월 22일 채집) 및 멸치(2011년 5월 26일 채집)에서는 스트론튬-89(^{89}Sr), 스트론튬-90(^{90}Sr) 양쪽 모두 불검출로 검출하한값(0.03Bq/kg) 이하이다.

63) 다이옥신 : 다이옥신류의 정의는 일정하지 않지만, 염소로 치환된 2개의 벤젠고리를 가진 것으로 유사한 독성을 나타내는 물질. 염소를 함유하고 있는 물질의 연소나 농약 등의 화학물질을 만들 때 불순물로서 생성된다.

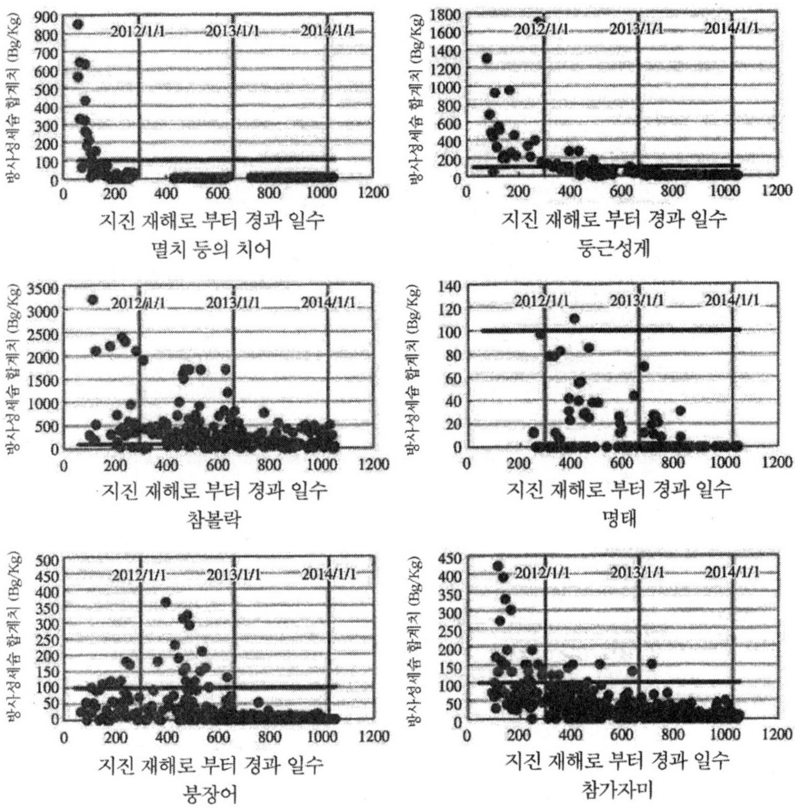

그림 7-1. 각 어종(후쿠시마 앞바다)의 방사성세슘 농도의 변화(후쿠시마현, 2014) 검출 한계 이하는 0으로 표시

해수의 농도는 토양과 달리 제5장에서 설명한 것과 같이 확산된다. 따라서 그 해수에서 자라는 물고기의 오염량은 농작물 보다 빠르게 줄어들 것으로 생각될지도 모른다. 그러나 어종에 따라 다르다. 해저의 토양은 육상과 달리 움직이고 있다. 일반화 하는 것은 어렵지만 특히 하구 부근에서는 해수와 담수가 혼합되어 흐름이 복잡하고, 하천으로부터 흘러서 유입되는 오염된 토양이 좁은 범위에 축적되고, 그 해저에 서식하는 저서어류의 오염 농도가 원전사고 직후 보다도 1년 후에 오염 농도가 높아지는 경우는 있을 것이다. 그림 7-1의 붕장어는 그와 같은 사례

일지도 모른다. 물론 이것은 사고 후 경과시간이 오래된 후부터 오염 농도가 높아지는 물고기의 오염기작에 대한 하나의 가설이기 때문에 향후 물고기의 식성과 생태 등을 고려하여 오염기작의 검증이 필요할 것이다. 실태로서는 붕장어는 사고로부터 2년 후에는 100Bq/kg 이하가 되었고, 지금은 거의 검출한계 이하로 낮아져 있다.

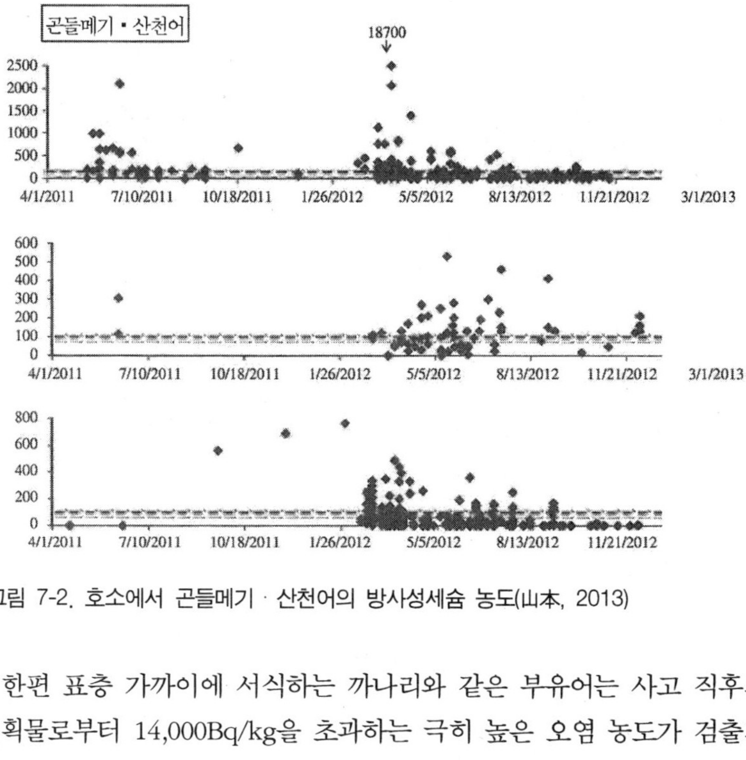

그림 7-2. 호소에서 곤들메기 · 산천어의 방사성세슘 농도(山本, 2013)

한편 표층 가까이에 서식하는 까나리와 같은 부유어는 사고 직후의 어획물로부터 14,000Bq/kg을 초과하는 극히 높은 오염 농도가 검출되었지만 2개월 이내에 농도가 급속하게 낮아져 검출한계 이하로 되었다. 마찬가지로 멸치 등의 치어도 사고 후 3개월 정도에서 100Bq/kg 이하가 되어 1년 안에 검출한계 이하가 되었다(그림 4-6). 중층에 서식하는 명태는 한때 100Bq/kg을 초과하는 표본이 발견되었지만 사고로부터 3년 후에는 검출한계 이하가 되었다. 사고 직후에는 참가자미와 동근성게는 꽤 고농도로 오염되어 있었지만 사고로부터 3년 후에는 검출한계

이하가 되었다. 한편 그림 7-1의 참볼락은 사고로부터 1년 후 정도는 아니지만 여전히 100Bq/kg을 초과하고 있다. 이와 같이 어종에 따라서는 사고로부터 3년이 경과해도 여전히 이용 할 수 없는 것이 있다. 유사한 어종에서도 경향은 미묘하게 다르다. 상세한 정보는 후쿠시마현 웹사이트와 수산청의 웹사이트에서 입수 가능하다[64].

2) 후쿠시마 제1원전 시설 부근의 농도

사고 직후 보다 작다고는 하지만 후쿠시마 제1원전 시설로 부터는 지금도 오염수가 계속 누출되고 있다. 시설 앞의 항내의 토양 오염 농도는 극히 높고, 거기서 잡히는 물고기의 오염량도 역시 극히 높은 것이 알려져 있다. 그림 7-3에 나타낸 것과 같이 쥐노래미에서도 원전 항만내의 농도가 3년 후에도 극히 높은 농도이다. 즉 물고기의 방사성물질 농도는 종에 따른 생태의 차이뿐만 아니라 후쿠시마 제1원전으로 부터의 거리에 따라서도 다르다

게다가 농산물과 달리 물고기는 스스로 유영하여 이동하는 것이 가능하다. 따라서 이 오염된 물고기가 항만 외로 나가서 떨어진 곳에서 어획될 가능성은 0이 아니다. 실제 2012년 8월의 동경전력에 의한 조사자료에서 지금까지 1마리만 극히 고농도로 오염된 물고기가 있었다. 이것은 시설부근에서 오염된 개체가 이동한 것일지도 모르겠다.

그 후 시설부근의 물고기가 이동하여 어획되는 위험을 조금이라도 줄이기 위해서 동경전력은 후쿠시마 제1원전의 항만내에 울타리를 설치하고, 오염 토양을 제거하고, 항내의 물고기를 구제하였다. 그러나 항에는 지금도 작업 때문에 배들이 드나들고 있어서 물고기의 이동을 완전히 차단하는 것은 불가능 하다. 위험을 0으로 만드는 것은 불가능하지만 조금이라도 위험을 줄이기 위해 많은 노력을 하였다. 다행히 그 후에는 항만내 이외로부터 고농도 오염의 물고기는 검출되지 않았다.

---

64) 이들에 관한 상세한 정보(Excel 파일)은 후쿠시마현 홈페이지, http://www.pref.fukushima.lg.jp/sec/37380a/gyokai-monitoring.html, 수산청 홈페이지, http://www.jfa.maff.go.jp/j/housyanou/kekka.htm에서 입수가능.

그러면 다음에 요약하여 정리하겠지만 원전사고에 대해 다양한 논리의 「엇갈림」·혼란이 일어나고 있다. 우선 「오염수가 완전히 차단되었는지의 여부」라는 것과 「대책이 성공하지 않았다」라는 것은 또다른 이야기이다. 대책이 유효하였지만 완전하게 차단되지 않았을 수도 있고, 만약 완전한 차단이 불가능이었을지라도 보다 유효한 대책을 구축하는 것을 부정해서는 안될 것이다. 마찬가지로 우리는 이 장에서 「발암 리스크가 어느 정도 낮게 억제되고 있다」로 결론짓지만 그렇다고해서 「원전사고는 별일이 아니다」라고 하는 의도는 아니다. 피난민과 농수산업에의 영향은 사고로부터 3년이 지난 후에도 극히 막대하다.

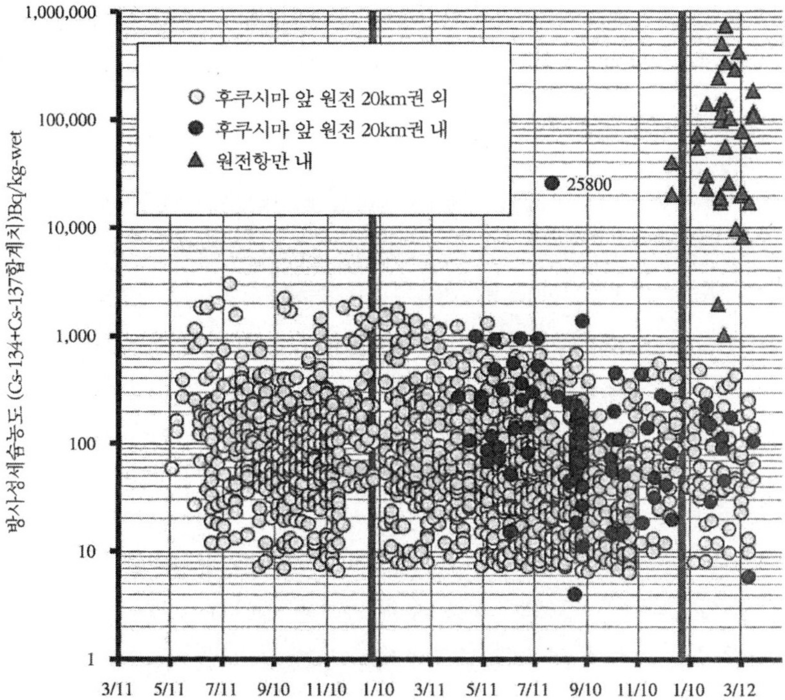

그림 7-3. 후쿠시마 제1원전 부근에서 채집된 쥐노래미의 방사성세슘 농도(2011년 3월 11일~2013년 3월 28일) (水産綜合研究センター 등, 2013)

7-2. 내부피폭선량과 발암 리스크의 관계

1) 발암율은 누적피폭선량으로 결정됨

제2의 문제인 엇갈림은 기준치를 초과한 물고기가 있다는 것과 그 물고기를 먹는 것이 정말로 위험한지 여부와는 별개의 이야기라는 것이다. 이것은 피폭선량과 발암율의 관계를 살펴보면 알 수 있는 것이다. 기준치를 초과하지 않으면 완전히 안전하고 조금이라도 초과하면 위험하다는 것은 아니다. 가장 중요한 것은 피폭량을 정확하게 알고 피폭을 안심할 수 있을 정도로 줄이는 것일 것이다. 기준치를 초과한 물고기를 먹으면 바로 발암 리스크가 생기는 것은 아니다. 생애의 또는 예를들어 1년간 누적피폭량으로 결정된다. 누적피폭선량과 발암률의 관계에는 아직 모르는 것이 있지만 1999년의 토카이무라東海村 JOC 임계사고에서 급성장해를 일으킨 작업원과 같은 경우를 제외하고 누적피폭선량만이 문제가 된다. 어느 부위에 어떤 암이 염려되는지에 따르겠지만 후쿠시마 원전사고가 초래하는 것들 중에 반감기가 짧아서 단기적 피폭의 리스크가 클 것으로 생각되는 요오드-131(^{131}I)에 의한 감상선암의 리스크를 제외하면 리크스가 높은 방사성세슘에 의한 고형암[65]에 대해서는 외부피폭과 내부피폭의 장기적인 누적값이 문제된다.

2014년 3월에 후쿠시마의 어린이들에게 감상선암이 많이 발견되었다고 보도되었다. 그러나 후쿠시마는 타 지역과 비교하여 검사가 엄밀한 것, 암이 발견된 피검자의 연령과 암의 진행속도의 비교로부터 원전사고에 의한 방사선 피폭이 원인으로는 생각하기 어려운 것 등으로부터 후쿠시마현립 의과대학 후쿠시마 국제 의료과학센터는 이것을 바로 원전사고와 연결하지 않았다(후쿠시마현민 건강관리센터, 2014). 환경성 종합환경정책국 환경보건부도 이 견해를 인용하여 위에서 말한 보도를 「사실관계에 오해를 일으킬 위험도 있다」라는 견해(환경성 종합환경정

---

65) 고형암 : 골수 등의 조혈기에서 발생하는 암 이외의 암. 위, 폐, 대장, 간, 유방, 자궁 등 형태가 있는 장기에 발생하는 암.

책국 환경보건부, 2014)를 공표하였다.

여기서도 제3의 문제인 엇갈림이 존재한다. 과학적으로 알고 있지 않는 것과 알고 있는 부분까지 밖에 믿지 않는다는 것은 서로 다른 것이다. 확실히 타지역의 기존의 조사보다도 많은 암이 검출된 것은 염려되지만, 이 문제에 대해 위에서 말한 전문가의 견해는 그 근거가 되는 사실에 바탕을 둔 견해이고, 정보의 자의적 조작은 아니다. 그 견해의 타당성에 관해서는 새로운 연구성과도 추가하여 향후의 경위를 살펴가면서 검토해야 할 것이다.

2) 기준값의 결정방법

1986년 체르노빌 원자력발전소 사고 이후 일본은 수입품에 대해서는 잠정한도값을 정하여 방사성물질을 포함하는 식품의 유입을 규제해 왔지만, 후쿠시마 제1원전 사고가 일어났을 때에는 일본에서 생산되는 식품에 대해서는 법적근거를 바탕으로 하는 규제가 없었다. 그래서 사고 후 2012년 3월까지는 1998년에 원자력안전위원회가 책정한 「음식물의 섭취제한에 관한 지표」를 바탕으로 500Bq/kg이라는 잠정규제값을 정하여 통지에 의해 식품안전법의 규제 대상으로 준용하는 한편, 후생성 식품안전위원회에서 논의하여 기준값을 정하는 작업을 하였다. 그 결과 수산물에 대해서는 100Bq/kg 이라는 아주 엄격한 기준값이 답신되어 그 후 해프닝 코멘트를 거쳐도 이 값은 번복되지 않았고, 2012년 4월 1일 이후 식품위생법에 식품의 방사성물질에 대한 규제가 법적으로 이루어지게 되었다.

이 기준값의 결정방법에는 몇가지 문제가 있는 것으로 생각되므로 우선 어떤 개념으로 이 기준이 정해졌는지를 이해하는 것이 필요하다. 그 중에서 중요한 2가지에 대해 순서대로 설명하겠다.[66]

---

66) 마츠다松田는 이 설명을 히로오広尾에 있는 유럽회의 하우스에서 2013년 8월 30일에 유럽회의 의원단 앞에서 하였다. 이 때 일본해양학회의 우에마쯔 미츠오植松光夫씨가 총론을 말하고, 기상학회 회원인 아오야마 미치오青山道夫씨가 해양오염의 실태를 설명, 도쿄東京해양대학의 칸다 죠우타神田穣太씨가 물고기의 오염 수준을 설명하고, 마지막으로 마츠다松田가 그것에 의한 건강 리스크에 대해 설

방사선 피폭은 어떤 기준치 이하이면 리스크가 0이 되는 것은 아니다. 이것을 「역치閾値가 없다, 역치 : 생물이 외부환경의 변화, 즉 자극에 대해 어떤 반응을 일으키는데 필요한 최소한의 자극의 세기」라고 말한다. 따라서 어떤 피폭선량 이하이면 안심해도 되는 것이 아니다. 내부피폭량 0.9mSv의 경우와 1.1mSv의 경우에서 전자가 안심이고 후자가 불안이라는 것은 아닐 것이다. 방사선의 건강리스크에 역치가 없다는 것은 대부분의 전문가가 지지하겠지만 피폭량과 발암률이 비례관계에 있다는 가정은 그다지 지지를 받지 않는다고 생각한다. 면역기능 등을 생각하면 비례관계가 아니며 피폭량이 절반이 되면 발암률은 절반 미만이 되는 것으로 생각하는 것이 자연스러울 것으로 생각된다. 게다가 소량의 방사선은 맞는 것이 오히려 좋다고 하는 전혀 반대의 주장도 있다. 이것을 「홈미시스(hormesis) 효과」라고 한다.

홈미시스 효과라는 것은 방사능천放射能泉보다도 높은 피폭선량에서도 좋은 효과를 가져온다는 주장이다(원자력기술연구소 저선량방사선연구센터, 2006). 초파리 등의 동물실험에 의해서도 그것이 증명되어 있는 것 같다. 그러나 그 진위에는 이론異論이 있는 것 같다.

홈미시스 효과의 동물실험 보다는 매우 낮은 피폭량이지만 라돈온천과 라듐온천이라고 하는 것은 방사선에 피폭되는 것을 상품으로 하고 있는 관광지이다. 예를 들어 어느 라돈온천의 효능에는 그림 7-4와 같이 쓰여있다. 또한 2014년 5월 1일에 신장 개업한 후쿠시마현 내의 공중목욕탕에도 하나의 욕조에 「온천모암温泉母岩 세라믹」을 사용하고 있고, 그 효능으로 「천연이온 마이너스 효과, 게다가 홈미시스 효과, 원적외선 효과, 안티에이징·디톡스 효과 등 4가지 효과를 볼 수 있습니다」라고 설명되어 있다.

명하였다. 같은 해 9월 12일에 같은 장소에서 유럽 등 각국 대사들 앞에서 같은 설명을 하였다. 그 때에는 수산청에서 모리타 타카미森田貴己씨도 설명을 추가하였다. 질의의 내용으로부터 이 설명을 대체로 이해되었다고 생각된다.

【라돈온천의 효능】

방사능천을 이용할 때 어떤 기작으로 그 효과가 나타날까요?

최근 연구에 의해 서서히 과학적으로 해명되고 있는 것은 방사성 분해에 의해 생체내에서 발생한 소량의 활성산소가 해독, 세포대사, 미토콘드리아 내에서의 에너지 변환, 효소의 단백질과 생리활성물질의 생합성 등 여러 가지 과정에서 자극으로 작용한 결과로 생각되고 있습니다.

온천 치료에 이용되고 있는 방사능천은 라돈과 그 붕괴 생성물에 의해 발생한 활성산소가 신체의 세포와 조직에 복잡한 생화학적 작용을 하여 각종 기관의 움직임을 활발하게 하는 것으로 알려져 있습니다.

그 효과는 임상의학적으로 자율신경의 진정, 호르몬과 대사 이상의 조정, 진통, 소염작용이라 할 수 있습니다. α선에는 신경세포의 산소소비량을 낮추어 침정화沈靜化시키는 작용이 있기 때문에 방사선욕은 류마티스, 관절염, 근육통, 신경염 등의 통증을 완화시키는 효과가 있습니다.

적당량의 라돈이 온천에 혼입되면 강력한 이온화 작용에 의해 인체의 생리적 대사작용이 촉진되어 노폐물의 배출효과와 함께 진정작용을 일으킵니다. 그 때문에 라듐온천은 자율신경의 조정, 소염, 항알러지의 효과가 있는 것으로 알려져 있습니다.

그림 7-4. 어느 라돈온천의 효능

그림 7-4에 쓰여 있는 것은 라돈의 화학물질로써의 효능은 아니다. 라돈이 방사성물질이기 때문에 활성산소를 발생하고, 그것이 생화학적으로 건강에 좋다고 설명하고 있다. 그리고 그 온천의 방사선량은 0.32μSv/h라고 한다. 입욕시간은 길어도 2시간은 되지 않기 때문에 나리타成田와 뉴욕을 비행기로 왕복했을 때의 피폭량인 약 0.15mSv에 비해 3자리 수 낮다고 할수 있을 것이다. 중요한 것은 방사선이 건강에 좋은 활성산소를 발생한다고 설명하고, 악영향에 대해서는 문제로 하지 않는 점이다.

피폭량과 발암 리스크가 비례관계가 아닌 아래로 쳐진 비선형관계에 있다고 하더라도, 그러면 어느 정도 아래로 쳐져 있는 곡선인지는 모른다. 어떤 곡선을 그리는지에 따라 발암리스크는 크게 달라진다. 원리적으로 아래로 쳐져 있다는 가설이 맞다고 하더라도 그것만으로는 발암리스크를 정량적으로 추측할 수 없다.

기본적으로는 연간 피폭선량이 10mSv의 경우, 10만명 당 114명이 암에 걸리는 것으로 추정된다. 이 숫자가 어느 정도 정확한가 하면 안타깝게도 그다지 정확한 것이라고 할 수 없다. 원래 그림 7-5에 나타낸 것과 같이 약 30mSv에서 1,800mSv까지의 다양한 관찰사례로부터 비례관계를 추정한 것으로 관찰값의 추정 오차도 꽤 크다. 그리고 다시 말하지만 비례관계에 있다는 확정은 없다. 100mSv 이하의 저선량 피폭 경우의 관찰사례는 아주 적고, 이 그림에서 저선량 피폭의 건강 리스크를 계산하더라도 그 정밀도가 높다고는 할 수 없다.

「실증되어 있지 않은 리스크는 신경쓰지 않는다」라는 입장이 서면 100mSv 이하의 피폭은 신경쓰지 않아도 될 것이다. 그러나 「안전성이 실증되지 않는 한 리스크를 피하고 싶다」라는 사람들도 있을 것이다. 어느 쪽이든 그 피폭을 피하기 위해 필요한 노력과 스트레스 쪽이 심각할지도 모른다.

일본인은 10만명 당 매년 약 300명이 암에 걸려 죽는다. 학술회의 의장이었던 카나자와 이치로金沢一郎씨는 2011년 6월 17일에 공표된 담화에서 지진 재해 피해자 10만명의 자료를 모아도 통계학적으로[67] 발암율

---

67) 통계학적 : 일반적으로 사용되는 t검정, F검증과 같은 분산분석과 x제곱검증과 같은 검증에서는 크기, 색상, 질병의 유무와 같이 개체별로 다른 변이를 가진 개체로 된 복수의 집단(모집단)을 고려한다. 그러한 집단에 대해 표본으로 채택된 집단(표본집단)이 차이가 없는 같은 집단에서 얻어진 것인지, 다른 모집단에서 얻어진 것인지를 검정하고 있다. 같은 모집단에서 얻어진 것이면 비교하려고 하는 집단의 특성을 나타내는 자료(예를들어 키의 평균값)는 표본집단간에 그다지 다르지 않아야 할 것이다. 크게 차이가 나면 표본집단은 그 집단별로 다른 모집단에서 채택된 것으로 판단한다. 이러한 판단을 「통계적 유의」라고 표현한다. 그러나 표본은 무작위로 선택되기 때문에 예를들어 같은 모집단에서 얻은 표본집단의 특성은 확률적으로 변동하여 같은 값이 되지 않기 때문에 같은 모집단에서 얻은 표본집단 사이에도 평균값의 차이가 관찰되어야 한다. 그러나 표본중에 포함되는 개체의 수를 증가시키면 이 값은 모집단이 가지고 있었던 값(예를들어 모집단의 키의 실제 평균값)에 가까워 져야 할 것이고, 표본집단간의 차이는 작아진다. 즉 표본 중에 포함되는 개채의 수에 의해 어떤 신뢰성의 범위에서 표본집단의 차이가 어느 정도 커야만 「통계적으로 유의」와 다른 것으로 판단해도 좋

이 증가했는지는 알 수 없을 것이라고 설명하고 있다.

과학적으로 말할 수 있는 것은 우선 실제의 피폭선량이 어느 정도인지, 다음으로 피폭선량과 발암율 등 건강 리스크의 관계이다. 조금 더 시야를 확장하면 다음의 2개의 관점도 사실에 바탕을 두고 논의할 수 있다. 우선 첫째로 다른 리스크와 비교하여 기준값의 결정방법이 일관되고 있는지의 여부, 두 번째로 그 기준을 실시할 때 다른 리스크와 편익(뒤집어 말하면 비용)과의 관계이다. 예를 들어 사망률을 기준으로 취했을 때 방사선 피폭에 의한 리스크만을 클로즈업하는 것에 문제로 삼는 것이 아닌, 식품첨가물에 의한 발암율의 기준값과 같은 정도의 기준값을 선택하는 것이 첫 번째의 사고방식이다. 다음으로 방사선 리스크를 피하는 것과 피난장소에서 스트레스를 느끼거나, 이직을 강요당하는 것으로 다른 리스크를 받는 것도 고려하는 것이 두 번째의 사고방식이다. 이와같이 복수의 리스크를 비교하여 한쪽의 리스크를 피하면 또다른 리스크가 증가하는 관계에 있는 관계를 리스크 트레이드 오프(risk trade off)라고 한다. 리스크와 경제적 편익과 비용을 비교하는 것을 리스크 편익분석이라고 한다. 후자는 비용과 편익을 비교하는 비용편익분석과 비용과 보다 일반적인 효과를 비교하는 비용효과분석 등과 유사한 개념이다.

3) 식품 기준값의 결정방법

국제방사선방호위원회(ICRP)의 기준에는 평상시의 계획피폭[68]과 사고가 발생한 긴급시의 피폭을 분리하고 있다. 흔히 원전대책은 사고가 일어나지 않는 것으로 가정한 「안전신화」가 있는 것으로 되어 있지만

다고 할 수 있는 차이의 크기가 결정된다. 이 경우는 10만명을 조사하더라도 지진 재해 피해자의 표본집단과 피해자가 아닌 사람들의 표본집단의 발암율 차이가 그것들이 발암율이 같은 발암율의 모집단에서 채택된 것이 아닌 것으로 결론지을 수 없을 만큼 작은 차이일 것이다. 그렇지만 그렇다고해서 차이가 없다고 하는 것이 아니다. 통계적으로는 차이가 있다고 판단할 수 없기 때문에 정말로 차이가 있는지 없는지를 알 수 없는 것이다.

68) 계획피폭, Planned exposure : 관리된 조건 하에서 미리 정해진 허용한도내의 피폭.

오히려 원전대책에는 과혹過酷한 사고가 일어났을 때의 대책이 견실하게 기입되어 있다[69]. 다른 정책에서는 반드시 그렇지는 않다. 예를들면 2014년 3월에 홋카이도北海道에서 불곰 보호관리계획이 개정되었다. 불곰과 사람이 공존하고 있는 이상 사람들이 불곰에게 공격당해 사상死傷하는 사고를 완전히 없어지게 하는 것은 불가능하다. 사상자의 수를 지금까지 이상으로 증가시키지 않는 것이 필요할 것이다. 그러나 몇 년 동안 몇 명 정도로 억제하는 등이 구체적인 숫자를 기입하는 것은 불가능 하였다. 게다가 그것을 유지할 수 없는 상황이 발생했을 때 어떻게 할 것인지는 실제로 일어날지의 여부와 별개로 일어날 가능성이 있는 리스크에 대해서는 그것이 실제로 일어났을 때에 어떻게 대처해야 할 것인지 미리 논의해 두는 것이 필요하다.

단 원전행정에서도 일본은 과혹한 사고가 일어났을 경우의 대책을 공식적으로 논의할 수 없는 상황에 있다. 안전신화는 원전 그 자체의 문제가 아닌 원전 이외의 리스크 관리도 포함한 일본의 환경행정 전체의 문제라고 할 수 있을 것이다.

현재에도 재가동의 기준으로 대지진이 일어난 경우에 버틸 수 있는지 등의 스트레스 테스트가 동일본 대지진 재해 전과 비교하여 엄중히 부과되어 있다. 그러나 과혹사고가 일어났을 경우의 피난 순서에 대해서는 충분하게 검토되어 있지 않다. 지금까지 사고가 일어나지 않도록 노력이 이루어진 반면 사고가 일어났을 때의 대책이 유럽과 미국의 여러국가에 비해 부족하다. 과혹사고가 일어날 가능성에 조금이라도 일본 당국이 건드리면 마치 사고를 전제로 한 정책이라고 매우 호되게 보도될 위험이 있다. 안전신화에 매달려 있는 것은 일본 당국 뿐만 아니라 보도도 마찬가지 일 것이다. 여기에 제4의 엇갈림이 있다. 즉 「가능한 안전을 지향할 것」과 「만일의 과혹사고에 대비할 것」은 양립할 수 있는 것이다.

그러면 기준값의 이야기로 돌아가겠다. 원래 ICRP에는 계획피폭과

69) 예를들면, 원자력재해 대책 특별조치법

긴급시 피폭으로 구별이 있었다. 원전사고 등이 없어도 일상생활에서 방사선 피폭은 피할 수 없다. 이것을 계획피폭이라고 하고, ①직업피폭과 ②의료피폭으로 나누어져 있다. 한편 사고가 발생하고, 게다가 재임계 등의 중대한 사고가 발생할 위험이 있을 때는 긴급시에 해당된다. 후쿠시마 제1원전 사고가 바로 긴급시이며, 주민의 피폭은 긴급시의 ③공중公衆피폭에 해당한다.

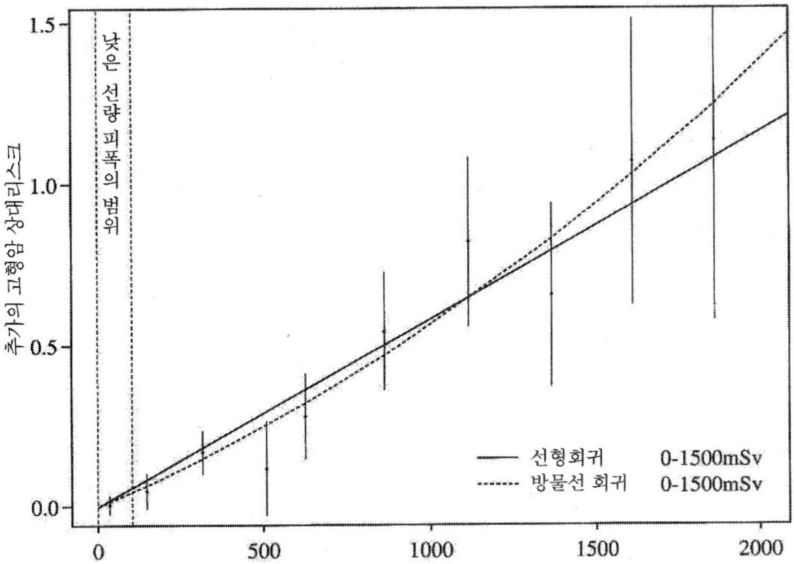

그림 7-5. 방사선 피폭량과 그것에 의한 고형암의 상대 리스크의 관계. 각각의 점은 관측치이며, 그것을 가로지르는 수직선은 측정오차 직선은 1500mSv까지의 직선회귀식, 점선은 방물선회귀식(Committee to Assess Health Risks from Exposure to Low Levels of Ionizing Radiation Effects Research (BRER); Division on Earth and Life Studies(DELS); National Research Council(2006))

ICRP(2007)가 권고하는 평상시(계획피폭 상황)에서 상한값은 의료피폭·자연방사선 피폭을 제외하고 연간 1mSv로 되어 있다. 긴급시의 기준은 「긴급시 피폭 상황 및 현재의 제어 가능한 피폭상황에 적용」되는 참고 레벨이고, 「그 값은 피폭상황을 둘러싼 사정에 의존」하는 것으로 되어 있다. 즉 명확한 숫자를 정하고 있지 않다. 단 100mSv 보다 높은 선량에서는 확정적 영향의 증가, 암의(통계적으로) 유의의 리스크가 있기 때문에 연간 100mSv를 초과하는 기준값을 설정하는 것은 안 되는 것으로 되어 있다. 실제로는 긴급시 공중피폭의 기준값은 연간 20~100mSv로 되어 있다. 이 공중피폭의 참고 레벨은 피폭 저감에 관계하는 대책이 붕괴된 상황에 적용된다.

우리가 식품의 방사능 오염 기준값의 논의에서 기대한 것은 긴급시에 실행 가능한 안전 기준을 어떤 개념을 바탕으로 정할 것인가 라는 것이었다. 오염이 계속되고 있는 상태에서는 평상시의 개념으로 기준값을 정하더라도 달성 할 수 없는 것이 많이 나타난다. 따라서 한발 물러난 형태가 되더라도 긴급시에는 그 상황에서 확실히 실시 · 달성 가능한 기준을 생각하지 않으면 안될 것이다.

평상시의 기준은 리스크를 회피하는 최대한의 수치는 아니다. 오염은 작을수록 좋은 것이기 때문에 실행 가능한 범위에서 가급적 낮게 정하고 모두가 그것을 지키도록 하고 있다. 따라서 기준값 이하면 전혀 리스크가 없는 것이 아니며 기준값을 초과하면 「즉시 위험이라고 할 수 있는 상태」도 아니다. 흔히 알려진 것이지만 예를 들어 식품 중 비소의 기준값은 유럽 및 미국과 일본은 서로 다르다. 유럽 및 미국의 기준을 그대로 적용하면 일본은 쌀에는 유럽 및 미국의 기준을 초과하는 것이 많이 나올 것으로 염려된다. 경작하는 토양의 차이로부터 미국산 쌀은 그다지 오염되어 있지 않기 때문에 엄격한 기준값이라도 지장은 없다. 또 다른 사례에서는 참다랑어의 수은 함유량은 일본의 다른 수산물의 기준값 조차도 만족하지 못하고 있다. 그러나 기호품으로 인정되어 있다. 그 이유는 매일 먹는 것이 아니라는 것이다. 건강 리스크는 기준값을 초과한 식품을 섭취한 횟수가 아닌 총 피폭량에 좌우된다는 원칙에서 보면 이 사고방식은 타당하다고 할 수 있을 것이다. 그렇다면 다음에 논의되는 것과 같이 후쿠시마 물고기의 기준도 보다 더 완화해도 괜찮았을 것이다.

역설적으로 말하면 평상시의 기준은 그만큼 오염되어 있어도 괜찮다는 기준이다. 계획피폭이라는 말의 어감에 가까울 것이다. 그리고 모두가 그 기준을 지키고 있으면 기준값 근처까지 오염되어 있어도 소기의 목적인 1mSv라는 식품으로부터의 내부피폭 한계를 지킬 수 있다는 의미로 국민의 건강을 유지할 수 있는 것이다.

일본 정부도 신문도 모두 원전사고의 악몽에서 도망치고 싶을지도 모른다. 그러나 안타깝게도 영향은 계속되고 있다. 기준을 엄격하게 하더라도 식품의 오염이 어느 정도의 확률로 발생한다는 사실은 바꿀 수가 없다. 이것이 제5의 엇갈림이 되지만, 「원전사고가 재임계의 위기를 벗어나고 있다」라는 것과 「원전사고가 수습되어 사고 전과 같은 기준으로 생활과 산업활동을 할 수 있다」라는 것은 전혀 다른 것이다. 전자는 사고 후 1년 이내에 거의 달성되었다고 생각되지만 후자는 실현되지 않을 것이 명백하다. 우리는 그 사실을 받아들이고 살아가지 않으면 안 된다. 그럼에도 불구하고 평상시와 같은 식품기준을 정하였다.

식품기준치의 두 번째 문제는 실제의 섭취에 의한 식품으로부터의 내부피폭량과 기준을 정했을 때의 전제가 너무 동떨어져 있다는 것이다. 방사성세슘의 식품기준치의 경우 모든 식품의 절반이 기준값에 거의 가깝게 오염되고 나머지 절반이 전혀 오염되어 있지 않다는 전제로 계산되어 있다. 그 경우에 1년간의 피폭선량이 1mSv 이하가 되도록 기준치를 정하고 있다. 모든 식품의 절만이 기준치에 거의 가깝게 오염, 나머지가 전혀 오염되어 있지 않다는 기준값의 결정방법은 매우 무리가 있는 가정으로 생각한다. 방사성세슘의 경우 일반식품은 거의 오염되어 있지 않기 때문에 나머지가 0이라는 생각은 맞을지도 모르겠지만 후쿠시마에서도 절반이 기준치에 거의 가깝게 오염된 식품을 섭취하는 사람은 없을 것이다. 그와 같은 전제로 한다면 적어도 검사한 표본으로부터 하나라도 기준치를 초과하면 안되는 것으로 하는 것이 아니라 많은 표본의 평균값이 기준치를 초과하지 않으면 괜찮은 것으로 했어야 할 것이다.

그림 7-6은 음선陰膳일본에서 여행이나 전쟁에 나간 사람의 무사귀한을 기원하며 매끼마다

바치는 음식검사라고 하여 각 가정의 식사를 하는 사람 수 보다 1명분을 더 준비하여 그것을 시료로 하여 방사성물질을 측정한 것이다. 대부분 가정의 식탁에서 방사성세슘은 측정한계 이하였고, 소량으로 AY와 BY의 가정에서 검출되었다. 대신에 모든 가정의 식탁에서 검출된 것은 자연에 존재하는 칼륨40(^{40}K) 이었다. 이것은 베크렐 단위로서 시버트 단위로 환산하면 방사성세슘은 베크렐 단위의 2배로 평가해야 하지만 그렇게 하더라도 방사성세슘의 섭취량은 미미한 것이다.

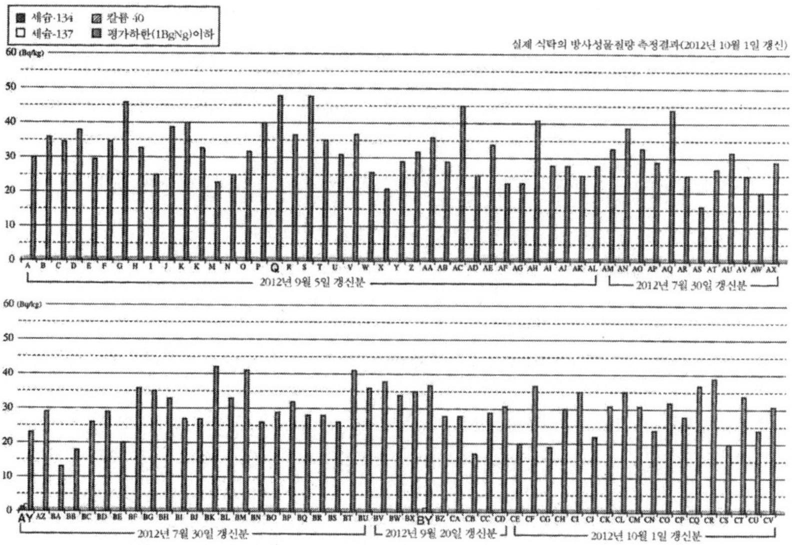

그림 7-6. 「COOP(일본생활협동조합연합회) 후쿠시마」에 의한 후쿠시마현의 음선조사에 의한 많은 가정의 식품 방사성물질 농도. 가정별로 왼쪽으로부터 세슘-134(^{134}Cs), 137(^{137}Cs), 칼륨-40(^{40}K)의 양으로 검출한계는 모두 1Bq/kg(COOP 후쿠시마, 2012)

방사선은 자연계에도 존재한다. 흔히 말해지고 있는 것은 자연피폭과 같은 정도까지의 인위적 피폭을 허용하자는 생각이다. 그러나 그렇게 하면 합계 피폭량은 2배가 되어 LNT가설[70]을 신뢰하면 발암률도 2배가

70) LNT가설 : Linear Non-Threshold 가설. 역치없는 가설. 방사선의 피폭량과 그

된다. 그러나 그림 7-6을 살펴보면 알 수 있듯이 칼륨-40(^{40}K)으로 부터의 자연피폭에 비해 방사성세슘으로부터의 피폭량은 자연피폭의 변동폭보다 아주 낮다고 할 수 있다. 즉 AY와 BY 가정의 식탁을 제외하는 것보다 Q 가정을 시작으로 하는 절반 이상의 가정의 식탁을 제외하는 것이 피폭선량은 더욱 낮아진다. 이처럼 미묘한 내부피폭은 문제가 되지 않을 것이다.

이것도 흔히 말해지고 있는 것이지만 토쿄에서의 외부피폭을 염려하여 오사카大阪로 이주하면 자연방사선에 의한 외부피폭량이 거꾸로 증가해버린다71). 또한 2012년 11월 19일의 아사히신문에 의하면 아오모리青森, 나가노長野, 야마나시山梨, 시즈오카静岡 등 10개 현의 야생버섯에서 기준치를 초과하는 방사성세슘이 검출되었다. 게다가 그 핵종은 반감기가 긴 세슘-137(^{137}Cs)으로 세슘-134(^{134}Cs)은 검출되지 않았다고 한다. 보도한 아사히신문도 이것은 후쿠시마 제1원전의 영향이 아닌 1960년대의 핵실험유래의 것으로 추측하고 있다. 즉 우리들은 일반적으로 판매되어 섭취하는 것들까지도 원전사고 이후에는 신경이 쓰이게 되었다는 것이다.

아사히신문과 쿄토대학이 수행한 동일한 검사에 의하면 1년 당 식품으로부터의 내부피폭량은 후쿠시마의 가정에서도 중간값으로 연간 0.04mSv, 26개 가족의 최대값에서도 연간 0.1mSv 이하였다(그림 7-7). 이것은 후생성이 목표로 한 연간 1mSv 보다 훨씬 낮은 것이다. 더욱이 이 분석에서는 최대값의 가정은 매년 최대값의 식품을 계속 섭취하는 것으로 가정하는 것이 되지만 각 사람의 식탁도 매일 매번 변할 것이기 때문에 최대값에 대해서는 피폭선량은 어떠한 하루의 식탁을 365배 한 것이 아닌 아마도 그보다 낮을 것이다.

즉 기준치를 결정할 때의 식품의 절반이 기준치 상한까지 오염되어 있다는 가정은 실제와 너무 동떨어져 있고, 실제로는 후쿠시마 제1원전

영향의 사이에는 역치가 없는 직선관계가 성립한다는 개념.

71) 화강암은 방사성물질을 많이 함유하고 있다. 화강암이 많은 지역에서는 자연피폭이 커진다.

사고에 의한 식품으로부터의 방사선 피폭은 무시할 수 있을 만큼 작은 것으로 그림 7-7에서 나타나는 것과 같이 매년 1mSv 이하라는 소기의 목적보다 극히 작은 수준이었다. 긴급시에는 그 조건에서 실행 가능한 규제를 생각하고, 그것을 확실하게 실행하는 쪽이 쓸데없이 기준의 수치만을 엄격하게 하는 것 보다도 안전성이 높아질지도 모른다. 그 중에는 기준을 완화하여 제대로 규제한다는 선택도 있었을 것이다. 그럼에도 불구하고 극히 엄격한 기준치를 설정하여 후쿠시마 주변의 농수산업은 결정적인 영향을 받았다.

2012.1.19. 1面

朝日新聞

福島の食事 1日4ベクレル

セシウム摂取量 本社・京大調査

内部被曝 国基準の1/40

家族1人あたりの1日の食事に含まれていた放射性セシウムの量

	中央値	最大値	年間内部被曝線量の中央値
福島県内(26人)	4.01	17.30	0.023
関東(16人)	0.35	10.37	0.002
西日本(11人)	—	0.62	—
4月から国が適用する食品新基準で超えないように定めた年間線量			1

西日本は1家族しか検出されなかったため中央値が算出できない

그림 7-7. 실제의 내부피폭량이 극히 낮은 것을 보도하고 있는 아사히신문(토쿄). 2012년 1월 19일 기사

4) 미국과 유럽 여러 나라와의 기준치 비교

100Bq/kg 이라는 기준치는 평상시의 기준치로서도 다른 나라보다도 매우 엄격한 것이다. 일본이 지진 재해 직후에 잠정규제치로 한 500Bq/kg은 유럽 및 미국과 국제식품규격위원회(CODEX)의 기준보다도 이미 엄격한 것이었다. 기준치는 그것을 더욱 낮추었다.

앞서 말한 것과 같이 국가에 따라 어디까지 엄격한 기준이여야만 생활활동에 지장이 없는지는 서로 다르다. 방사선의 건강리스크만 고려하면 기준치는 낮을수록 좋고, 실행 가능한 범위에서 낮은 쪽으로 하는 것은 모든 국가에서도 이루어지고 있는 것이다. 그렇지만 일본의 기준치는 전 세계에서 몇 안되는 낮은 기준치로 되어 있다(그림 7-8). 연간 1mSv라고 하는 건강을 위한 목표는 이미 달성되어 있음에도 불구하고 식품의 오염빈도를 비현실적으로 가정하여 극히 엄격한 기준이 되어 버렸다.

체르노빌 원전사고 이후 유럽에서도 유사한 문제가 발생하였다. 즉 기준치를 초과하는 식품이 많이 출현한 것이다. 오슬로대학의 오튼박사에 의하면 1986~87년도에 순록 근육에서 15만, 양 근육에서 4만, 담수어에서 3만, 염소젖에서 1,350, 버섯에서 1~2,000, 우유에서 650Bq/kg의 오염이 각 품목의 최대값으로 검출되었다고 한다. 그때까지 일반 식품의 기준치는 600Bq/kg 이었던 것이 순록, 버섯, 담수어에 대해서는 6,000Bq/kg으로 기준치를 상향하였다고 한다. 이들 식품은 노르웨이 사람들이 일상적으로 섭취하는 식자재가 아니며, 기준치를 완화하더라도 내부피폭 수준은 충분히 기준치 내에 수용되어 있다고 할 수 있을 것이다.

반대로 벨라루스의 기준치는 일본보다 더 엄격하다(그림 7-8). 이것은 허용되는 내부피폭량의 차이 보다는 오염된 식품을 섭취하는 빈도의 차이로 생각된다[72]. 일본은 사고가 일어난 당사국이기 때문에 빈도가 높

---

72) 일본의 기준을 정했을 때의 개념, 외국의 기준과의 비교에 대해서는 NHK 「かぶん(科文, NHK과학문화부)」의 블로그에 개략 설명되어 있다. http://www9.nhk.or.jp/kabun-blog/600/115810.html

은 것으로 생각될지도 모르겠지만 위에서 말한 것과 같이 실제로는 후쿠시마의 식탁에서도 방사성세슘이 검출되는 일은 드물다.

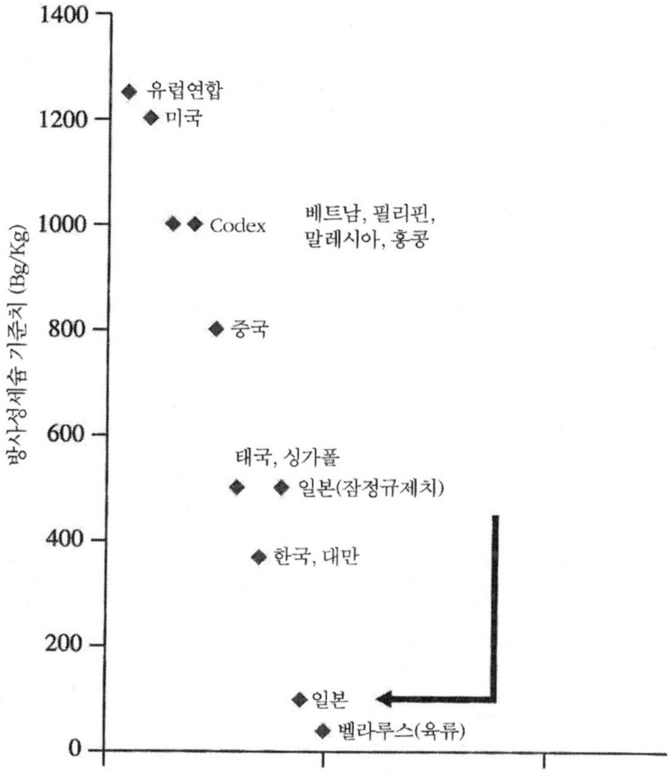

그림 7-8. 각국의 방사성세슘의 식품안전 기준치(습중량 1kg당의 세슘-134와 세슘-137 농도의 합계치)

7.3 수산물은 언제까지 판매되지 않을까?

1) 토호쿠東北지방 태평양 연안의 수산물

동일본 대지진 재해 이후 기준치를 초과한 물고기가 어획된 것에 의해 많은 지역과 어종에서 조업자숙, 출하제한에 몰리고 있다. 대구에 대해 말하면 홋카이도北海道에서는 한번도 조업이 멈춘적이 없지만, 아오모리현青森県 및 이와테현岩手県의 일부 및 미야기현宮城県에서는 한때 조업자숙과 출하제한 조치가 내려졌다. 이바라키현茨城県에서는 2012년 11월 9일 이후 그리고 후쿠시마현에서는 2011년 6월 24일 이후, 2014년 3월 말 현재까지 출하제한이 계속되고 있다.

지진 재해 직후부터의 자료는 그렇게 많지는 않지만 그림 7-9의 미야기현을 살펴보면 알 수 있듯이 지진 재해 후 반년까지 보다도 그 후가 농도가 높아져 있는 것 같다. 기준치가 500Bq/kg이면 출하제한은 되지 않는 농도이지만 100Bq/kg을 초과하는 개체가 전국 각지에서 출현하고 있다. 일단 1개체라도 기준치를 넘으면 그 후 1개월 사이의 표본이 모두 기준치 이하이며, 통계오차를 고려하더라도 기준치를 초과할 염려가 없는 경우가 아닌 한 조업자숙은 해제되지 않는다[73].

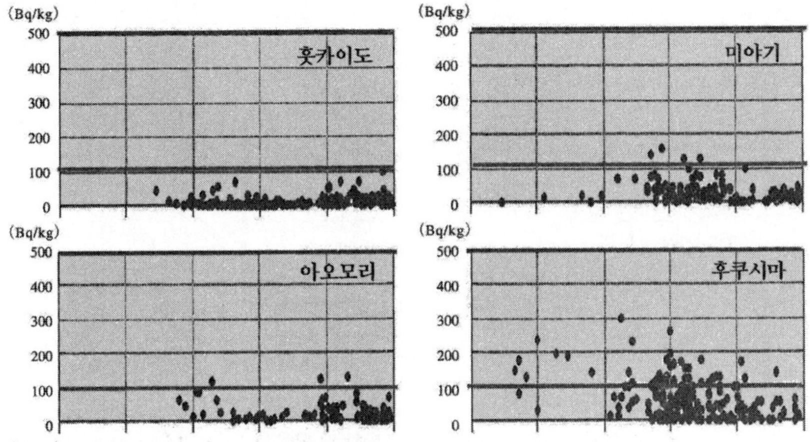

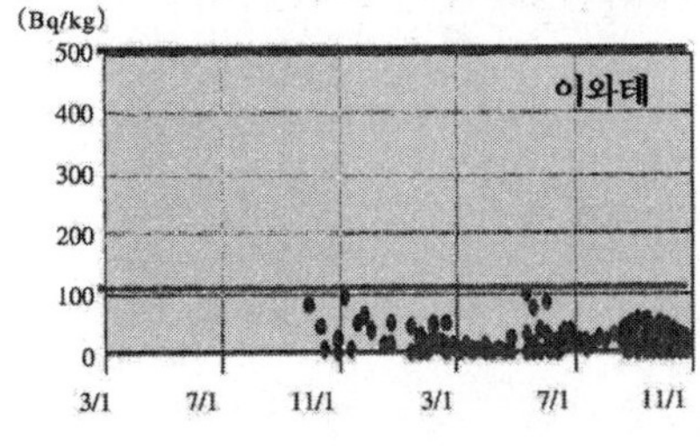

그림 7-9. 대구의 방사성세슘 농도 (2011년 3월~2012년 11월, 모리타 타카미森田貴己 씨로 부터)

73) 출하제한과 그 해제에 대한 개념은 농림수산청의 홈페이지에 설명되어 있다. http://www.maff.go.jp/j/kanbo/saigai/yasai_seisan_ga.html

2) 미야기현의 대구

여기서는 대구를 사례로 들어 설명하겠다. 대구는 지진 재해 후 방사성세슘이 기준치를 초과하여 출하제한 등의 영향을 받고 있다. 대구는 북태평양에 서식하고 북으로는 홋카이도 남으로는 이바라키현까지 분포하고 있다. 매년 1~3월에 산란하기 때문에 어업은 산란시기가 끝나기 전인 12~2월이 성수기가 된다. 특히 이리(白子)와 어란이 맛있어서(명란은 명태의 알이다) 정소와 난소를 가진 큰 사이즈의 대구가 시장에서 비교적 값이 비싸다. 즉 산란시기인 연말에 가격이 높아진다.

그러나 지진 재해 후 미야기현의 대구는 2011년 4월 18일에 출하제한 되어 2012년 8월 30일에 출하제한이 일부 해제되고, 2013년 1월 17일에 모든 출하제한이 해제되었다. 이들 출하제한, 조업자숙이 실시된 후 미야기현에서 어획된 대구의 가격은 예년 보다 낮아졌다. 예를 들어 미야기현 이시노마키石巻에서는 지진 재해 전(2007년~2010년)의 12월의 대구 단가는 평균 436엔/kg 이었지만, 지진 재해 후(2011년~2013년)에는 평균 287엔/kg 이었다. 또한 아오모리현에서는 조업자숙 전(2010년, 2011년)의 12월 대구 단가는 평균 494엔/kg 이었지만, 조업자숙 후(2012년, 2013년)에는 평균 285엔/kg 이었다. 즉 미야기현 및 아오모리

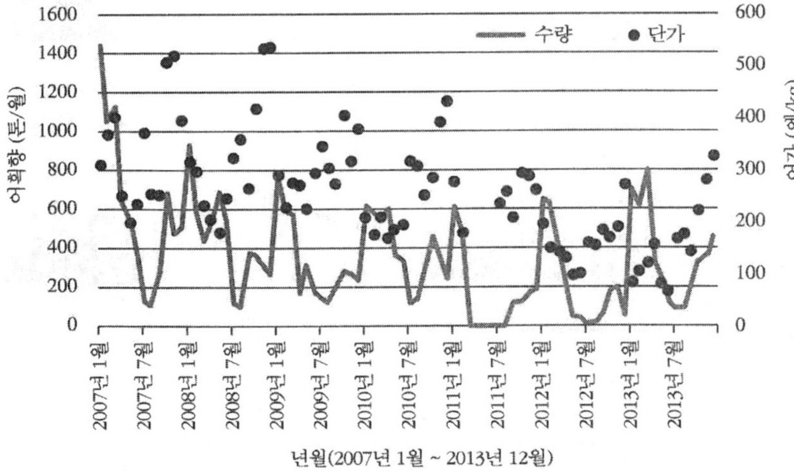

그림 7-10. 이시노마키항 대구의 월평균 어가漁価(검은 점) 및 어획량(실선) (宮城県, 2014)

현에서 어획된 대구의 단가는 가격이 가장 높은 12월을 지진 재해 전후로 비교하면 모두 지진 재해 후에는 예년보다 100엔/kg 이상 하락하였다.

3) 아오모리현 대구의 경우

후쿠시마로부터 더욱 떨어진 아오모리현에서도 2012년 6월 19일부터 조업자숙을 개시하여 7월 25일에 일시적으로 조업을 재개하였지만 그 후 기준치를 넘는 어획물이 출현하였기 때문에 8월 9일부터 다시 조업을 자숙하였고, 게다가 8월 27일 부터는 정부의 지시에 의해 출하제한 되었다. 출하제한은 2012년 10월 31일에 해제되었다. 아오모리현의 대구도 조업자숙 후(2012년 6월~2013년 12월) 평균하여 약 110엔/kg 저렴하게 되었다. 2012년은 조업자숙 및 출하제한에 의해 어획량도 줄었다. 어획량은 2013년에는 서서히 부활하고 있는 것처럼 보인다(그림 7-11).

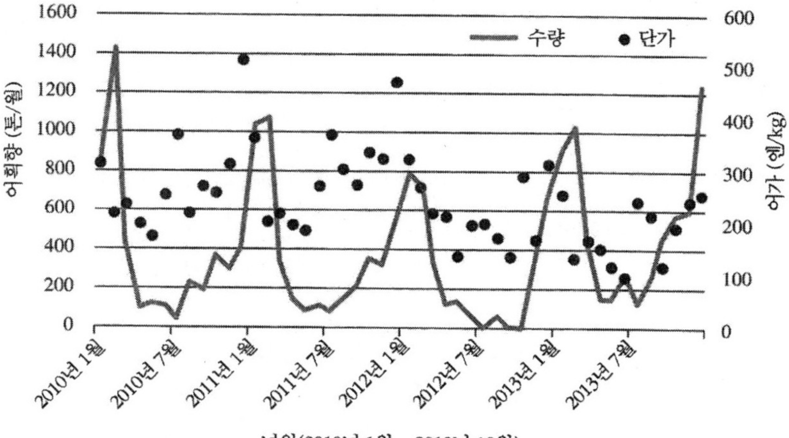

그림 7-11. 아오모리현의 대구 평균단가(검은색 점) 및 어획량(실선) (青森県, 2014)

이와같이 대구의 가격은 원래 계절과 크기에 의존하고 있었던 것으로 생각된다. 방사선 영향은 2가지로 나눠서 생각 할 수 있다. 하나는 출하제한, 조업자숙 등에 의한 어획량의 감소이다. 또 하나는 어렵게 어획한 물고기가 높은 가격으로 팔리지 않는 가격의 하락이다. 가격과 이시노마키의 어획량의 추이를 살펴보면 계절변동은 있지만 지진 재해 후의 실제의 단가는 전체적으로 낮아져 있는 것으로 보인다(그림 7-10). 가격에 대해서는 지진 재해 후(2011년 7월~2013년 12월)에 예측치 보다 100엔/kg 이상 낮아진 것으로 생각된다(미발표). 또한 지진 재해 후의 매월 실제의 단가와 예측치의 차액과 어획량을 각각 곱하여 합산하면 약 8억엔이었다. 이것이 지진 재해 후(2013년 12월까지)의 가격 하락에 따른 실손액으로 계산된다. 어획량은 조업과 출하를 할 수 없었던 시기가 있었던 것이 영향을 미친 것으로 생각된다.

이상의 결과로부터 이시노마키, 아오모리의 대구 어업은 지진 재해 후의 가격 하락에 의해 손실이 있었다고 할 수 있다. 다만 대구 1kg 당 가격은 대형어의 비율에도 좌우될 것이다. 또한 지진 재해 후의 가공·유통방법의 변화가 가격에 영향을 미칠 가능성도 있을 것이다. 따라서 가격 감소의 모두가 소문피해라고 잘라 말할 수 없다. 반대로 1kg 당 가격이 높은 대형어가 증가했더라면 소문피해는 위에서 말한 것 이상의 영향이었다고 할 수도 있을 것이다. 게다가 조업을 할 수 없었던 시기가 있었던 것이 「금어禁漁」와 같은 자원보호 효과를 가진 것도 기대할 수 있다. 따라서 향후는 대형어의 비율을 증가시켜 수요가 있으면 어획량을 증가시키는 것이 가능할지도 모른다.

또한 해산어류 뿐만 아니라 유어遊漁, 레저어획, 취미로 하는 낚시나 고기잡이를 포함한 내수면어업도 큰 영향을 받고 있다. 지진 재해 직후 보다도 방사성세슘 농도가 증가한 담수어도 많고, 100Bq/kg 이라는 기준치는 큰 족쇄가 되었다(그림 7-2). 유어에 대해서는 낚더라도 먹지 않고 방류하는 조건으로 재개하고 있는 사례도 있다. 이것도 체르노빌 사고 이후의 유럽의 대응과는 다르다.

7.4 리스크의 허용 수준과 「선택의 자유」

인명에 위험이 높은 경우에는 인명은 가장 중요하므로 선택의 여지가 없다. 스트레스를 신경쓸 때가 아니다. 그러나 현재 문제가 되고 있는 연간 수밀리 시버트와 그 이하의 피폭선량의 경우에는 피난생활과 음식의 제한 등에 의한 스트레스 쪽이 더 문제일지도 모른다. 스트레스는 죽음에 이르지는 않더라도 부담이 되고, 발암 리스크는 실제로 암에 걸리지 않으면 리스크는 나타나지 않는다고도 할 수 있다. 이것는 선택의 문제이다. 낙관적인 사람에게는 눈에 보이지 않는 발암 리스크에 불안을 느끼지 않고 피난하는 스트레스 쪽이 큰 문제일 것이다. 반대로 눈에 보이지 않는 발암 리스크 자체에 강한 스트레스를 느끼는 사람도 있을 것이다. 그런 사람들에게는 저선량으로 계속 피폭되는 것에 대한 불안함은 피난생활에 의한 스트레스보다 큰 스트레스가 될지도 모른다.

목숨은 돈으로 바꿀 수 없다고들 한다. 환경경제학자인 오카 토시히로岡 敏弘 교수도 반드시 죽을 운명은 돈으로 바꿀 수 없다고 한다. 그러나 확률적인 죽음의 리스크는 실제로 돈으로 평가된다고 말한다(岡, 2012). 예를 들어 심야버스로 여행할 경우 저렴한 버스기사의 노동조건이 열악하다는 것은 대부분의 사람들이 알고 있을 것이다. 그 때문에 때때로 사고가 일어나지만 그래도 저렴한 버스를 타는 사람은 많이 있다. 이와 같이 가격과 안전성과 같이 서로 다른 상품을 비교할 수 있는 경우에는 확률적인 생명의 가치를 경제학적으로 평가 할 수 있다.

확실하게 사망률이 높은 흡연자와 방사선 피폭의 리스크를 비교하는 것으로, 예를 들어 흡연자와 동거하는 간접흡연의 리스크를 수용할 수 있으면 어느 정도의 피폭선량까지 수용 가능한지 등과 논의하는 것도 가능하다. 다만 흔히 이야기 되는 것이지만 여기에는 몇가지 문제가 있다. 우선 리스크는 2개의 의미로 확실성이 있다. 하나는 사망률 그 자체이다. 위에서 말한 확정적인 죽음이라는 것은 문자 그대로 어떤 행위를 하면 반드시 죽는다는 의미이다. 또 하나는 리스크 평가 자체의 확실성이다. 위에서 말한 것과 같이 1mSv의 피폭에 의해 새로 1,000명 중 5.7명이 암에 걸린다는 숫자는 그다지 확실한 것이 아니며, 아마도 그것보다 작을 것이다. 즉 리스크의 평가는 「죽을지도 모른다」라는 확률을 취급하는 것 뿐만 아니라 그 숫자의 근거가 의심스럽다라는 이중의 불확실성이 있는 것이다.

수산물의 이야기로 되돌아 가겠다. 후쿠시마의 사람들에게 있어서는 피난생활과 방사선 피폭이 트레이드 오프의 관계가 있다. 즉 방사선 피폭을 피하기 위해서 불편한 피난생활이 강요되었다. 그러나 많은 소비자에 있어서 후쿠시마산 농수산물을 사지 않는 것은 또 다른 리스크와 스트레스를 짊어지는 것일 것이다. 따라서 아무리 낮은 리스크라도 피하는 것이 좋을 것으로 생각되고, 많은 소비자는 후쿠시마산 농산물을 구매하지 않는다는 선택을 하게 된다. 그 결과로서 그림 7-10과 7-11의 수산물과 마찬가지로 후쿠시마산과 이바라키산의 농산물은 토쿄東京에서 저렴하게 판매되었다.

1) 선택의 다양성

방사선 리스크를 조금이라도 신경을 쓰는 사람은 후쿠시마 주변에서 생산된 것을 멀리할 지도 모른다. 가격이 저렴한 후쿠시마 주변 생산물을 구매하는 소비자는 이 정도의 방사선 리스크를 신경쓰지 않는 사람들 일지도 모른다. 그러나 보다 적극적인 이유로 후쿠시마산 농산물, 수산물을 섭취하는 사람들도 있다. 농림수산성은 지진 재해 후 「먹어서 재해 피해지역을 응원하자」라는 표어를 걸었다. 적극적으로 여기에 호응하고자 하는 사람들도 많이 있다. 마츠다松田도 그보다 조금 빨리 2011년 3월 30일부터 「물고기와 채소를 먹어서 재해 피해자를 응원하자!」라고 전자메일의 서명란에 기입하였다. 당시는 그 방사선 피폭 리스크가 극히 낮은 것으로 판단할 수 없었지만 전문가의 계산에 의해 흡연자의 리스크 보다 낮은 것으로 확신하고 있었다(岡, 2011). 리스크를 가능한 피하는 것만이 인간의 당연한 행위는 아니다. 사람을 구하기 위해 노력과 비용, 게다가 자신의 몸을 위험에 던지는 사람은 얼마든지 있다.

2) 보다 안심할 수 있는 식재료를 희망 「선택의 자유」

「대지를 지키는 모임」이라는 유기농작물 등을 취급하는 택배업자가 있다. 그들은 지진 재해 후 500Bq/kg 이라는 잠정규제치 보다 오염도가 낮은 식품을 사고 싶다. 소비자의 수요에 맞춰 「조금이라도 안심할 수 있는 청과물을 배달하고 싶은 어린이들에게의 안심 채소 세트」라는 상품을 준비하였다.

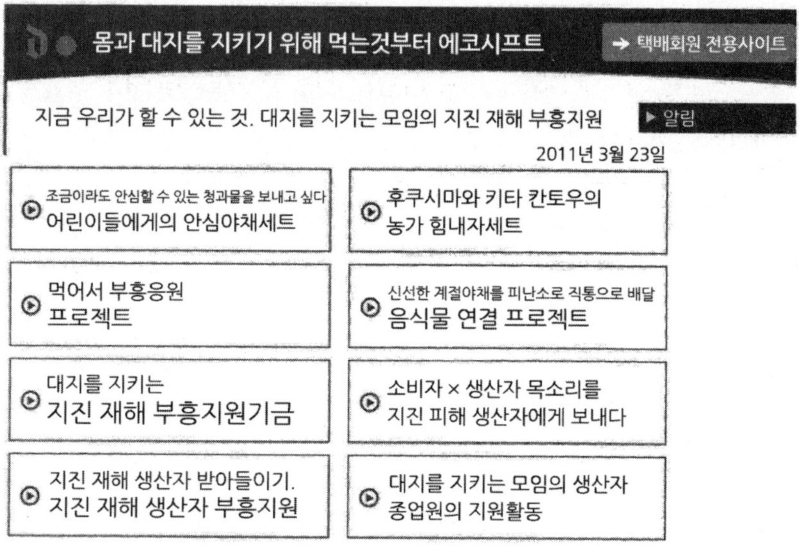

그림 7-12. 「대지를 지키는 모임」의 지진 재해 후의 작업(2011년 3월 23일) (대지를 지키는 모임, 2014)

새로운 기준치가 만들어진 후에도 더욱 저농도의 식품을 요구하는 수요는 계속되었다. 농림수산성은 2012년 4월 자주적인 기준치에 근거하여 상품을 판매하지 않도록 「지도指導」하였다(농림수산성 식재산업국, 2012). 그러나 이것은 맹렬한 반발을 받고 당시의 카노 미치히고鹿野 道彦 장관은 「강제가 아님」으로 해명하는 사태까지 일어났다.

일정의 기준은 필요하다. 그러나 더욱 저농도를 요구하는 소비자의 「선택의 자유」를 무시해서는 안된다. 정보가 공개되고 사상과 신조의 자유를 헌법에서 보장하는 민주주의 국가에서는 그것은 불가능 하다. 이와 같은 강제는 오히려 행정의 불신을 초래할 뿐일 것이다. 과학자들에게도 같은 것을 말 할 수 있다. 후쿠시마 제1원전 사고에 의한 일반

소비자로의 방사선 리스크가 충분히 낮더라도, 그렇기 때문에 신경 쓸 필요가 없다든지 소비자의 식품 선택을 피한다는 것은 잘못된 것이며, 역효과일 것이다. 다만 그것은 보다 「안전」한 식품이라는 의미는 아니다. 그림 7-12를 자세히 살펴보면 「안심」으로 표기되어 있다. 어느 전문가에 의하면 이 부분에 「보다 안전」으로 기입하는 것은 부당한 표시라는 것이다. 「대지를 지키는 모임」은 안전과 안심의 차이를 이해 한 후에 안전한 식품이 아닌 소비자가 안심하는 상품을 제공하고자 하는 것을 알 수 있다.

여기서도 논의의 엇갈림이 있었다. 안전성으로서는 기준치를 만족시키면 충분하다라는 것과 더욱 안심할 수 있는 식품을 요구하는 수요자체를 부정하는 것은 별개이다.

3) 후쿠시마의 농어가農漁家를 먹어서 응원하는 자유

한편 반대의 「선택의 자유」도 있다. 「대지를 지키는 모임」에는 동일본의 지진 피해 지역을 위한 「먹어서 응원 부흥 프로젝트」 외에 「후쿠시마와 키타칸토우北関東의 농가가 힘내자 세트」도 준비하였다. 그들은 계약 농가를 가지고 있다. 지진 재해 전에는 유기농법 등 환경과 건강에 좋은 농업을 경영하고 있었을 것이다. 정부가 정한 기준치를 넘었으면 판매할 수 없지만 그들에게 있어서 계약 농가는 지원해야할 동료일 것이다.

자연보호의 근거는 자신들의 생명과 생활에는 자연의 혜택이 불가결한 것이라고 하는 것이다. 이 자연의 혜택은 생물다양성협약[74]에서는 생태계 서비스로 불린다. 일본에서는 지금의 젊은이들에서도 식사 전에 합장하는 사람이 어느 정도 있다. 여러 가지 의미가 있겠지만 먹을 수 있는 경과에 감사, 식재료가 된 동식물에 대한 기도, 식사를 제공해준 농어가와 관리인에 감사하는 마음의 표현일 것이다. 그러나 우리는 많

74) 생물다양성협약: Convention of Biological Diversity, CBD, 생물의 다양성에 관한 협약, 유엔환경계획이 준비하여 1992년에 채택된 협약. 1. 생물다양성의 보호, 2. 생물다양성의 구성요소의 지속가능한 이용, 3. 유전자원의 이용으로부터 발생하는 이익을 공정하고 형평한 배분을 목적으로 한다.

은 경우 자신들의 일상생활에서 먹는 농수산물을 누가 어디서 어떤식으로 만들고 있는지 모른다. 자신들이 먹는 가축과 물고기의 살았을때의 모습을 모른다. 이것은「링크의 단절」상태이며, 따라서 자연을 소홀하게 다루는 이유의 하나도 거기에 있다고 할 수 있다(鬼頭, 1996). 원전사고가 나타내는 것과 같이 지금까지 후쿠시마의 식자재를 어느 정도 먹고 있었으면서도 기준치 보다도 훨씬 낮은 방사성물질 농도임에도 불구하고 그 농가의 식자재를 멀리하게 되었다. 그러나 계약 농가를 가진 산지 직송의 업자는 다른 생각을 가질 것이다. 후쿠시마 부근의 농어가는 피해자이며 가해자가 아니다. 농가가 손수 기른 농산물을 소중히 하는 마음은 계약농가와 함께 일을 해온 산지직송업자가 보면 자연스러운 감정이다. 리스크를 피하는 것만이 선택의 자유가 아니다. 리스크를 이미 알고 후쿠시마의 농어가를 지원한다는 선택의 자유도 있을 수 있다.

7.5 결론

지진 재해 직후는 어느 정도 식품으로 부터도 내부피폭이 있을 것으로 생각되었지만 실제로는 우리들이 생각하고 있던 것 보다 훨씬 낮은 피폭량이었다. 체르노빌원전사고 후에는 어느 정도 높은 내부피폭이 있었고, 어린이들의 갑상선암도 보고되었다. 그러나 후쿠시마에서는 ①체르노빌 사고의 경위에서 대책을 배웠다는 것, ②일본에서는 과거 공해로 인해 음식물과 물이 큰 문제가 되었다는 것, ③식품의 규제가 재빠르게 철저하게 이루어졌다는 것, ④원래부터 지역생산 지역소비가 붕괴되어 있어서 시장을 통해 구매하는 생활스타일이 기본이었다는 것에 의한 것으로 생각된다(中西, 2012).

마지막으로 이 장에서 서술한「논리의 엇갈림」을 정리하겠다. 먼저 완전히 차단되어 있지 않았기 때문이라고 해서 대책이 성공하지 못했다고는 할 수 없다. 두 번째로 발암 리스크가 어느 정도 낮게 억제되었기 때문이라고 해서 원전사고는 피난문제도 포함하여 그다지 대단한 것은 아니라고는 할 수 없다. 세 번째로 기준치를 초과한 물고기가 있다고 해서 먹으면 안된다고 할 정도로 위험하다고는 한정할 수 없다. 네 번째로 과학적으로 알 수 없는 것이 있기 때문이라고 해서 알고 있는 부분까지만 신뢰해야 한다고는 할 수 없다. 다섯 번째 가능한 안전을 지향하기 때문이라고 해서 만일의 과혹사고에 대비할 필요가 없다고는 할 수 없다. 여섯 번째 원전사고가 재임계의 위기를 벗어났다고 해서 원전사고가 수습되어 사고 전과 같은 기준으로 생활과 산업활동이 가능하다고는 할 수 없다. 마지막으로 안전성으로서는 기준치를 만족시키면 충분하다고 해서 더욱 안심할 수 있는 상품을 요구하는 수요자체를 부정하는 것은 안된다. 이러한 「엇갈림」을 인식하지 않은채 논의를 거듭해 가면 논의가 대립적으로 되기 쉽고, 생산적인 합의가 나오지 않고, 필요하면서 유효한 대책을 세울 수 없게 된다. 건설적인 논의를 위해서는 과학적 정보와 동시에 정치적 · 사회적 문제를 포함하여 문제를 구조적 · 종합적으로 인식하는 시각이 중요하다.

참고문헌

青森県(2014) : 青森県漁獲統計 http://www.pref.aomori.lg.jp/sangyo/agri/suisan_top.html

Committee to Assess Health Risks from Exposure to Low Levels of Ionizing Radiation; Board on Radiation Effects Research (BRER); Division on Earth and Life Studies (DELS); National Research Council(2006): Health risk from exposure to lower level of ionized radiation. BEIR VII Phase 2 The national academic press, Washington DC. P248 http://www.nap.edu/openbook.php?page=l&record_id=11340

大地を守る会 (2014) : いま, 私たちができること, 大地を守る会の震災復興支援. http://www.daichi.or.jp/info/news/2011/0323_2686.html.

福島県(2014): 魚介類の放射線モニタリグの概要. http://www.pref.fukushima.lg.jp/sec/37380a/gyokai - monitoring.html.

福島県民健康管理センター (2014) : 平成 26年 3月 11日「報道 ステーション」の報道內容についての福島県立医科大学 放射線医学県民健康管理センタの見解. http://fukushima-mimamori.jp/news/2014/03/000131.html.

原子力技術研究所 低線量放射線研究センター (2006) : 低線放量射線生体影響評価価. 電中研レビュー, 53. http://criepi.denken.or.jp/research/review/No53/

金沢一郎 (2011) : 日本学術会議会長談話放射線防護の対策を正しく理解するた

めに. http://www.scj.go.jp/ja/info/kohyo/pdf/kohyo-21-d11.pdf.

神田穣太 (2014) : 放射性核種の海洋汚染の影響,エネルギー資源, 35. 105-109

環境省余合環境政策局環境保健部 (2014) : 最近の甲状線検査をめぐる報道について. http://www.env.go.jp/chemi/rhm/hodo_ 1403-1.htm.

鬼頭秀一 (1996) : 自然保護を問いなおす. 筑摩書房, 254p.

コープふくしま (2012) : 2012年度上期の実際の食事に含まれる放射性物質測定調査結果. http://www.fukushima.coop/kagezen/2012.html.

宮城県 (2014) : 県内産地魚市場水揚概要. http://www.pref.miyagi.jp/soshiki/suishin/mizuage.html.

中西準子 (2012) : リスクと向きあう. 福島原発事故以後. 中央公論新社, 214p.

農林水産省食料産業局 (2012) : 食品中の放射性物質iに係る自主検査における信頼できる分析等について. http://www.maff.go.jp/j/press/shokusan/ryutu/pdf/kyoukucho.pdf.

岡 敏弘 (2011) : 放射線リスクての対処を間違之えないために, 生物科学, 63, 61-63.

岡 敏弘 (2012) : 食品中放射性物質規制.への費用便益分析の適用, 保健物理, 47(3). 181-188.

水産余合研究センター・森林統合研究所· 海上技術安全研究所.東京大学生産技術研究所・栃木県水産試験場 (2013) : 平成 25年度科孝技術略推進費.

「重要政策課題への機動的対応の推進及び総合科学技術会議における政策立案のための調査」 高濃度に放射性セシウムで汚染された魚類の汚染源・汚染経路の解明のための緊急調査研究. http://www.fra.affrc.go.jp/eq/Nuclear_accident_effects/senryaku_summary.pdf.

山本祥一郎 (2013) : 淡水魚の放射生物質の取り込み状況. 水産綜合研究センター第10回成果報告会. 平成25年2月20日東京都, イイノホール. https://www.fra.affrc.go.jp/topics/250220/10thProgram_4.pdf.

후 기

독자 여러분들에게

이 책의 저자는 원자력발전소 사고 이후 각 전문분야에서 실제로 조사·연구를 하고 있는 분들이지만 각각의 전문분야는 식물생리, 수권환경화학, 해양학, 어류생리학, 수산학, 해양물리학, 수산경제학, 생태학, 환경학 등으로 많은 분야에 걸쳐 있어 당연히 현상을 포착하는 시각이나 분석수법에 차이가 있어 몇몇의 문제에 대해서는 인식과 의견의 차이가 있습니다. 한권의 책으로 너무 모순이 있어서는 곤란하기 때문에 그 사이의 조정은 편집자의 역할이라고 각오하고 있었습니다. 그러나 편집작업에서 그러한 의견의 조정이 필요한 경우는 거의 없었습니다. 문제가 된 것은 어디까지를 명확한 정설로서 쓰느냐하는 표현의 문제뿐이었습니다. 편집자로서는 그와 같은 차이가 있는 경우에는 관찰된 사실에 대해서는 사실로서 가능한한 상세하게 기술한 후 그것들의 해석에 대해서는 모르는 것은 모르는 것으로하고, 애매한 것은 애매한 것으로서 표현한다는 방침으로 대응했다고 생각합니다. 과학적 정설이란 아직 유효한 반증이 되어 있지 않은 하나의 가설에 불과한 것이라는 태도에 철저하면 모두가 인지하지 못하는 어둠속에서 소멸되어 버려서 합리적인 판단 등은 할 수 없게 됩니다. 그러나 일상생활에서도 사람은 자신들의 경험을 통하여 사실을 축적하여 그 확실성을 확인하면서 행동하고 있습니다. 이것은 이성적인 행동입니다. 그렇기 때문에 경험한 것이 아닌 사태를 대하게 되면 판단에 고심하게 됩니다. 경험적인 사실을 축적하여 판단하고 있다는 의미에서는 과학자도 일반사람과 다르지는 않습니다. 오히려 일반사람보다도 강하게 불확실성을 의식하고 있습니다. 정설을 주장하는데도 이론을 제창하는데도 그 판단의 기반이 되는 것은 과거로부터 쌓여온 사실의 집적입니다. 이 사실이 축적에 허위나 오류가 있으면 과거에 경험한 사실을 바탕으로 판단한다는 것이 애당초 불가능한 것이 됩니다. 따라서 과학자에게는 제창한 이론과 정설에서 오류를 범하는 것은 허용되지만 사실을 날조하거나 왜곡하는 것은 허용되지 않는 것입니다.

수산학자로서 편집자의 입장에서 말하면 후쿠시마福島의 어업을 어떻게 재개 · 재건할지가 큰 관심사입니다. 그 재건의 빠르기와 방법에 대해서는 당장 재개라는 의견부터 가능한 신중하게 경우에 따라서는 영구적으로 재개하면 안된다는 의견까지 있을 수 있습니다. 다양한 의견 중에서 정책이 선택되지 않으면 안되지만 어떻게 해야 하느냐에 대해서는 공허한 관념론은 아니고 경험한 사실을 쌓아서 공유하고, 폭넓은 범위의 사람들이 보다 적은 불만과 보다 많은 납득을 할 수 있는 합의를 찾기 위해 과학자로부터의 정보를 이용해 주기를 바랍니다.

필자 여러분들께

돌연의 집필의뢰에도 불구하고 저자 선생님들께서는 흔쾌히 집필을 수락하시고 짧은 시간에도 불구하고 귀중한 정보를 제공해 주셨습니다. 솔직하게 고백하면 이미 정설화된 것과 잘못된 인식을 가지고 있었던 것도 다수 있었고, 새로이 전문가로부터의 정보를 널리 모아서 이것들을 재대로 정리해 둘 필요성을 재인식하였습니다. 이 일에 편집자로서도, 한명의 독자로서도 깊이 감사를 표합니다. 의뢰 시점에서는 「알기 쉽게」써야 한다는 것을 의식할 필요는 없다고 말씀드렸음에도 불구하고 보내주신 원고의 문장은 모두 알기 쉽게 정중하게 쓰여 있었습니다. 일부러 「알기 쉽게」쓰는 것을 부정한 의도는 과학적으로 모호한 부분 불확실성을 포함한 논의를 생략해버리는 것에 의해 문제를 단순화하여 대립적인 논의를 초래하여 유연하고, 보다 현실적이며, 건설적인 사회합의의 형성을 늦추는 것을 피하고 싶다는 생각이 있었기 때문이지만 과학적으로 잘 알지 못하는 부분을 포함하여 상세하게 정중한 해설을 해 주셔서 결과적으로 무엇을 어떻게 알고 있는지 「알기 쉽게」 정보 제공이

된 것으로 생각합니다.

토호쿠東北지방, 특히 후쿠시마福島의 어업 부흥에 관해서는 정책 수준에서도 개인 수준에서도 어떻게 대응해 갈 것인지 다양한 판단이 요구되게 될 것입니다. 이러한 판단은 철학, 사상, 정치를 포함하는 보다 넓은 문제이며, 「과학」적 시점 만으로는 대응할 수 있는 문제는 아닙니다. 그러한 인식에 의하면 그 출발점인 「과학」은 자의적으로 오용되는 일 없이 각각의 입장으로부터의 논의의 공통 기반(base)으로서 기능하지 않으면 안 될 것입니다. 이 책이 그러한 목적으로 독자분들에게 활용되었을 때 실학実学으로서의 수산학이 사회적인 유용성을 발휘하게 될 것으로 생각합니다.

마지막으로

이 책의 편집자로 추천해주신 전 동경대학 농학생명과학연구과 연구과장 · 전 사단법인 일본수산학회 회장 · 아이다 카츠미会田 勝美 선생에게 감사드립니다. 3년 전에 할 수 없었던 것에 다시 도전하는 기회를 주셨다고 생각합니다. 또한 출판의 기회를 주신 코세이샤 코세이카쿠恒星社 厚生閣와 담당이신 코사코 마사히로小浴正博씨에게 감사합니다. 무척 공부가 되었습니다.

2014년 8월

쿠로쿠라 히사시(黒倉 寿)

색 인

〈ㅂ〉

〈ㅅ〉

〈ㅇ〉

〈ㅈ〉

수권의 방사능 오염

-후쿠시마(福島)의 수산업 부흥을 지향하며-

초판 1쇄 인쇄일 2016년 12월 15일
초판 1쇄 발행일 2016년 12월 23일

편　　자 | 쿠로쿠라 히사시
역　　자 | 김성수·김영일·조현서
편 집 자 | 주 성 필
발 행 자 | 주 희 완
발 행 처 | 아카데미서적
서울특별시 강남구 학동로 323
TEL 516-3131 FAX 542-9254
Email aca97@hanmail.net

값 18,000원

ISBN 978-89-7616-519-0 93520